4年

実力アップ

計算練習ノート

特別ふろく

計算力がぐんぐんのびる！

このふろくは
すべての教科書に対応した
全教科書版です。

JN131553

年	組	名前

「計算練習ノート」はとりはずして使用できます。

1 整数のかけ算(1)

とく点

/100点

◆ 計算をしましょう。 1つ6〔54点〕

❶ 234×955　❷ 383×572　❸ 748×409

❹ 586×603　❺ 121×836　❻ 692×247

❼ 965×164　❽ 491×357　❾ 878×729

♥ 計算をしましょう。 1つ6〔36点〕

❿ 6700×70　⓫ 850×250　⓬ 990×450

⓭ 720×520　⓮ 190×300　⓯ 500×650

♠ 1本195mL入りのかんジュースが288本あります。ジュースは全部で何L何mLありますか。 1つ5〔10点〕

式

答え（　　　）

●勉強した日　月　日

2 整数のかけ算(2)

とく点

/100点

◆ 計算をしましょう。　1つ6〔54点〕

❶ 802×458　❷ 146×360　❸ 792×593

❹ 504×677　❺ 985×722　❻ 488×233

❼ 625×853　❽ 366×949　❾ 294×107

♥ 計算をしましょう。　1つ6〔36点〕

❿ 3200×50　⓫ 460×730　⓬ 460×680

⓭ 210×140　⓮ 5900×20　⓯ 9300×80

♠ 1500mL の水が入ったペットボトルが 240 本あります。水は全部で何L ありますか。　1つ5〔10点〕

式

答え（　　　　）

3 1けたでわるわり算(1)

とく点　/100点

◆ 計算をしましょう。　1つ5〔30点〕

❶ 80÷4　❷ 140÷7　❸ 240÷8

❹ 900÷3　❺ 600÷6　❻ 150÷5

♥ 計算をしましょう。　1つ5〔30点〕

❼ 48÷2　❽ 76÷4　❾ 75÷5

❿ 84÷6　⓫ 72÷3　⓬ 91÷7

♠ 計算をしましょう。　1つ5〔30点〕

⓭ 79÷7　⓮ 58÷5　⓯ 65÷6

⓰ 86÷4　⓱ 31÷2　⓲ 46÷3

♣ 96cm のテープの長さは、8cm のテープの長さの何倍ですか。1つ5〔10点〕

式

答え（　　　）

●勉強した日　月　日

4 1けたでわるわり算(2)

とく点

/100点

◆ 計算をしましょう。　1つ5〔30点〕

❶ 90÷3　❷ 360÷6　❸ 720÷9

❹ 800÷2　❺ 210÷7　❻ 320÷4

♥ 計算をしましょう。　1つ5〔30点〕

❼ 68÷4　❽ 90÷6　❾ 92÷4

❿ 84÷7　⓫ 56÷4　⓬ 90÷5

♠ 計算をしましょう。　1つ5〔30点〕

⓭ 67÷3　⓮ 78÷7　⓯ 53÷5

⓰ 61÷4　⓱ 82÷5　⓲ 47÷3

♣ 75ページの本を、1日に6ページずつ読みます。全部読み終わるには何日かかりますか。　1つ5〔10点〕

式

答え（　　　　）

●勉強した日　月　日

5 1けたでわるわり算(3)

とく点

/100点

◆ 計算をしましょう。　1つ6〔54点〕

❶ 462÷3　❷ 740÷5　❸ 847÷7

❹ 936÷9　❺ 654÷6　❻ 540÷5

❼ 224÷8　❽ 357÷7　❾ 132÷4

♥ 計算をしましょう。　1つ6〔36点〕

❿ 845÷6　⓫ 925÷4　⓬ 641÷2

⓭ 473÷9　⓮ 269÷3　⓯ 372÷8

♠ 赤いリボンの長さは、青いリボンの長さの4倍で、524cmです。青いリボンの長さは何cmですか。　1つ5〔10点〕

式

答え（　　　　）

●勉強した日　月　日

6 1けたでわるわり算(4)

とく点

/100点

◆ 計算をしましょう。　1つ6〔54点〕

❶ 912÷6　❷ 741÷3　❸ 504÷4

❹ 968÷8　❺ 756÷7　❻ 836÷4

❼ 189÷7　❽ 315÷9　❾ 546÷6

♥ 計算をしましょう。　1つ6〔36点〕

⑩ 767÷5　⑪ 970÷6　⑫ 914÷3

⑬ 612÷8　⑭ 244÷3　⑮ 509÷9

♠ 285cm のテープを 8cm ずつ切ります。8cm のテープは何本できますか。　1つ5〔10点〕

式

答え（　　　）

7　2けたでわるわり算（1）

とく点　/100点

◆ 計算をしましょう。　1つ6〔36点〕

❶ 240÷30　❷ 360÷60　❸ 450÷50

❹ 170÷40　❺ 530÷70　❻ 620÷80

♥ 計算をしましょう。　1つ6〔54点〕

❼ 88÷22　❽ 75÷15　❾ 68÷17

❿ 91÷19　⓫ 78÷26　⓬ 84÷29

⓭ 63÷25　⓮ 92÷16　⓯ 72÷23

♠ 57本の輪（わ）ゴムがあります。18本ずつ束（たば）にしていくと、何束できて何本あまりますか。　1つ5〔10点〕

式

答え（　　　　）

●勉強した日　月　日

8 2けたでわるわり算(2)

時間20分

とく点　/100点

◆ 計算をしましょう。　1つ6〔90点〕

❶ 91÷13　❷ 84÷14　❸ 93÷31

❹ 78÷26　❺ 80÷16　❻ 58÷17

❼ 83÷15　❽ 99÷24　❾ 76÷21

❿ 87÷36　⓫ 92÷32　⓬ 73÷22

⓭ 68÷12　⓮ 86÷78　⓯ 75÷43

♥ 89本のえん筆を、34本ずつふくろに分けます。全部のえん筆をふくろに入れるには、何ふくろいりますか。　1つ5〔10点〕

式

答え（　　　）

9 2けたでわるわり算(3)

とく点　/100点

◆ 計算をしましょう。　1つ6〔90点〕

❶ 119÷17　❷ 488÷61　❸ 504÷72

❹ 634÷76　❺ 439÷59　❻ 353÷94

❼ 924÷84　❽ 378÷27　❾ 952÷56

❿ 748÷34　⓫ 630÷42　⓬ 286÷13

⓭ 877÷25　⓮ 975÷41　⓯ 888÷73

♥ 785mL の牛にゅうを、95mL ずつコップに入れます。全部の牛にゅうを入れるにはコップは何こいりますか。　1つ5〔10点〕

式

答え（　　　）

●勉強した日  月  日

10 2けたでわるわり算(4)

時間 20分

とく点

/100点

◆ 計算をしましょう。 1つ6〔90点〕

❶ 272÷68　❷ 891÷99　❸ 609÷87

❹ 441÷97　❺ 280÷53　❻ 927÷86

❼ 496÷16　❽ 936÷39　❾ 546÷42

❿ 648÷54　⓫ 874÷23　⓬ 780÷30

⓭ 783÷65　⓮ 889÷28　⓯ 532÷40

♥ 900 このあめを、75 まいのふくろに等分して入れると、1 ふくろ分は何こになりますか。 1つ5〔10点〕

式

答え（　　　　）

11 けた数の大きいわり算(1)

とく点

/100点

◆ 計算をしましょう。　1つ6〔54点〕

❶ 6750÷50　❷ 8228÷68　❸ 7476÷21

❹ 8456÷28　❺ 8908÷17　❻ 9943÷61

❼ 2774÷73　❽ 2256÷24　❾ 4332÷57

♥ 計算をしましょう。　1つ6〔36点〕

⑩ 7880÷32　⑪ 9750÷56　⑫ 5839÷43

⑬ 1680÷19　⑭ 4185÷44　⑮ 3200÷38

♠ 6700円で1こ76円のおかしは何こ買えますか。　1つ5〔10点〕

式

答え（　　　　）

12 けた数の大きいわり算 (2)

とく点

/100点

◆ 計算をしましょう。　1つ6〔54点〕

❶ 638÷319　❷ 735÷598　❸ 936÷245

❹ 2616÷218　❺ 8216÷632　❻ 9638÷564

❼ 3825÷425　❽ 4600÷758　❾ 5328÷669

♥ 計算をしましょう。　1つ6〔36点〕

❿ 4500÷900　⓫ 5400÷600　⓬ 6700÷400

⓭ 7200÷500　⓮ 39000÷800　⓯ 86000÷700

♠ 2900mL のジュースを 300mL ずつびんに入れます。全部のジュースを入れるには、びんは何本いりますか。　1つ5〔10点〕

式

答え（　　　　）

13 式と計算 (1)

とく点

/100点

◆ 計算をしましょう。 1つ6〔60点〕

❶ $120-(72-25)$

❷ $85+(65-39)$

❸ $7\times8+4\times2$

❹ $7-(8-4)\div2$

❺ $7-8\div4\times2$

❻ $7-(8-4\div2)$

❼ $7\times(8-4)\div2$

❽ $(7\times8-4)\times2$

❾ $25\times5-12\times9$

❿ $78\div3+84\div6$

♥ くふうして計算しましょう。 1つ5〔30点〕

⑪ $59+63+27$

⑫ $24+9.2+1.8$

⑬ $54+48+46$

⑭ $3.7+8+6.3$

⑮ $20\times37\times5$

⑯ $25\times53\times4$

♠ 1本50円のえん筆が125本入っている箱を、8箱買いました。全部で、代金はいくらですか。 1つ5〔10点〕

式

答え（　　　　　　）

14 式と計算（2）

とく点

/100点

◆ 計算をしましょう。 1つ5〔40点〕

❶ 75−(28＋16)　　❷ 90−(54−26)

❸ 2×7＋16÷4　　❹ 150÷(30÷6)

❺ 4×(3＋9)÷6　　❻ 3＋(32＋17)÷7

❼ 45−72÷(15−7)　　❽ (14−20÷4)＋4

♥ くふうして計算しましょう。 1つ6〔48点〕

❾ 38＋24＋6　　❿ 4.6＋8.7＋5.4

⓫ 28×25×4　　⓬ 5×23×20

⓭ 39×8×125　　⓮ 96×5

⓯ 9×102　　⓰ 999×8

♠ 色紙が280まいあります。1人に12まいずつ16人に配ると、残り（のこ）は何まいになりますか。 1つ6〔12点〕

式

答え（　　　　）

15 小数のたし算とひき算(1)

とく点
/100点

◆ 計算をしましょう。　1つ5〔40点〕

❶ 1.92＋2.03　　❷ 0.79＋2.1

❸ 2.31＋0.92　　❹ 2.33＋1.48

❺ 0.24＋0.16　　❻ 1.69＋2.83

❼ 1.76＋3.47　　❽ 1.82＋1.18

♥ 計算をしましょう。　1つ5〔50点〕

❾ 3.84－1.13　　❿ 1.75－0.3

⓫ 1.63－0.54　　⓬ 1.49－0.79

⓭ 2.85－2.28　　⓮ 2.7－1.93

⓯ 4.23－3.66　　⓰ 1.27－0.98

⓱ 2.18－0.46　　⓲ 3－1.52

♠ 1本のリボンを2つに切ったところ、2.25mと1.8mになりました。リボンははじめ何mありましたか。　1つ5〔10点〕

式

答え（　　　　）

16 小数のたし算とひき算 (2)

とく点

/100点

◆ 計算をしましょう。 1つ5〔50点〕

❶ 0.62＋0.25 ❷ 2.56＋4.43

❸ 0.8＋2.11 ❹ 3.83＋1.1

❺ 0.15＋0.76 ❻ 2.71＋0.98

❼ 3.29＋4.31 ❽ 1.27＋4.85

❾ 5.34＋1.46 ❿ 2.07＋3.93

♥ 計算をしましょう。 1つ5〔40点〕

⓫ 4.46−1.24 ⓬ 0.62−0.2

⓭ 2.72−0.41 ⓮ 3.26−1.16

⓯ 4.28−1.32 ⓰ 5.4−2.35

⓱ 4.71−2.87 ⓲ 1−0.83

♠ 3.4 L の水のうち、2.63 L を使いました。水は何 L 残(のこ)っていますか。

式 1つ5〔10点〕

答え（ ）

17 小数のたし算とひき算 (3)

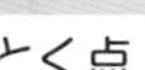

とく点　　/100点

◆ 計算をしましょう。　1つ5〔40点〕

❶ 3.26＋5.48　❷ 0.57＋0.46

❸ 0.44＋6.58　❹ 7.56＋5.64

❺ 0.67＋0.73　❻ 3.72＋4.8

❼ 0.78＋6.3　❽ 10.44＋5.06

♥ 計算をしましょう。　1つ5〔50点〕

❾ 7.43−3.56　❿ 6.04−0.78

⓫ 16.36−4.7　⓬ 8.25−7.67

⓭ 1.8−0.48　⓮ 10.3−9.45

⓯ 31.7−0.76　⓰ 2.3−2.24

⓱ 9−5.36　⓲ 2−0.94

♠ 赤いリボンの長さは 2.3m、青いリボンの長さは 1.64m です。長さは何m ちがいますか。　1つ5〔10点〕

式

答え（　　　）

18 がい数

とく点
/100点

◆ □にあてはまる数を書きましょう。　1つ4〔28点〕

❶ 34592 を百の位で四捨五入すると □ です。

❷ 43556 を四捨五入して、百の位までのがい数にすると □ です。

❸ 63449 を四捨五入して、上から 2 けたのがい数にすると □ です。

❹ 百の位で四捨五入して 51000 になる整数のはんいは、□ 以上 □ 以下です。

❺ 四捨五入して千の位までのがい数にしたとき 30000 になる整数のはんいは、□ 以上 □ 未満です。

♥ それぞれの数を四捨五入して千の位までのがい数にして、和や差を見積もりましょう。　1つ9〔36点〕

❻ 38755＋2983

❼ 12674＋45891

❽ 69111－55482

❾ 93445－76543

♠ それぞれの数を四捨五入して上から 1 けたのがい数にして、積や商を見積もりましょう。　1つ9〔36点〕

❿ 521×129

⓫ 1815×3985

⓬ 3685÷76

⓭ 93554÷283

19 面　積

とく点

/100点

◆ □にあてはまる数を書きましょう。　1つ6〔30点〕

❶ たてが 16cm、横が 22cm の長方形の面積(めんせき)は □ cm^2 です。

❷ たてが 13m、横が 17m の長方形の面積は □ m^2 です。

❸ たてが 4km、横が 8km の長方形の面積は □ km^2 です。

❹ 1辺(ぺん)が 40m の正方形の面積は □ a です。

❺ たてが 200m、横が 150m の長方形の面積は □ ha です。

♥ □にあてはまる数を書きましょう。　1つ5〔10点〕

❻ 面積が 576 cm^2 で、たての長さが 18cm の長方形の横の長さは □ cm です。

❼ 面積が 100 cm^2 の正方形の 1 辺の長さは □ cm です。

♠ □にあてはまる数を書きましょう。　1つ6〔60点〕

❽ 70000 cm^2 = □ m^2

❾ 33000 m^2 = □ a

❿ 900000 m^2 = □ ha

⓫ 19000000 m^2 = □ km^2

⓬ 48 m^2 = □ cm^2

⓭ 27a = □ m^2

⓮ 89a = □ cm^2

⓯ 53ha = □ m^2

⓰ 34 km^2 = □ m^2

⓱ 75000a = □ ha

20 小数と整数のかけ算(1)

とく点

/100点

◆ 計算をしましょう。　1つ5〔45点〕

❶ 1.2×3　❷ 6.2×4　❸ 0.5×9

❹ 0.6×5　❺ 4.4×8　❻ 3.7×7

❼ 2.83×2　❽ 0.19×6　❾ 5.75×4

♥ 計算をしましょう。　1つ5〔45点〕

❿ 3.9×38　⓫ 6.7×69　⓬ 7.3×27

⓭ 8.64×76　⓮ 4.25×52　⓯ 5.33×81

⓰ 4.83×93　⓱ 8.95×40　⓲ 6.78×20

♠ 53人に7.49mずつロープを配ります。ロープは何mいりますか。

式　1つ5〔10点〕

答え（　　）

21 小数と整数のかけ算(2)

とく点　/100点

◆ 計算をしましょう。　1つ5〔45点〕

❶ 3.4×2　❷ 9.1×6　❸ 0.9×7

❹ 7.4×5　❺ 5.6×4　❻ 1.03×3

❼ 4.71×9　❽ 0.24×4　❾ 2.65×8

♥ 計算をしましょう。　1つ5〔45点〕

❿ 9.7×86　⓫ 8.4×48　⓬ 1.7×66

⓭ 6.03×54　⓮ 2.88×15　⓯ 7.05×22

⓰ 3.16×91　⓱ 5.72×43　⓲ 4.87×70

♠ 毎日 2.78km の散歩(さんぽ)をします。1 か月(30 日)では何km 歩くことになりますか。　1つ5〔10点〕

式

答え（　　　）

22 小数と整数のわり算(1)

とく点

/100点

◆ わりきれるまで計算しましょう。　1つ6〔54点〕

❶ 8.8÷4　❷ 9.8÷7　❸ 7.2÷8

❹ 22.2÷3　❺ 16.8÷4　❻ 34.8÷12

❼ 13.2÷22　❽ 19÷5　❾ 21÷24

♥ 商は一の位（くらい）まで求（もと）め、あまりもだしましょう。　1つ6〔18点〕

❿ 79.5÷3　⓫ 31.2÷7　⓬ 47.8÷21

♠ 商は四捨五入（ししゃごにゅう）して、$\frac{1}{10}$の位までのがい数で求めましょう。　1つ6〔18点〕

⓭ 29÷3　⓮ 47÷7　⓯ 90.9÷12

♣ 50.3mのロープを23人で等分すると、1人分はおよそ何mになりますか。答えは四捨五入して、$\frac{1}{10}$の位までのがい数で求めましょう。1つ5〔10点〕

式

答え（　　　）

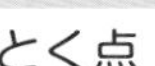

23 小数と整数のわり算(2)

とく点 /100点

◆ わりきれるまで計算しましょう。 1つ6〔54点〕

❶ 4.24÷2　❷ 3.68÷4　❸ 0.84÷21

❹ 0.305÷5　❺ 8.32÷32　❻ 91÷28

❼ 26.22÷19　❽ 53.04÷26　❾ 2.96÷37

♥ 商は$\frac{1}{10}$の位(くらい)まで求(もと)め、あまりもだしましょう。 1つ6〔18点〕

❿ 28.22÷3　⓫ 2.85÷9　⓬ 111.59÷27

♠ 商は四捨五入(ししゃごにゅう)して、上から2けたのがい数で求めましょう。 1つ6〔18点〕

⓭ 5.44÷21　⓮ 21.17÷17　⓯ 209÷23

♣ 320Lの水を、34この入れ物に等分すると、1こ分はおよそ何Lになりますか。答えは四捨五入して、上から2けたのがい数で求めましょう。

式 1つ5〔10点〕

答え（　　　　）

●勉強した日　月　日

24 分数のたし算とひき算(1)

とく点

/100点

◆ 計算をしましょう。　1つ5〔40点〕

① $\frac{2}{7}+\frac{4}{7}$

② $\frac{5}{9}+\frac{6}{9}$

③ $\frac{3}{8}+\frac{5}{8}$

④ $\frac{4}{3}+\frac{5}{3}$

⑤ $\frac{8}{6}-\frac{7}{6}$

⑥ $\frac{7}{5}-\frac{3}{5}$

⑦ $\frac{9}{7}-\frac{2}{7}$

⑧ $\frac{11}{4}-\frac{3}{4}$

♥ 計算をしましょう。　1つ6〔48点〕

⑨ $\frac{3}{8}+2\frac{4}{8}$

⑩ $1\frac{7}{9}+\frac{4}{9}$

⑪ $\frac{5}{7}+4\frac{2}{7}$

⑫ $1\frac{1}{5}+3\frac{3}{5}$

⑬ $3\frac{5}{6}-\frac{4}{6}$

⑭ $4\frac{1}{9}-\frac{5}{9}$

⑮ $6-3\frac{2}{5}$

⑯ $5\frac{3}{4}-2\frac{2}{4}$

♠ 油が $1\frac{3}{8}$L あります。そのうち $\frac{6}{8}$L を使いました。油は何L残(のこ)っていますか。　1つ6〔12点〕

式

答え（　　　　）

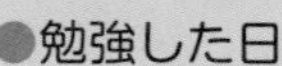
●勉強した日　月　日

25 分数のたし算とひき算 (2)

とく点　/100点

◆ 計算をしましょう。　1つ5〔40点〕

❶ $\frac{3}{5}+\frac{2}{5}$　❷ $\frac{4}{6}+\frac{10}{6}$

❸ $\frac{13}{9}+\frac{4}{9}$　❹ $\frac{8}{3}+\frac{4}{3}$

❺ $\frac{11}{8}-\frac{3}{8}$　❻ $\frac{12}{7}-\frac{10}{7}$

❼ $\frac{9}{2}-\frac{5}{2}$　❽ $\frac{11}{4}-\frac{7}{4}$

♥ 計算をしましょう。　1つ6〔48点〕

❾ $3\frac{1}{4}+1\frac{1}{4}$　❿ $4\frac{5}{8}+\frac{5}{8}$

⓫ $\frac{4}{5}+2\frac{4}{5}$　⓬ $3\frac{4}{7}+2\frac{5}{7}$

⓭ $3\frac{5}{6}-1\frac{4}{6}$　⓮ $2\frac{1}{3}-\frac{2}{3}$

⓯ $7\frac{6}{8}-2\frac{7}{8}$　⓰ $4-1\frac{3}{9}$

♠ バケツに $2\frac{2}{6}$ L の水が入っています。さらに $1\frac{5}{6}$ L の水を入れると、バケツには全部で何 L の水が入っていることになりますか。　1つ6〔12点〕

式

答え（　　　）

26 分数のたし算とひき算 (3)

とく点

/100点

◆ 計算をしましょう。　1つ5〔40点〕

❶ $\frac{6}{9}+\frac{8}{9}$

❷ $\frac{9}{7}+\frac{3}{7}$

❸ $\frac{11}{4}+\frac{10}{4}$

❹ $\frac{7}{3}+\frac{8}{3}$

❺ $\frac{8}{6}-\frac{3}{6}$

❻ $\frac{9}{8}-\frac{6}{8}$

❼ $\frac{17}{2}-\frac{5}{2}$

❽ $\frac{14}{5}-\frac{7}{5}$

♥ 計算をしましょう。　1つ6〔48点〕

❾ $2\frac{1}{3}+5\frac{1}{3}$

❿ $2\frac{1}{2}+3\frac{1}{2}$

⓫ $5\frac{3}{5}+3\frac{4}{5}$

⓬ $1\frac{5}{8}+4\frac{4}{8}$

⓭ $4\frac{8}{9}-1\frac{4}{9}$

⓮ $3\frac{3}{6}-1\frac{5}{6}$

⓯ $2\frac{2}{7}-1\frac{3}{7}$

⓰ $6-2\frac{3}{4}$

♠ 家から駅まで $3\frac{7}{10}$ km あります。いま、$1\frac{2}{10}$ km 歩きました。残(のこ)りの道のりは何km ですか。　1つ6〔12点〕

式

答え（　　　）

27 4年のまとめ(1)

とく点　　/100点

◆ 計算をしましょう。わり算は商を整数で求め、わりきれないときはあまりもだしましょう。 1つ6〔90点〕

❶ 296×347　❷ 408×605　❸ 360×250

❹ 62÷3　❺ 270÷6　❻ 812÷4

❼ 704÷7　❽ 80÷16　❾ 92÷24

❿ 174÷29　⓫ 400÷48　⓬ 684÷19

⓭ 558÷186　⓮ 861÷17　⓯ 900÷109

♠ カードが560まいあります。35まいずつ束にしていくと、何束できますか。 1つ5〔10点〕

式

答え（　　　　）

28 4年のまとめ(2)

とく点
/100点

◆ 計算をしましょう。わり算は、わりきれるまでしましょう。 1つ6〔72点〕

❶ 2.54＋0.48　❷ 0.36＋0.64　❸ 3.6＋0.47

❹ 5.32－4.54　❺ 12.4－2.77　❻ 8－4.23

❼ 17.3×14　❽ 3.18×9　❾ 6.74×45

❿ 61.2÷18　⓫ 52÷16　⓬ 5.4÷24

♥ 計算をしましょう。 1つ4〔16点〕

⓭ $\frac{4}{5}+2\frac{3}{5}$　⓮ $3\frac{2}{9}+4\frac{5}{9}$

⓯ $3\frac{3}{7}-\frac{6}{7}$　⓰ $4-2\frac{3}{4}$

♠ 40.5mのロープがあります。このロープを切って7mのロープをつくるとき、7mのロープは何本できて何mあまりますか。 1つ6〔12点〕

式

答え（　　　　　　）

答え

1
❶ 223470 ❷ 219076
❸ 305932 ❹ 353358
❺ 101156 ❻ 170924
❼ 158260 ❽ 175287
❾ 640062 ❿ 469000
⓫ 212500 ⓬ 445500
⓭ 374400 ⓮ 57000
⓯ 325000
式 195×288＝56160
答え 56 L 160 mL

2
❶ 367316 ❷ 52560
❸ 469656 ❹ 341208
❺ 711170 ❻ 113704
❼ 533125 ❽ 347334
❾ 31458 ❿ 160000
⓫ 335800 ⓬ 312800
⓭ 29400 ⓮ 118000
⓯ 744000
式 1500×240＝360000
答え 360 L

3
❶ 20 ❷ 20 ❸ 30 ❹ 300
❺ 100 ❻ 30 ❼ 24 ❽ 19
❾ 15 ❿ 14 ⓫ 24 ⓬ 13
⓭ 11 あまり 2 ⓮ 11 あまり 3
⓯ 10 あまり 5 ⓰ 21 あまり 2
⓱ 15 あまり 1 ⓲ 15 あまり 1
式 96÷8＝12 答え 12 倍

4
❶ 30 ❷ 60 ❸ 80 ❹ 400
❺ 30 ❻ 80 ❼ 17 ❽ 15
❾ 23 ❿ 12 ⓫ 14 ⓬ 18
⓭ 22 あまり 1 ⓮ 11 あまり 1
⓯ 10 あまり 3 ⓰ 15 あまり 1
⓱ 16 あまり 2 ⓲ 15 あまり 2
式 75÷6＝12 あまり 3　12＋1＝13
答え 13 日

5
❶ 154 ❷ 148 ❸ 121
❹ 104 ❺ 109 ❻ 108
❼ 28 ❽ 51 ❾ 33
❿ 140 あまり 5 ⓫ 231 あまり 1
⓬ 320 あまり 1 ⓭ 52 あまり 5
⓮ 89 あまり 2 ⓯ 46 あまり 4
式 524÷4＝131 答え 131 cm

6
❶ 152 ❷ 247 ❸ 126
❹ 121 ❺ 108 ❻ 209
❼ 27 ❽ 35 ❾ 91
❿ 153 あまり 2 ⓫ 161 あまり 4
⓬ 304 あまり 2 ⓭ 76 あまり 4
⓮ 81 あまり 1 ⓯ 56 あまり 5
式 285÷8＝35 あまり 5 答え 35 本

7
❶ 8 ❷ 6 ❸ 9
❹ 4 あまり 10 ❺ 7 あまり 40
❻ 7 あまり 60 ❼ 4 ❽ 5
❾ 4 ❿ 4 あまり 15 ⓫ 3
⓬ 2 あまり 26 ⓭ 2 あまり 13
⓮ 5 あまり 12 ⓯ 3 あまり 3
式 57÷18＝3 あまり 3
答え 3 束(たば)できて 3 本あまる。

8
❶ 7 ❷ 6 ❸ 3 ❹ 3 ❺ 5
❻ 3 あまり 7 ❼ 5 あまり 8
❽ 4 あまり 3 ❾ 3 あまり 13
❿ 2 あまり 15 ⓫ 2 あまり 28
⓬ 3 あまり 7 ⓭ 5 あまり 8
⓮ 1 あまり 8 ⓯ 1 あまり 32
式 89÷34＝2 あまり 21
2＋1＝3 答え 3 ふくろ

9
❶ 7 ❷ 8 ❸ 7
❹ 8 あまり 26 ❺ 7 あまり 26
❻ 3 あまり 71 ❼ 11 ❽ 14
❾ 17 ❿ 22 ⓫ 15
⓬ 22 ⓭ 35 あまり 2
⓮ 23 あまり 32 ⓯ 12 あまり 12
式 785÷95＝8 あまり 25
8＋1＝9 答え 9 こ

10 ① 4　② 9　③ 7
④ 4あまり53　⑤ 5あまり15
⑥ 10あまり67　⑦ 31　⑧ 24
⑨ 13　⑩ 12　⑪ 38
⑫ 26　⑬ 12あまり3
⑭ 31あまり21　⑮ 13あまり12
式 900÷75＝12　答え 12こ

11 ① 135　② 121　③ 356
④ 302　⑤ 524　⑥ 163
⑦ 38　⑧ 94　⑨ 76
⑩ 246あまり8　⑪ 174あまり6
⑫ 135あまり34　⑬ 88あまり8
⑭ 95あまり5　⑮ 84あまり8
式 6700÷76＝88あまり12
答え 88こ

12 ① 2　② 1あまり137
③ 3あまり201　④ 12
⑤ 13　⑥ 17あまり50
⑦ 9　⑧ 6あまり52
⑨ 7あまり645　⑩ 5　⑪ 9
⑫ 16あまり300　⑬ 14あまり200
⑭ 48あまり600　⑮ 122あまり600
式 2900÷300＝9あまり200
9＋1＝10　答え 10本

13 ① 73　② 111　③ 64　④ 5
⑤ 3　⑥ 1　⑦ 14　⑧ 104
⑨ 17　⑩ 40　⑪ 149
⑫ 35　⑬ 148　⑭ 18
⑮ 3700　⑯ 5300
式 50×125×8＝50000
答え 50000円

14 ① 31　② 62　③ 18　④ 30
⑤ 8　⑥ 10　⑦ 36　⑧ 13
⑨ 68　⑩ 18.7　⑪ 2800
⑫ 2300　⑬ 39000　⑭ 480
⑮ 918　⑯ 7992
式 280−12×16＝88　答え 88まい

15 ① 3.95　② 2.89　③ 3.23
④ 3.81　⑤ 0.4　⑥ 4.52
⑦ 5.23　⑧ 3　⑨ 2.71
⑩ 1.45　⑪ 1.09　⑫ 0.7
⑬ 0.57　⑭ 0.77　⑮ 0.57
⑯ 0.29　⑰ 1.72　⑱ 1.48
式 2.25＋1.8＝4.05　答え 4.05m

16 ① 0.87　② 6.99　③ 2.91
④ 4.93　⑤ 0.91　⑥ 3.69
⑦ 7.6　⑧ 6.12　⑨ 6.8
⑩ 6　⑪ 3.22　⑫ 0.42
⑬ 2.31　⑭ 2.1　⑮ 2.96
⑯ 3.05　⑰ 1.84　⑱ 0.17
式 3.4−2.63＝0.77　答え 0.77L

17 ① 8.74　② 1.03　③ 7.02
④ 13.2　⑤ 1.4　⑥ 8.52
⑦ 7.08　⑧ 15.5　⑨ 3.87
⑩ 5.26　⑪ 11.66　⑫ 0.58
⑬ 1.32　⑭ 0.85　⑮ 30.94
⑯ 0.06　⑰ 3.64　⑱ 1.06
式 2.3−1.64＝0.66　答え 0.66m

18 ① 35000　② 43600　③ 63000
④ 50500、51499
⑤ 29500、30500　⑥ 42000
⑦ 59000　⑧ 14000　⑨ 16000
⑩ 50000　⑪ 8000000
⑫ 50　⑬ 300

19 ① 352　② 221　③ 32　④ 16
⑤ 3　⑥ 32　⑦ 10　⑧ 7
⑨ 330　⑩ 90　⑪ 19
⑫ 480000　⑬ 2700
⑭ 89000000　⑮ 530000
⑯ 34000000　⑰ 750

20
① 3.6 ② 24.8 ③ 4.5
④ 3 ⑤ 35.2 ⑥ 25.9
⑦ 5.66 ⑧ 1.14 ⑨ 23
⑩ 148.2 ⑪ 462.3 ⑫ 197.1
⑬ 656.64 ⑭ 221 ⑮ 431.73
⑯ 449.19 ⑰ 358 ⑱ 135.6
式 7.49×53=396.97 答え 396.97m

21
① 6.8 ② 54.6 ③ 6.3
④ 37 ⑤ 22.4 ⑥ 3.09
⑦ 42.39 ⑧ 0.96 ⑨ 21.2
⑩ 834.2 ⑪ 403.2 ⑫ 112.2
⑬ 325.62 ⑭ 43.2 ⑮ 155.1
⑯ 287.56 ⑰ 245.96 ⑱ 340.9
式 2.78×30=83.4 答え 83.4km

22
① 2.2 ② 1.4 ③ 0.9 ④ 7.4
⑤ 4.2 ⑥ 2.9 ⑦ 0.6 ⑧ 3.8
⑨ 0.875 ⑩ 26 あまり 1.5
⑪ 4 あまり 3.2 ⑫ 2 あまり 5.8
⑬ 9.7 ⑭ 6.7 ⑮ 7.6
式 50.3÷23=2.18… 答え 約(やく) 2.2m

23
① 2.12 ② 0.92 ③ 0.04
④ 0.061 ⑤ 0.26 ⑥ 3.25
⑦ 1.38 ⑧ 2.04 ⑨ 0.08
⑩ 9.4 あまり 0.02 ⑪ 0.3 あまり 0.15
⑫ 4.1 あまり 0.89
⑬ 0.26 ⑭ 1.2 ⑮ 9.1
式 320÷34=9.41… 答え 約 9.4L

24
① $\frac{6}{7}$ ② $\frac{11}{9}\left(1\frac{2}{9}\right)$ ③ 1
④ 3 ⑤ $\frac{1}{6}$ ⑥ $\frac{4}{5}$ ⑦ 1
⑧ 2 ⑨ $2\frac{7}{8}\left(\frac{23}{8}\right)$ ⑩ $2\frac{2}{9}\left(\frac{20}{9}\right)$
⑪ 5 ⑫ $4\frac{4}{5}\left(\frac{24}{5}\right)$ ⑬ $3\frac{1}{6}\left(\frac{19}{6}\right)$
⑭ $3\frac{5}{9}\left(\frac{32}{9}\right)$ ⑮ $2\frac{3}{5}\left(\frac{13}{5}\right)$ ⑯ $3\frac{1}{4}\left(\frac{13}{4}\right)$
式 $1\frac{3}{8}-\frac{6}{8}=\frac{5}{8}$ 答え $\frac{5}{8}$L

25
① 1 ② $\frac{14}{6}\left(2\frac{2}{6}\right)$ ③ $\frac{17}{9}\left(1\frac{8}{9}\right)$
④ 4 ⑤ 1 ⑥ $\frac{2}{7}$ ⑦ 2
⑧ 1 ⑨ $4\frac{2}{4}\left(\frac{18}{4}\right)$ ⑩ $5\frac{2}{8}\left(\frac{42}{8}\right)$
⑪ $3\frac{3}{5}\left(\frac{18}{5}\right)$ ⑫ $6\frac{2}{7}\left(\frac{44}{7}\right)$ ⑬ $2\frac{1}{6}\left(\frac{13}{6}\right)$
⑭ $1\frac{2}{3}\left(\frac{5}{3}\right)$ ⑮ $4\frac{7}{8}\left(\frac{39}{8}\right)$ ⑯ $2\frac{6}{9}\left(\frac{24}{9}\right)$
式 $2\frac{2}{6}+1\frac{5}{6}=4\frac{1}{6}\left(\frac{25}{6}\right)$
答え $4\frac{1}{6}$L $\left(\frac{25}{6}\text{L}\right)$

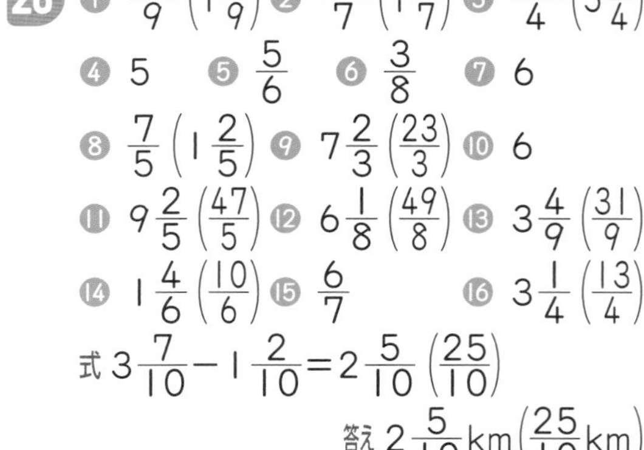

26
① $\frac{14}{9}\left(1\frac{5}{9}\right)$ ② $\frac{12}{7}\left(1\frac{5}{7}\right)$ ③ $\frac{21}{4}\left(5\frac{1}{4}\right)$
④ 5 ⑤ $\frac{5}{6}$ ⑥ $\frac{3}{8}$ ⑦ 6
⑧ $\frac{7}{5}\left(1\frac{2}{5}\right)$ ⑨ $7\frac{2}{3}\left(\frac{23}{3}\right)$ ⑩ 6
⑪ $9\frac{2}{5}\left(\frac{47}{5}\right)$ ⑫ $6\frac{1}{8}\left(\frac{49}{8}\right)$ ⑬ $3\frac{4}{9}\left(\frac{31}{9}\right)$
⑭ $1\frac{4}{6}\left(\frac{10}{6}\right)$ ⑮ $\frac{6}{7}$ ⑯ $3\frac{1}{4}\left(\frac{13}{4}\right)$
式 $3\frac{7}{10}-1\frac{2}{10}=2\frac{5}{10}\left(\frac{25}{10}\right)$
答え $2\frac{5}{10}$km $\left(\frac{25}{10}\text{km}\right)$

27
① 102712 ② 246840
③ 90000 ④ 20 あまり 2
⑤ 45 ⑥ 203 ⑦ 100 あまり 4
⑧ 5 ⑨ 3 あまり 20 ⑩ 6
⑪ 8 あまり 16 ⑫ 36 ⑬ 3
⑭ 50 あまり 11 ⑮ 8 あまり 28
式 560÷35=16 答え 16 束(たば)

28
① 3.02 ② 1 ③ 4.07
④ 0.78 ⑤ 9.63 ⑥ 3.77
⑦ 242.2 ⑧ 28.62 ⑨ 303.3
⑩ 3.4 ⑪ 3.25 ⑫ 0.225
⑬ $3\frac{2}{5}\left(\frac{17}{5}\right)$ ⑭ $7\frac{7}{9}\left(\frac{70}{9}\right)$
⑮ $2\frac{4}{7}\left(\frac{18}{7}\right)$ ⑯ $1\frac{1}{4}\left(\frac{5}{4}\right)$
式 40.5÷7=5 あまり 5.5
答え 5 本できて 5.5m あまる。

「小学教科書ワーク・数と計算」で、さらに練習しよう！

わくわくシール

★1日の学習がおわったら、チャレンジシールをはろう。
★実力はんていテストがおわったら、まんてんシールをはろう。

チャレンジシール

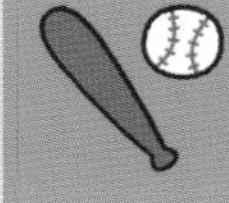

算数 4年

面積・分数

教科書ワーク

面 積

正方形の面積＝
1辺×1辺

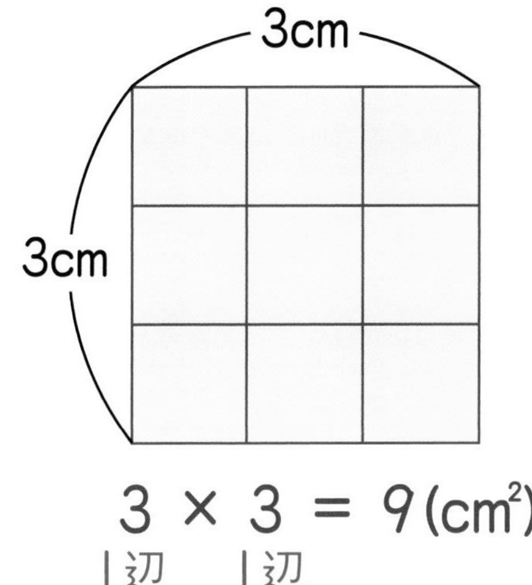

3 × 3 ＝ 9 (cm²)
1辺　1辺

長方形の面積＝
たて × 横

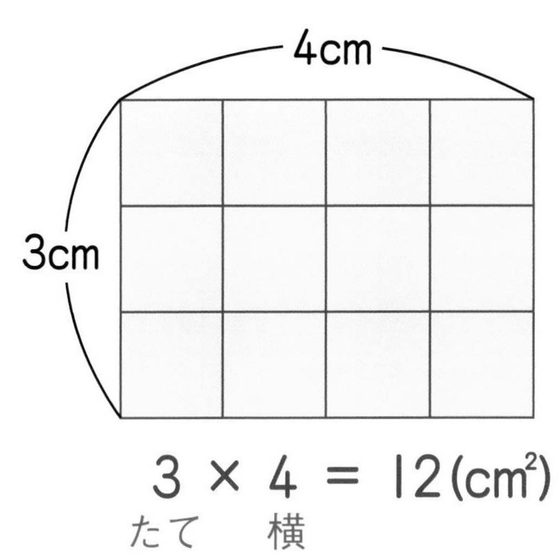

3 × 4 ＝ 12 (cm²)
たて　横

面積の単位

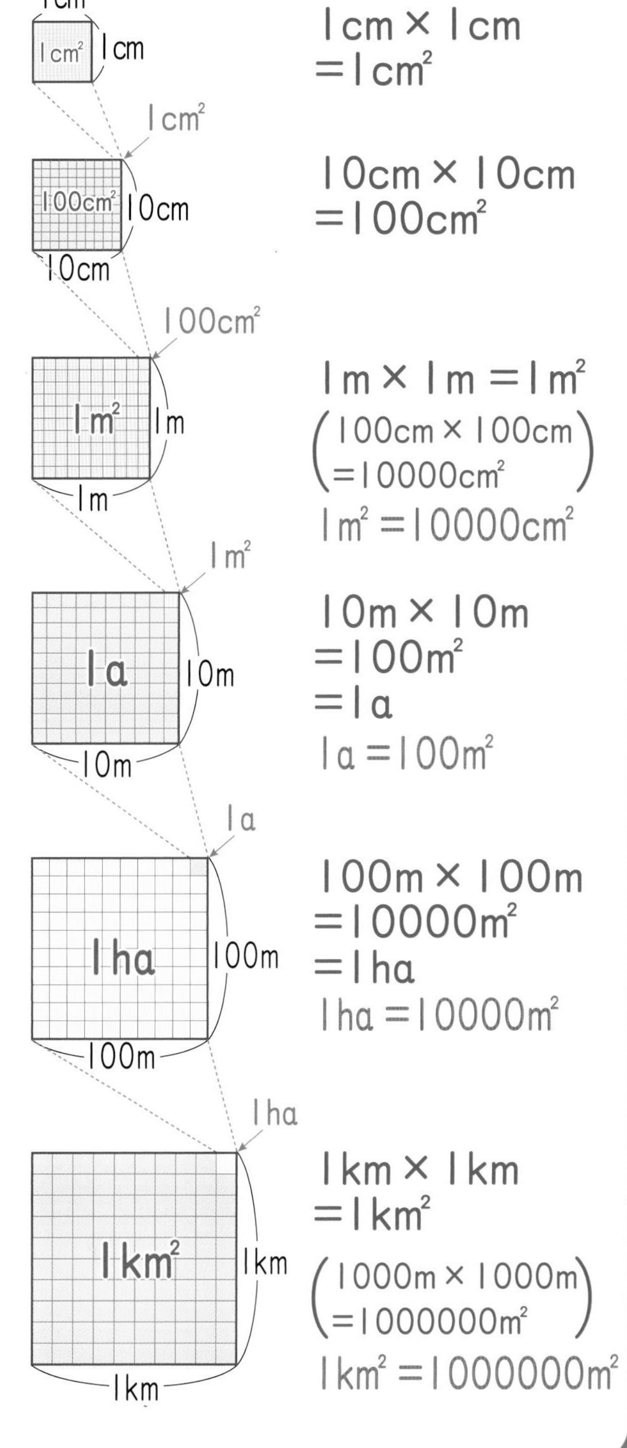

1cm × 1cm
＝1cm²

10cm × 10cm
＝100cm²

1m × 1m ＝ 1m²
(100cm × 100cm
＝10000cm²)
1m² ＝ 10000cm²

10m × 10m
＝100m²
＝1a
1a ＝ 100m²

100m × 100m
＝10000m²
＝1ha
1ha ＝ 10000m²

1km × 1km
＝1km²
(1000m × 1000m
＝1000000m²)
1km² ＝ 1000000m²

分数の大きさ

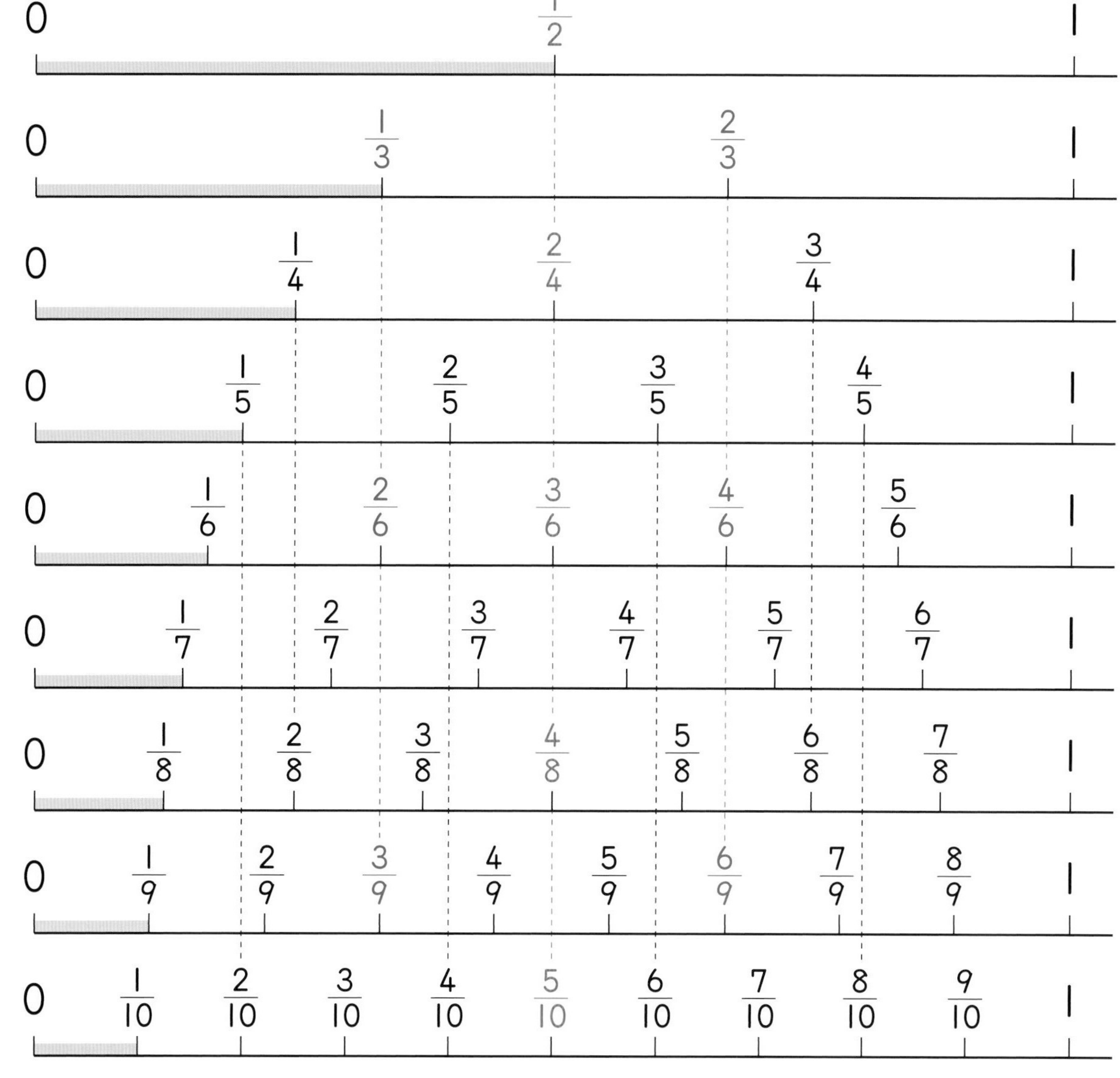

$\frac{1}{2}=\frac{2}{4}=\frac{3}{6}=\frac{4}{8}=\frac{5}{10}$　$\frac{1}{3}=\frac{2}{6}=\frac{3}{9}$　$\frac{2}{3}=\frac{4}{6}=\frac{6}{9}$

$\frac{1}{4}=\frac{2}{8}$　$\frac{3}{4}=\frac{6}{8}$　$\frac{1}{5}=\frac{2}{10}$　$\frac{2}{5}=\frac{4}{10}$　$\frac{3}{5}=\frac{6}{10}$　$\frac{4}{5}=\frac{8}{10}$

分子が同じ分数は、分母が大きいほど小さい！

$\frac{1}{2}>\frac{1}{3}>\frac{1}{4}>\frac{1}{5}>\frac{1}{6}>\frac{1}{7}>\frac{1}{8}>\frac{1}{9}>\frac{1}{10}$

わくわくポスター

算数 4年

計算のきまり

計算のじゅんじょ

ふつうは、左から順(じゅん)に計算する

( )のある式では、( )の中をひとまとまりとみて、先に計算する。

$4+(3+2)=4+5$
$=9$

$9-(6-2)=9-4$
$=5$

式の中のかけ算やわり算は、たし算やひき算より先に計算する。

$2+3\times4=2+12$
$=14$

$12-6\div2=12-3$
$=9$

①( )の中のかけ算やわり算　②( )の中のたし算やひき算
③かけ算やわり算の計算　④たし算やひき算の計算

$4\times(9-2\times3)=4\times(9-6)$
$=4\times3$
$=12$

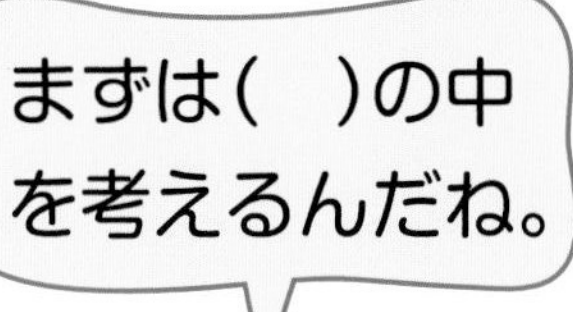
まずは( )の中を考えるんだね。

$3+(8\div2+5)=3+(4+5)$
$=3+9$
$=12$

計算のきまり

きまり① まとめてかけても、ばらばらにかけても答えは同じ。

(■+●)×▲=■×▲+●×▲　(■−●)×▲=■×▲−●×▲

102×25
$=(100+2)\times25$
$=100\times25+2\times25$
$=2500+50$
$=2550$

99×8
$=(100-1)\times8$
$=100\times8-1\times8$
$=800-8$
$=792$

きまり② たし算・かけ算は、入れかえても答えは同じ。

■+●=●+■　■×●=●×■

$3+4=7$
$4+3=7$

$3\times4=12$
$4\times3=12$

$4-3$ ✕ $3-4$
$4\div3$ ✕ $3\div4$
⇐ ひき算・わり算は入れかえられない。

たし算とかけ算だけができるんだ。

きまり③ たし算・かけ算は、計算のじゅんじょをかえても答えは同じ。

(■+●)+▲=■+(●+▲)　(■×●)×▲=■×(●×▲)

$(48+94)+6=48+(94+6)$
$=48+100$
$=148$

$(7\times25)\times4=7\times(25\times4)$
$=7\times100$
$=700$

$(7-3)-2$ ✕ $7-(3-2)$
$(16\div4)\div2$ ✕ $16\div(4\div2)$
⇐ ひき算・わり算は入れかえられない。

教育出版版 算数4年

動画 コードを読みとって、下の番号の動画を見てみよう。

勉強した日　月　日

大きな数［その1］

きほんのワーク

学習の目標
1億より大きい数のよみ方や表し方を覚え、しくみを考えよう。

おわったらシールをはろう

教科書 上 11～17ページ　答え 1ページ

きほん1 「一億より大きい数」の表し方がわかりますか。

☆126533406 のよみ方を漢字で書きましょう。

とき方 千万の位（くらい）の 1 つ上の位を、一億（いちおく）の位といいます。一億は千万の 10 倍で、100000000（0が8こ）と書きます。

よむときは、一、十、百、千をそのまま使い、4 けたごとに「万」、「億」を入れます。

問題の数の、1 は［　］億の位、2 は［　］万の位です。　答え［　］

右から 4 けたごとに区切るとよみやすいんだね。

千億の位	百億の位	十億の位	一億の位	千万の位	百万の位	十万の位	一万の位	千の位	百の位	十の位	一の位
			1	2	6	5	3	3	4	0	6

1/10　1/10　1/10　1/10
10倍 10倍 10倍 10倍

1 次の数のよみ方を漢字で書きましょう。

教科書 13ページ 1　14ページ 2

① 431815176　（　　　）

② 826543007000　（　　　）

きほん2 「一兆より大きい数」の表し方がわかりますか。

☆7530840000000 のよみ方を漢字で書きましょう。

とき方 千億 の位の 1 つ上の位を、一兆（いっちょう）の位といいます。一兆は千億の 10 倍で、1000000000000（0が12こ）と書きます。

上の数は、75 兆 3084 億と表すことがあります。

千兆の位	百兆の位	十兆の位	一兆の位	千億の位	百億の位	十億の位	一億の位	千万の位	百万の位	十万の位	一万の位	千の位	百の位	十の位	一の位
		7	5	3	0	8	4	0	0	0	0	0	0	0	0

1/10　1/10　1/10　1/10
10倍 10倍 10倍 10倍

答え［　　　］

兆よりも大きい数は、「京（けい）、垓（がい）、𥝱（じょ）、穣（じょう）、溝（こう）、澗（かん）、正（せい）、載（さい）、極（ごく）、恒河沙（ごうがしゃ）、阿僧祇（あそうぎ）、那由他（なゆた）、不可思議（ふかしぎ）、無量大数（むりょうたいすう）」と続（つづ）くよ。1 京は 1000 兆を 10 倍した数だね。

2 次の数のよみ方を漢字で書きましょう。 教科書 16ページ 3

❶ 6413000520000　（　　　　　　）

❷ 154238000602200　（　　　　　　）

3 次の数を数字で書きましょう。 教科書 16ページ 3

❶ 五兆八千六百三十億　（　　　　　　）

❷ 十二兆三千三十九億　（　　　　　　）

きほん 3 「数のいろいろな見方」ができますか。

☆右の数直線のあのめもりが表す数を書きましょう。

0　100億　200億　300億　400億 あ　500億　600億

とき方 100億が10等分されているので、いちばん小さい1めもりの大きさは［　］億を表します。
あのめもりが表す数は、400億からいちばん小さいめもりで3こ分のところにある数なので、［　］億です。
あのめもりが表す数は、次のように考えることもできます。

〔1〕100億を［　］こと、10億を［　］こあわせた数

〔2〕［　］億を43こあつめた数

〔3〕1億を［　］こあつめた数

いちばん小さい1めもりの大きさがいくつを表すかが大切だね。

数字で書くと、43000000000になるよ。

答え［　］億

4 次の数を数字で書きましょう。 教科書 17ページ 4

❶ 10兆を5こと、1億を2こと、100万を4こあわせた数

（　　　　　　）

❷ 1億を54こあつめた数　（　　　　　　）

❸ 1000億を820こあつめた数　（　　　　　　）

❹ 1兆を60こと、1億を73こあわせた数

（　　　　　　）

ポイント 億や兆などの大きな数でも、右から4けたごとに区切ると、よみやすくなったり、数の大きさがつかみやすくなったりします。

勉強した日　月　日

大きな数 [その2]

きほんのワーク

学習の目標
大きな数の計算ができるようにしよう。また、数のしくみを知ろう。

おわったらシールをはろう

教科書 上 17〜19ページ　答え 1ページ

きほん1 「大きな数のたし算、ひき算」ができますか。

☆計算をしましょう。　❶ 64億(おく)＋23億　❷ 64億－23億

とき方　1億をもとにして考えます。

64億は1億が□こ、23億は1億が□こです。

❶ 64億＋23億＝□億 ＜1億が(64＋23)こ

❷ 64億－23億＝□億 ＜1億が(64－23)こ

たいせつ
たし算の答えを和(わ)、ひき算の答えを差(さ)といいます。

答え ❶ □億　❷ □億

1 (　)の中の数の和と差を求(もと)めましょう。　教科書 17ページ 5

❶ (142億、95億)　❷ (560兆(ちょう)、930兆)

和(　　)　和(　　)

差(　　)　差(　　)

❷は、1兆をもとにして計算するといいね。

きほん2 「整数のしくみ」がわかりますか。

☆4600億の10倍、$\frac{1}{10}$の数を求めましょう。

$\frac{1}{10}$の数は、10でわった数のことだね。

とき方　整数を10倍すると、位(くらい)が1けた上がり、$\frac{1}{10}$にすると、位が1けた下がります。

			兆				億				万				
				4	6	0	0	0	0	0	0	0	0	0	0

(↑ $\frac{1}{10}$、↓ 10倍)

たいせつ
整数は、10倍すると位が1けた上がるので、右はしに0が1つつき、$\frac{1}{10}$にすると位が1けた下がるので、右はしの0が1つとれます。

答え 10倍の数…□兆□億　$\frac{1}{10}$の数…□億

0から9の10この数字を使って数を表すしくみを十進法(じっしんほう)というんだよ。
0と1の2この数字だけで数を表す方法もあって、このしくみは二進法(にしんほう)というよ。

2 730億の10倍、100倍、$\frac{1}{10}$の数を書きましょう。 

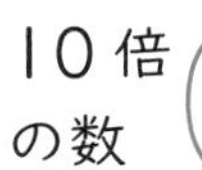

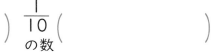

10倍の数（　　　　）　100倍の数（　　　　）　$\frac{1}{10}$の数（　　　　）

3 下の数直線のあ、いのめもりが表す数はいくつでしょうか。 

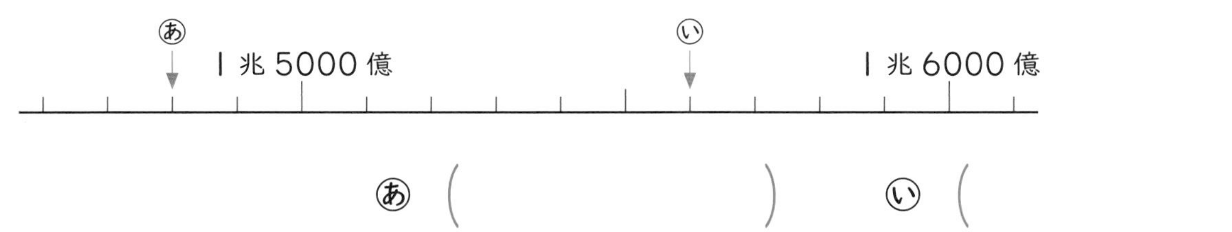

あ（　　　　）　い（　　　　）

きほん3　0から9までの10この数字を使って、数がつくれますか。

☆下の12まいのカードをどれも1回ずつ使って、12けたの数のうち、いちばん大きい数といちばん小さい数を書きましょう。

0 0 0 1 2 3 4 5 6 7 8 9

上の位の数字が大きいほうが大きい数になるので、いちばん大きい数をつくるときは、いちばん大きい数の 9 のカードから、順(じゅん)にならべます。

9 □□□□□□□□□□□

いちばん小さい数は、1をいちばん上の位にして、あとは小さい数字の順にならべます。

1 □□□□□□□□□□□

いちばん上の位に0を使うことはできないよ。

答え いちばん大きい数 □

いちばん小さい数 □

たいせつ
0から9の10この数字を組み合わせると、どんな大きさの整数でも表すことができます。

4 0から9までの数字のカードが、1まいずつあります。このカードをどれも1回ずつ使って、次のような10けたの数をつくりましょう。 教科書 19ページ 7

❶ 30億より小さい数のうち、いちばん大きい数（　　　　）

❷ 30億より大きい数のうち、いちばん小さい数（　　　　）

ポイント 大きな数のたし算やひき算では、1億や1兆などが何こあるかを考えて計算することもできます。

勉強した日　月　日

大きな数 [その3]

きほんのワーク

学習の目標
「3けた×3けたの計算」が筆算でできるようになろう。

おわったらシールをはろう

教科書 上 20～21ページ　答え 1ページ

きほん1 「3けた×3けたの計算」がわかりますか。

☆4年生128人で工場見学に行きます。1人分のひようは735円です。ひようは全部で何円になるでしょうか。

とき方 全部のお金＝1人分のお金×人数 から、答えを求める式は、
735［　］128 になります。
735×128 の筆算は、次のようにします。

		7	3	5
	×	1	2	8
					←1
					←2
7	3	5			←3
					←4

1 一の位の計算をする。735×［　］
2 十の位の計算をする。735×20 は
735×［　］を計算して、左に1けたずらして書く。
3 百の位の計算をする。735×100 は 735×1 を計算して、左に2けたずらして書く。
4 1、2、3で求めた数を、位ごとにたす。

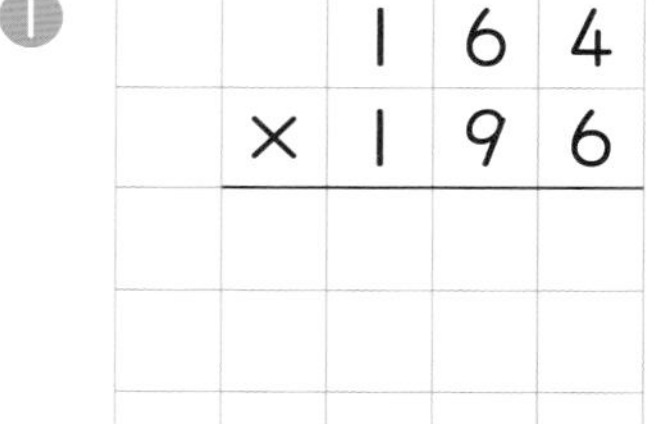

かけ算の答えを積といいます。

答え［　］円

1 計算をしましょう。

教科書 20ページ 8・9

1
		1	6	4
	×	1	9	6

2
		3	5	2
	×	2	7	3

3
		6	8	4
	×	7	8	6

4
		4	2	9
	×	2	0	8

5
		2	9	3
	×	7	0	6

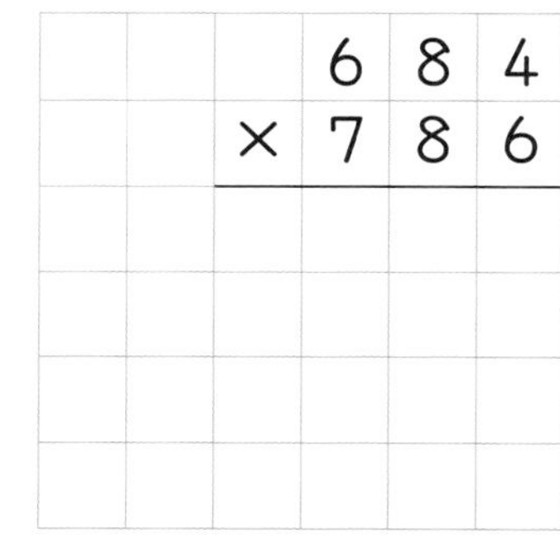

さんすうはかせ 100×100＝10000、1000×1000＝1000000 だから、3けた×3けたの積は、5けたか6けたの数になるよ。

きほん2 「右はしの位に0が続く数のかけ算のくふう」ができますか。

☆1400×70を計算しましょう。

とき方 1400×70
=(14×□)×(7×□)
=(14×7)×□
だから、1400×70の筆算は、右上のようにできます。 答え □

2 計算をしましょう。 教科書 21ページ 10

❶ 2300×40 ❷ 570×300

❸ 8400×270 ❹ 28000×800

❶は 2300×40
とくふうできるね。
23×4の積のあとに0を
3こつければいいね。

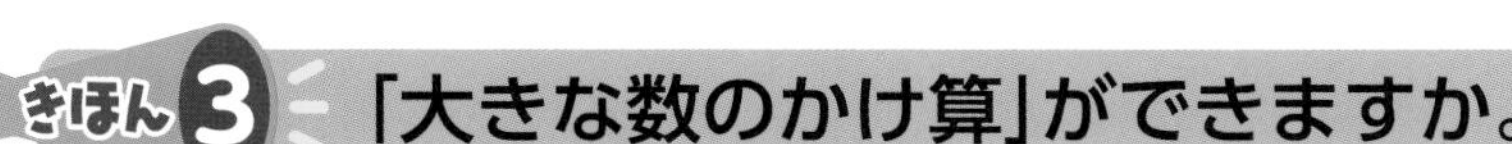

きほん3 「大きな数のかけ算」ができますか。

☆12億(おく)×40を計算しましょう。

とき方 かけ算も、1億や1兆(ちょう)をもとにして計算することができます。
12億は1億が□こです。
12億×40は、1億が12×□=□より、□こです。
答え □億

3 計算をしましょう。 教科書 21ページ 11

❶ 3億×40 ❷ 43億×20 ❸ 76億×50

❹ 9兆×30 ❺ 6兆×600 ❻ 23兆×400

ポイント 12億×40=(1億×12)×40=1億×(12×40)=1億×480=480億となります。
1億が12こ　1億が(12×40)こ　1億が480こ

勉強した日　月　日

教科書 上 11〜24ページ　答え 2ページ

できた数 /17問中

おわったらシールをはろう

1 整数のしくみ □にあてはまる数を書きましょう。

❶ 72600000000 は、100 億(おく)を □ こと、10 億を □ こと、1 億を □ こあわせた数です。

❷ 1230000000 は、1000000 を □ こあつめた数です。

2 整数のしくみ 下の数直線を見て、答えましょう。

（数直線：あ、6兆、い、7兆）

❶ 1 めもりの大きさはいくつでしょうか。（　　）

❷ あといのめもりが表す数はいくつでしょうか。

あ（　　）　い（　　）

3 大きな数のたし算、ひき算 （　）の中の数の和と差(さ)を求(もと)めましょう。

❶ （84 億、36 億）
和（　　）
差（　　）

❷ （170 兆(ちょう)、249 兆）
和（　　）
差（　　）

4 3 けた×3 けたの計算 計算をしましょう。

❶ 613×518　❷ 563×708

5 大きな数の計算 計算をしましょう。

❶ 6300×3800　❷ 350×72000

❸ 14 億×60　❹ 32 兆×200

1 整数のしくみ
整数を右から 4 けたごとに区切ると、考えやすくなります。
❶ 726|0000|0000

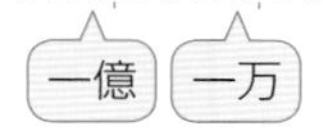

2 ❶ 7 兆－6 兆＝1 兆
1 兆を 10 等分しためもりがついています。
❷ 6 兆より、何めもり少ないか多いかを考えます。

3 大きな数のたし算、ひき算
1 億や 1 兆をもとにして、和や差を求めます。

4 ❶ 613×8、613×10、613×500 を計算し、それをたします。

5 ❶ 63×38 の積(せき)のあとに 0 を 4 こつけます。
❸ 14×60 の積のあとに億をつけます。

できるナビ 数が大きくなっても整数のかけ算の筆算のしかたは同じです。正しく計算ができるように、位(くらい)をきちんとそろえて書きましょう。

勉強した日　月　日

まとめのテスト

教科書 上 11~24ページ　答え 2ページ

とく点　/100点

おわったらシールをはろう

1 よく出る 次の数を数字で書きましょう。　1つ7〔35点〕

❶ 二千五億七千五十万　(　　　)

❷ 1億を8こと、100万を4こあわせた数　(　　　)

❸ 1兆を2こと、1億を5こと、1万を8こあわせた数

(　　　)

❹ 1兆を108こあつめた数　(　　　)

❺ 100億を360こあつめた数　(　　　)

2 次の問題に答えましょう。　1つ6〔12点〕

❶ 1億は、10万の何倍でしょうか。　(　　　)

❷ 10兆は、1億の何倍でしょうか。　(　　　)

3 次の数を書きましょう。　1つ6〔12点〕

❶ 6000億の10倍の数　(　　　)

❷ 2兆8000億の $\frac{1}{10}$ の数　(　　　)

4 0、1、3、6の4つの数を3回ずつ使って、12けたの数のうち、いちばん小さい数を書きましょう。　〔7点〕

(　　　)

5 計算をしましょう。　1つ6〔18点〕

❶ 626×372　❷ 4500×360　❸ 18兆×500

6 ある店では、1こ168円の品物を1か月間に136こ売りました。1か月間の売り上げは何円でしょうか。　1つ8〔16点〕

答え (　　　)

ふろくの「計算練習ノート」2~3ページをやろう！

□整数のしくみがわかったかな？
□大きな数のかけ算ができたかな？

勉強した日　月　日

わり算の筆算［その1］

きほんのワーク

学習の目標
整数のわり算を筆算でするしかたを身につけよう。

おわったらシールをはろう

教科書 上 26～34ページ　答え 2ページ

きほん1 「2けた÷1けたの計算のしかた」がわかりますか。

☆78このあめを3人で同じ数ずつ分けます。1人分は何こになるでしょうか。

とき方 1人分の数＝全部の数÷人数 から、答えを求める式は、78÷3になります。
78÷3の筆算は、次のようにします。

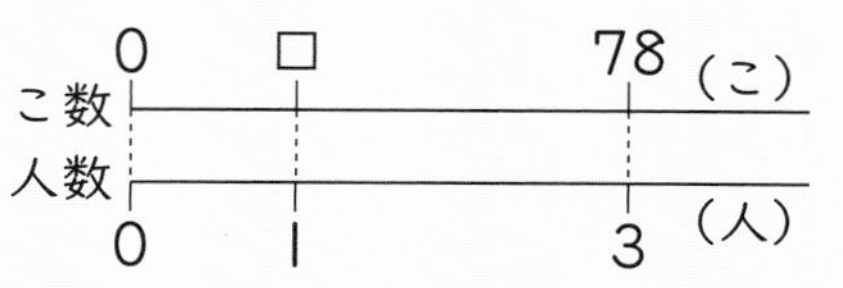

十の位の計算

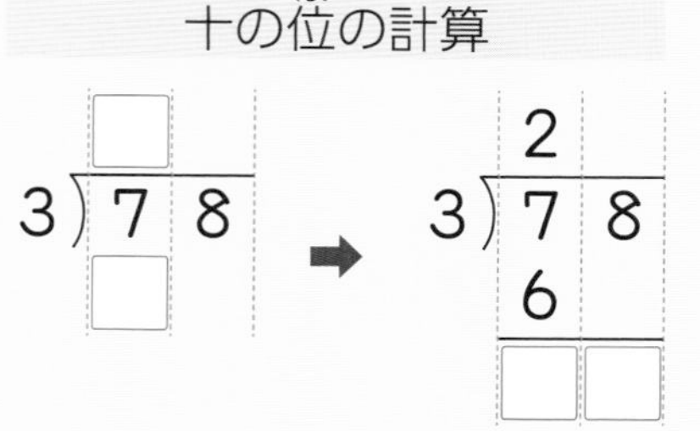

7÷3＝2あまり1
2を十の位にたてる。
3に2をかける。
3×2＝6

7から6をひく。
7－6＝1
一の位の8をおろす。

一の位の計算

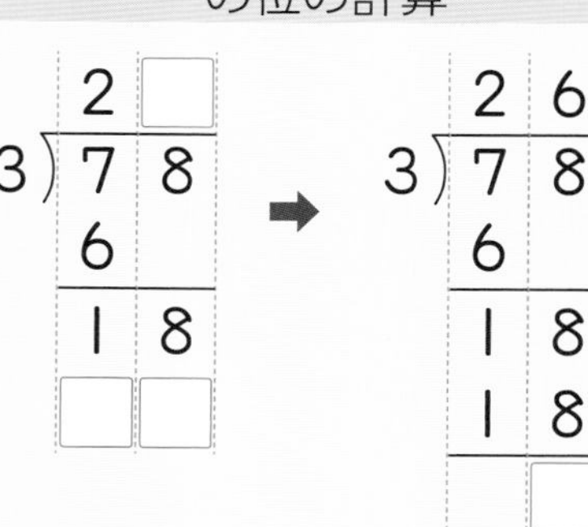

18を3でわり、
6を一の位にたてる。
3に6をかける。
3×6＝18

18から18をひく。

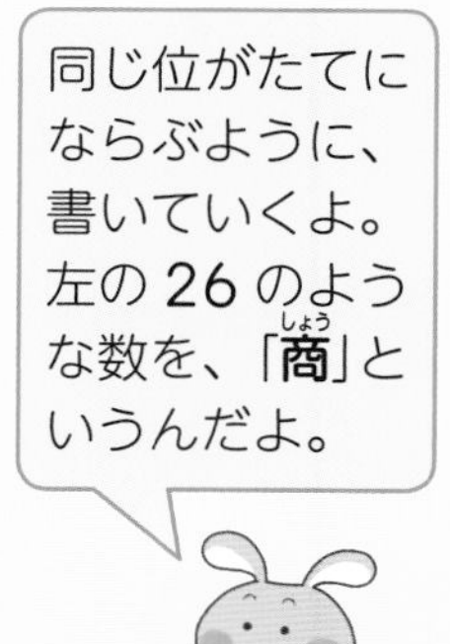

同じ位がたてにならぶように、書いていくよ。
左の26のような数を、「商」というんだよ。

答え □ こ

1 計算をしましょう。 教科書 32ページ 2

❶ 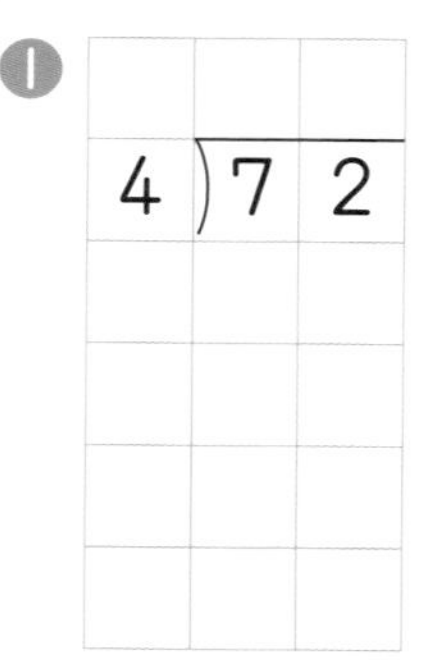

❷ 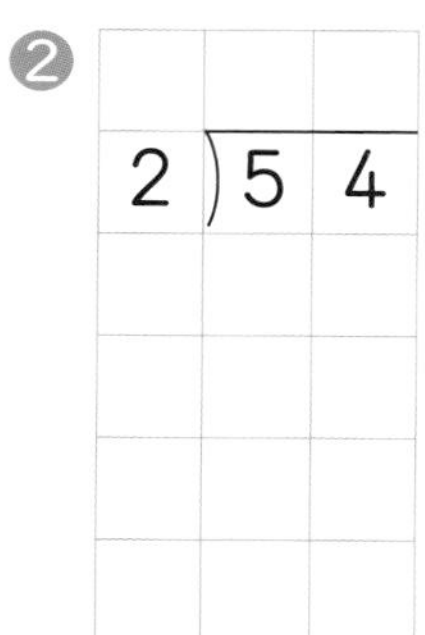

❸ 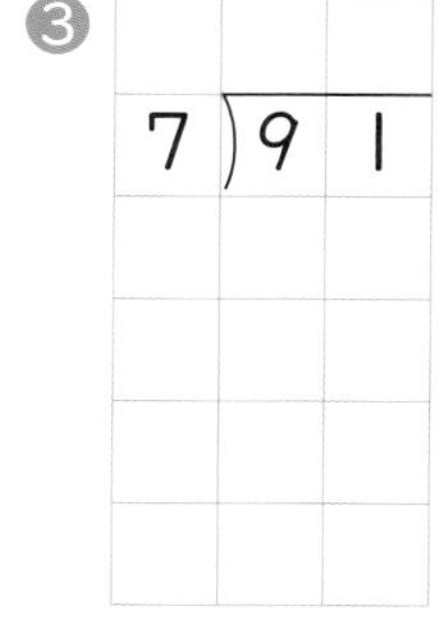

❹ 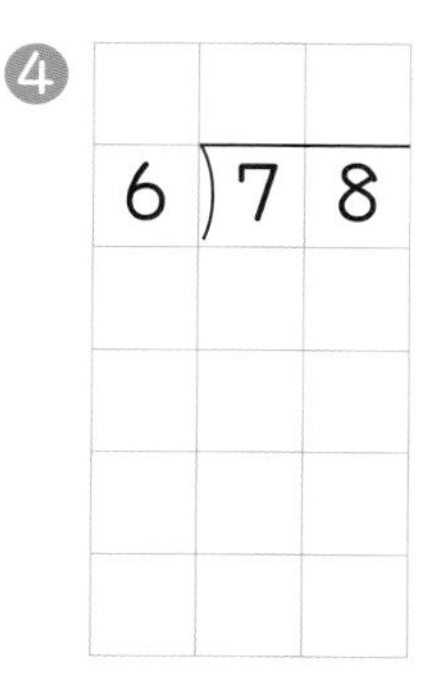

❺ 

❻ 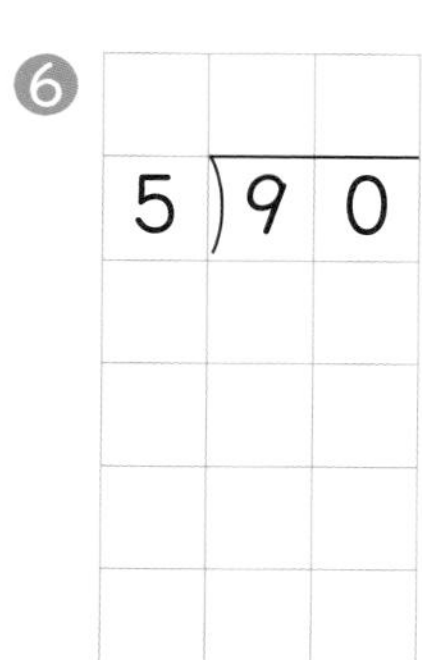

❼ 

上の位から順に、九九を使ってわり算をすればいいのね。

さんすうはかせ　たし算の答えは「和」、ひき算の答えは「差」、かけ算の答えは「積」、わり算の答えは「商」というよ。和・差・積・商のことばを覚えておこう。

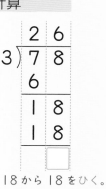

きほん2 「あまりのあるわり算とたしかめの式」がわかりますか。

☆95 cm のはり金を 4 cm ずつ切ります。4 cm のはり金は何本とれて、何 cm あまるでしょうか。

とき方 本数＝全体の長さ÷１本の長さ から、答えを求める式は、95÷4 になります。95÷4 の筆算は、次のようにします。

十の位の計算

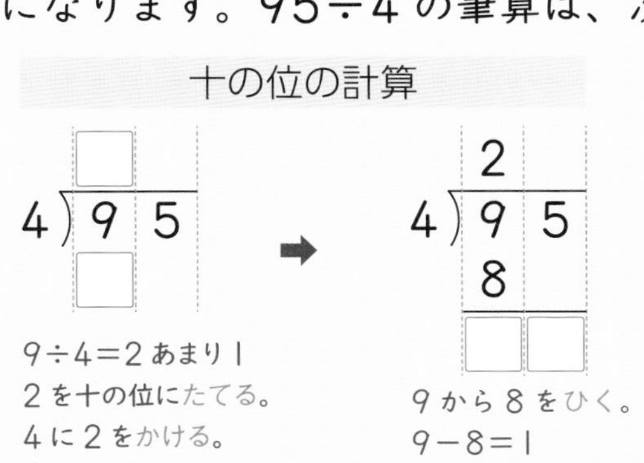

9÷4＝2 あまり１
２を十の位にたてる。
４に２をかける。
4×2＝8

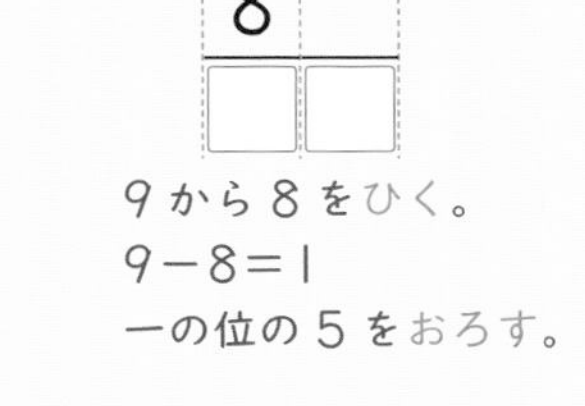

９から８をひく。
9−8＝1
一の位の５をおろす。

一の位の計算

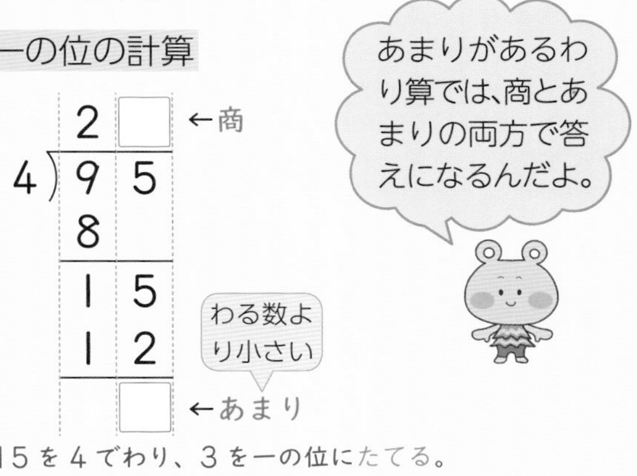
←商
←あまり
わる数より小さい
あまりがあるわり算では、商とあまりの両方で答えになるんだよ。

15を４でわり、３を一の位にたてる。
４に３をかける。
15から12をひく。

たいせつ

答えのたしかめをしましょう。
わる数×商＋あまり＝わられる数
⇒ 4×23＋3 が 95 になるか、たしかめます。

答え ＿＿本とれて、＿＿cm あまる。

2 計算をしましょう。また、答えのたしかめをしましょう。 教科書 33ページ 3

❶ 2)59

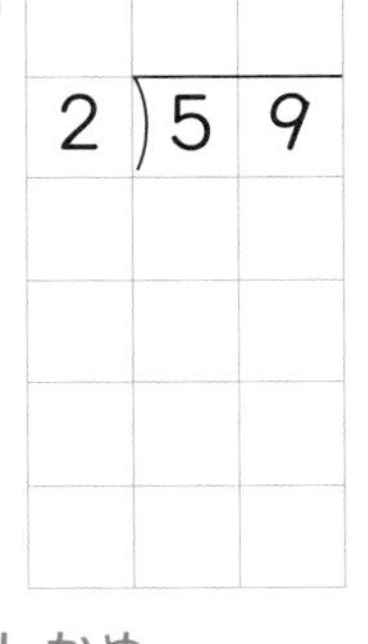

❷ 5)93

❸ 3)50
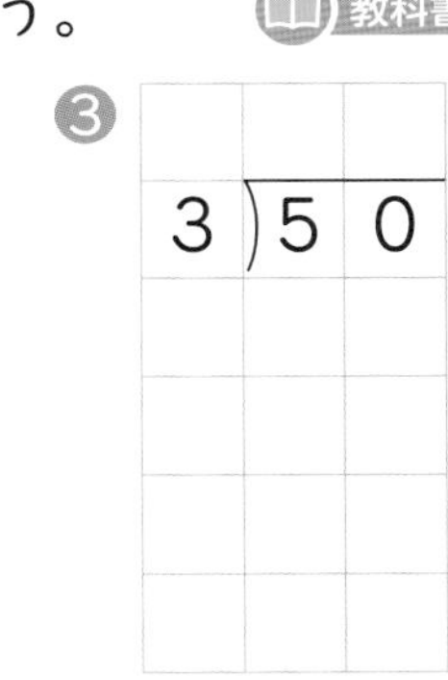

たしかめ（　　　）　たしかめ（　　　）　たしかめ（　　　）

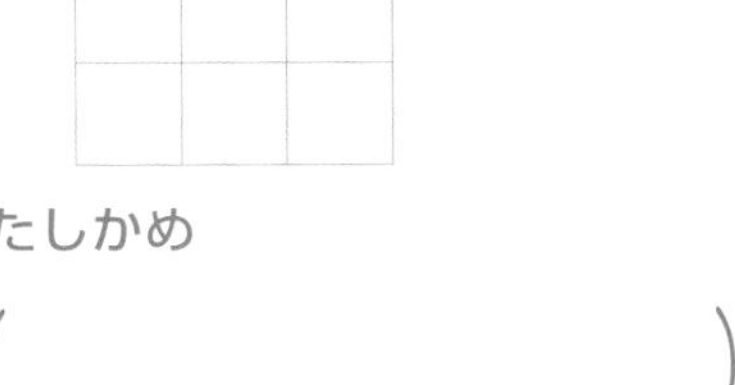

3 計算をしましょう。 教科書 34ページ 4・5

❶ 2)64
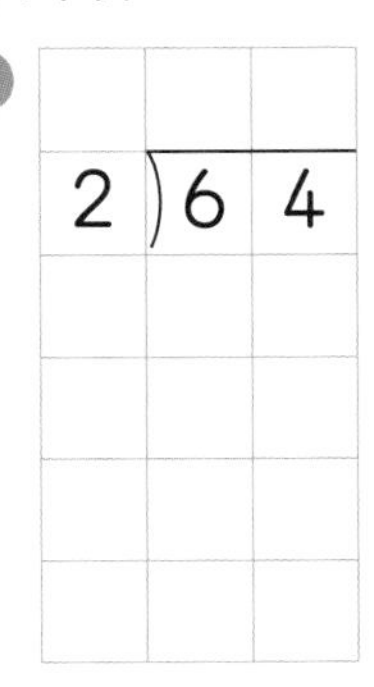

❷ 7)32
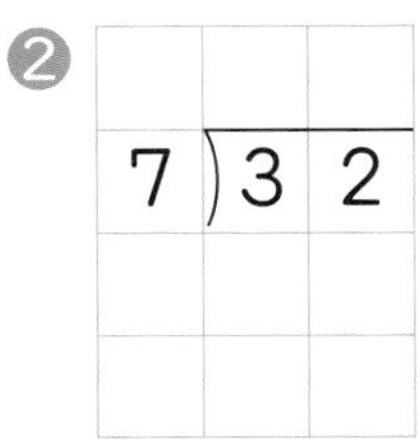

❸ 4)81
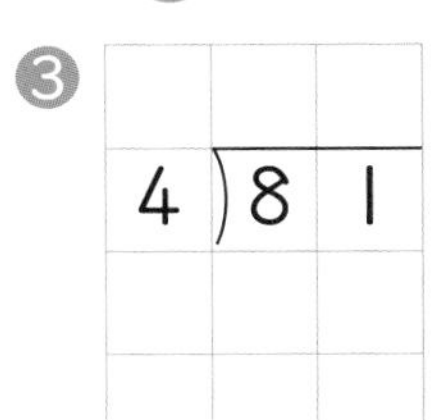

❷は、商が一の位からたつよ。

ポイント あまりのあるわり算では、「わる数×商＋あまり」の式にあてはめて、その答えが「わられる数」になるかで、たしかめをするようにしましょう。

勉強した日　月　日

わり算の筆算［その2］

きほんのワーク

学習の目標
わられる数が３けたになっても、わり算ができるようにしよう。

おわったらシールをはろう

教科書 ㊤35～37ページ　答え 3ページ

きほん1 「３けた÷１けたの計算」がわかりますか。

☆743÷5 の計算をしましょう。

とき方 わられる数が３けたのときも、上の位から順に計算します。

百の位の計算

```
   □
5)743
  5
  2
```

7÷5＝1 あまり 2
1 を百の位にたてる。
5 に 1 をかける。
5×1＝5
7 から 5 をひく。
7－5＝2

➡

十の位の計算

```
   1□
5)743
  5
  24
  20
   4
```

十の位の 4 をおろす。
24÷5＝4 あまり 4
4 を十の位にたてる。
5×4＝20、24－20＝4

➡

一の位の計算

```
   14□
5)743
  5
  24
  20
   43
   40
    □
```

一の位の 3 をおろす。
43÷5＝8 あまり 3
8 を一の位にたてる。
8×5＝40
43－40＝3

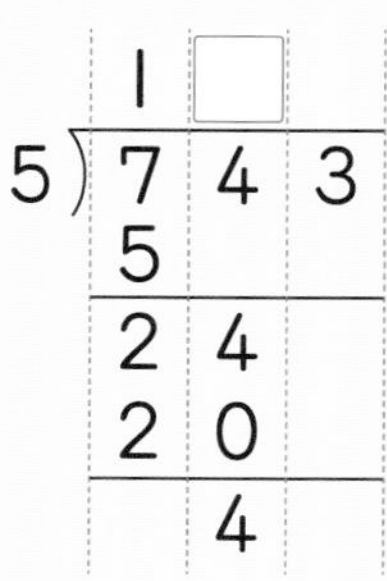

位ごとに、**たてる→かける→ひく→おろす**をくり返すよ。

答え ［　　　　］

1 計算をしましょう。　教科書 35ページ 7

❶ 5)785

❷ 3)567

❸ 2)750

❹ 7)816

❺ 6)679

❻ 3)817

さんすうはかせ かけ算やわり算の筆算で「0」が出てくると、書き方をくふうできることが多いよ。そのとき、答えのところで「0」の書きわすれに注意しよう。

きほん2 「商に0がたつ筆算」がわかりますか。

☆429÷4の計算をしましょう。

とき方　商に0がたつときは、次の位の数をおろして、わり算をつづけます。

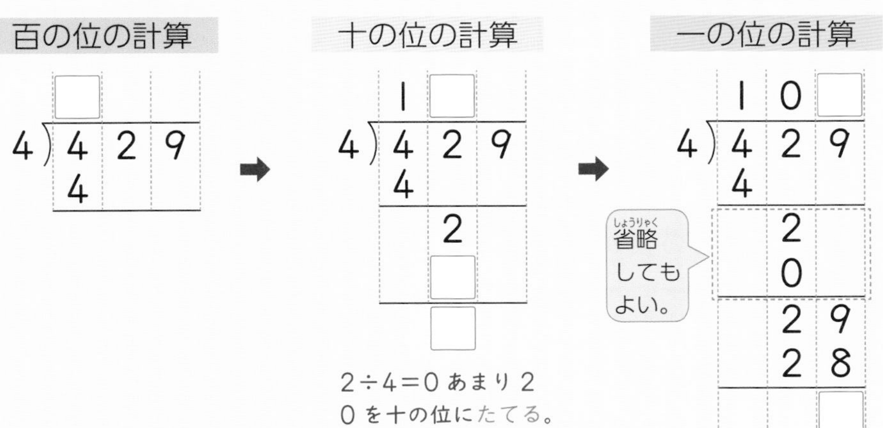

答え

2 計算をしましょう。　教科書 37ページ 8

❶ $3\overline{)361}$　❷ $5\overline{)503}$　❸ $7\overline{)754}$

❹ $3\overline{)512}$　❺ $4\overline{)816}$　❻ $4\overline{)830}$

ポイント　わり算の筆算は上の位から順に九九を使って、たてる→かける→ひく→おろすのくり返しで計算します。位はたてにそろえて書くことが大切です。

月　日

わり算の筆算 [その3]

きほんのワーク

学習の目標
商が十の位からたつわり算の筆算ができるようになろう。

おわったらシールをはろう

教科書 ㊤37～39ページ　答え 3ページ

きほん1 「商が十の位からたつ計算」ができますか。

☆348÷5の計算をしましょう。

とき方 わられる数のいちばん上の位の数が、わる数より小さいときは、次の位までとって計算をはじめます。

十の位までとって、34÷5の計算をすればいいんだね。

百の位の計算

×
5）348

3÷5だから、百の位に商はたたない。

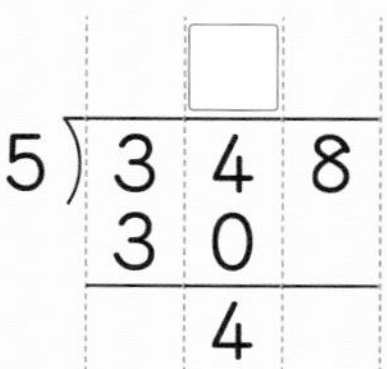

十の位の計算

□
5）348
　30
　 4

34÷5＝6 あまり 4
6 を十の位にたてる。
5 に 6 をかける。
5×6＝30
34 から 30 をひく。
34－30＝4

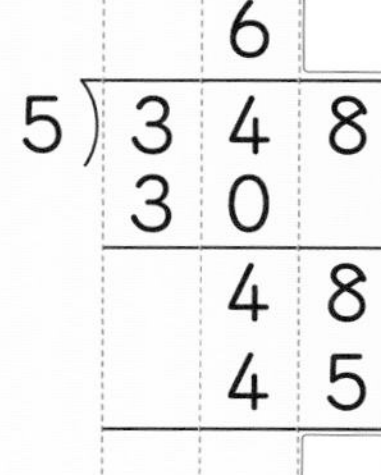

一の位の計算

6□
5）348
　30
　 48
　 45
　　□

一の位の 8 をおろす。
48÷5＝9 あまり 3
9 を一の位にたてる。
5×9＝45
48－45＝3

答え □

1 計算をしましょう。　教科書 37ページ 9

❶ 2）134

❷ 3）291

❸ 7）378

❹ 4）328

❺ 3）279

❻ 8）400

さんすうはかせ　1つの数をもとにして、くらべるもう1つの数が何倍かを考えるときや、1とみた数を求めるときにも「わり算」を使って計算するよ。

2 計算をしましょう。　教科書 37ページ 9

❶ $4\overline{)310}$

❷ $8\overline{)713}$

❸ $6\overline{)245}$

きほん 2 「わり算の暗算」ができますか。

☆87このクッキーを、3人で同じ数ずつ分けます。1人分は何こになるでしょうか。暗算で求めましょう。

とき方 1人分の数＝全部の数÷人数 から、答えを求める式は、87÷3になります。ここでは、87÷3の暗算のしかたを考えます。

87を60と27に分けて考えます。

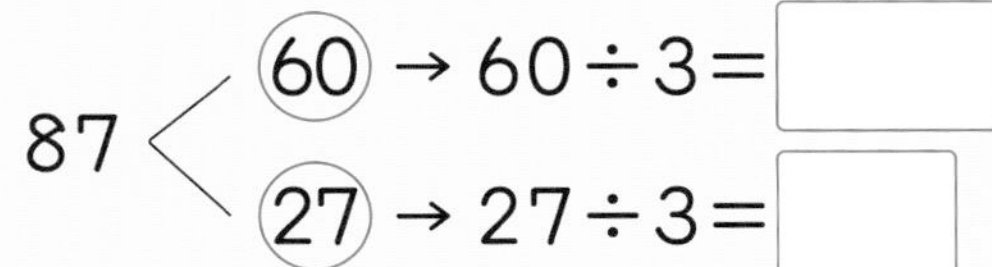

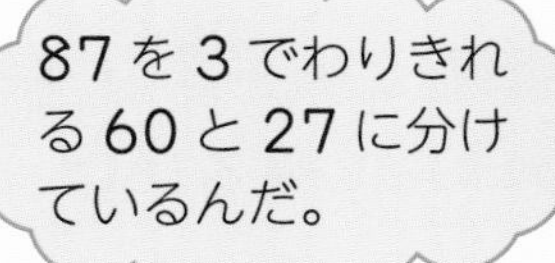

87を3でわりきれる60と27に分けているんだ。

87÷3の商は、あわせて　　です。　**答え**　　こ

3 暗算でしましょう。　教科書 39ページ 10

❶ 84÷2　❷ 48÷4　❸ 69÷3

❹ 77÷7　❺ 34÷2　❻ 84÷6

❼ 80÷5　❽ 98÷7　❾ 96÷8

ポイント かん単なわり算が暗算でできると、実さいの生活で役立ちます。「わり算しやすい数に分けて、それぞれをわり算し、そのあとあわせる」のがポイントです。

練習のワーク

教科書 上 26～41、147ページ　答え 3ページ

できた数　　/15問中

おわったらシールをはろう

1 わり算の筆算　計算をしましょう。

❶ 4)52　　❷ 5)79　　❸ 3)61

❹ 7)932　　❺ 4)820　　❻ 6)248

2 わり算の文章題　4年生144人が遠足に行きます。同じ人数ずつ3台のバスに乗るには、1台に何人ずつ乗ればよいでしょうか。

式

答え（　　　　　）

3 わり算の筆算　正しい筆算となるように、□にあてはまる数を書きましょう。

❶

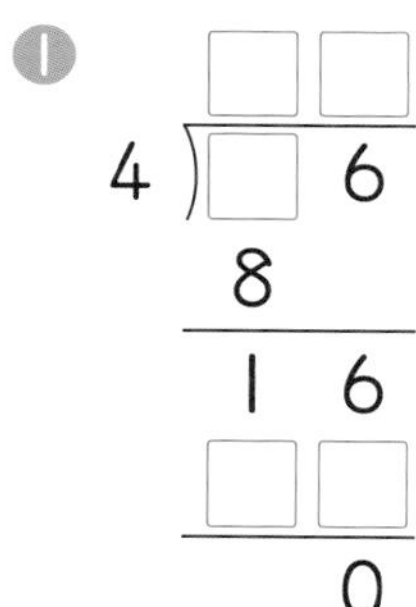

❷

```
        6 □
□)□ □ 0
  5 4
    7 0
    □ □
      □
```

4 暗算　次の計算を暗算でしましょう。

❶ 46÷2　　❷ 78÷3　　❸ 68÷4

❹ 54÷3　　❺ 90÷6　　❻ 99÷9

1 わり算の筆算
何の位(くらい)から商がたつのかに注意しながら、わり算しましょう。また、答えのたしかめもしておきましょう。

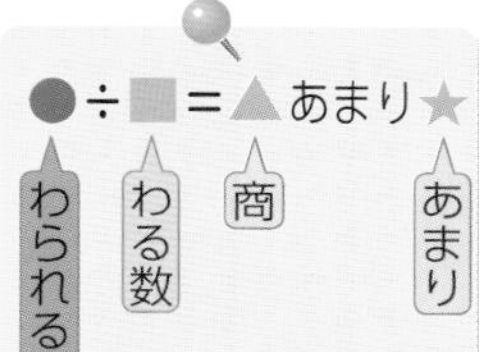

⇒わる数×商＋あまりがわられる数になっていることをたしかめます。

2 わり算の文章題
どんな問題のとき、わり算を使うのか、考えながらといていきましょう。

3 わり算の筆算
❶ □－8＝1 より、わられる数の十の位の数がわかります。
❷ □×6＝54 より、わる数がわかります。

4 暗算
暗算をするときは、十の位と一の位に分けたり、計算しやすい数に分けたりして計算しましょう。

できるナビ　わり算の筆算をするときは、きちんと位をたてにそろえて書いて、商のたつ位をまちがえないようにしましょう。

勉強した日　月　日

まとめのテスト

教科書 上 26~41、147ページ　答え 3ページ

時間 20分

とく点　/100点

おわったら シールを はろう

1 よく出る 計算をしましょう。　1つ8〔32点〕

❶ 66÷3　❷ 739÷5

❸ 685÷6　❹ 401÷2

2 □にあてはまる数を書きましょう。　1つ7〔14点〕

❶ □÷4＝13 あまり 3　❷ □÷7＝14 あまり 5

3 157cm のはり金を 9cm ずつ切ります。何本とれて、何cm あまるでしょうか。

式　1つ9〔18点〕

答え（　　　）

4 93 このあめがあります。このあめを 1 ふくろに 4 こずつ入れていくと、何ふくろできて、何こあまるでしょうか。　1つ9〔18点〕

式

答え（　　　）

5 4 年生は 115 人います。1 この長いすに 5 人ずつすわっていくと、全員がすわるには、長いすは何こいるでしょうか。

式　1つ9〔18点〕

答え（　　　）

ふろくの「計算練習ノート」4~7ページをやろう！

チェック

□(2 けた・3 けた)÷(1 けた)の計算ができたかな？
□もとにする大きさを求める計算ができたかな？

折れ線グラフ

きほんのワーク

学習の目標
変わり方の様子を、見やすくわかりやすく表せるようにしよう。

おわったらシールをはろう

教科書 上 42~54ページ　答え 4ページ

きほん 1 「折れ線グラフのよみ方」がわかりますか。

☆右の折れ線グラフを見て、答えましょう。

❶ 11時の気温は何度でしょうか。

❷ 気温が下がったのは何時から何時までで、何度下がったでしょうか。

❸ 1時間の気温の上がり方がいちばん大きかったのは何時から何時の間でしょうか。

とき方 上のようなグラフを折れ線グラフといいます。上のグラフで、横じくは時こく、たてじくは気温を表しています。

気温など、変化の様子を表すときは、折れ線グラフを使うといいよ。

❶ 11時の気温は、11時のところの点から左を見て □ 度です。

❷ 線のかたむきが右下がりのときで、□ 時の □ 度から □ 時の □ 度まで下がっています。

❸ 線のかたむきが右上がりで、いちばん急なところは、□ 時から □ 時の間です。

答え ❶ □ 度

❷ □ 時から □ 時まで □ 度

❸ □ 時から □ 時の間

たいせつ
折れ線グラフでは、線のかたむきで変わり方がわかります。線のかたむきが急なほど、変わり方が大きいことを表しています。

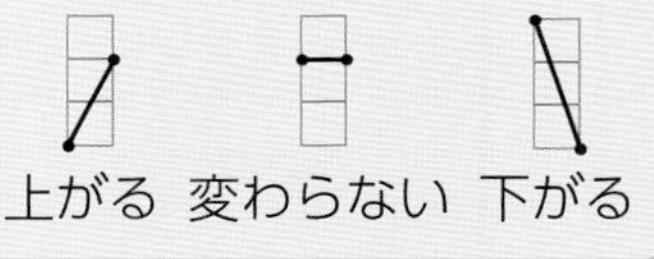

1 右のグラフを見て、答えましょう。 教科書 43ページ 1

❶ 気温が15度だったのは何時でしょうか。 (　　　)

❷ 気温が上がったのは何時から何時までで、何度上がったでしょうか。 (　　　、　　　)

❸ 2時間の気温の下がり方がいちばん大きかったのは何時から何時の間でしょうか。 (　　　)

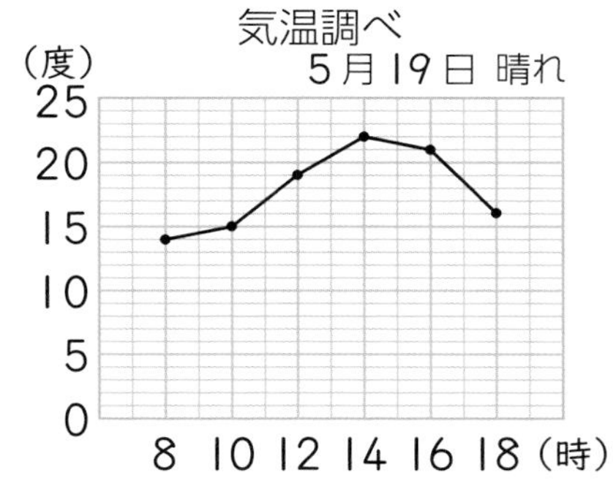

2つのものの変わるようすをくらべるときは、1つのグラフ用紙に2本の折れ線グラフをいっしょにかくとちがいがくらべやすいよ。

きほん2 「折れ線グラフのかき方」がわかりますか。

☆下の表は、ある町の月別の気温の変化を表しています。これを、折れ線グラフに表しましょう。

月別の気温の変わり方

月	1	2	3	4	5	6	7	8	9	10	11	12
気温(度)	0	2	6	10	16	22	26	24	20	14	8	4

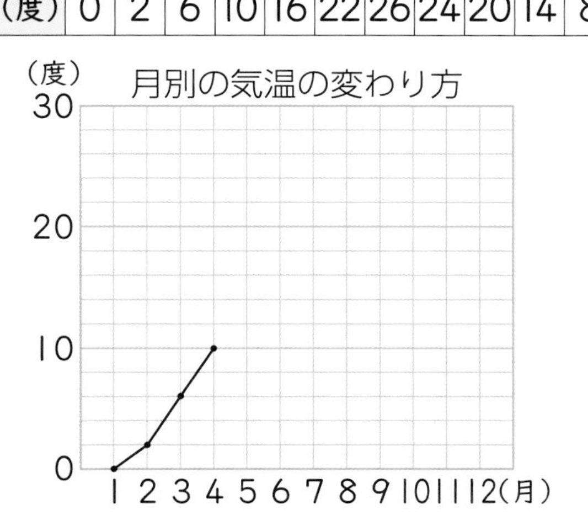

とき方 折れ線グラフは、次のようにかきます。

1 横じくに等しい間をあけて月のめもりをつける。たてじくにいちばん高い [　　] が表せるように気温のめもりをつける。横じくとたてじくの単位を書く。

2 それぞれの月の気温を表す点をかく。

3 点を順に [　　] で結ぶ。

4 表題を書く。

答え 左の問題に記入

2 たけるさんは、5月22日の8時から17時までの気温を調べました。

気温調べ　　5月22日 晴れ

時こく(時)	8	9	10	11	12	13	14	15	16	17
気温 (度)	13	14	15	16	18	21	21	20	18	16

下のグラフ用紙に、5月22日の気温の変化を、折れ線グラフに表しましょう。

教科書 47ページ 2 50ページ 4

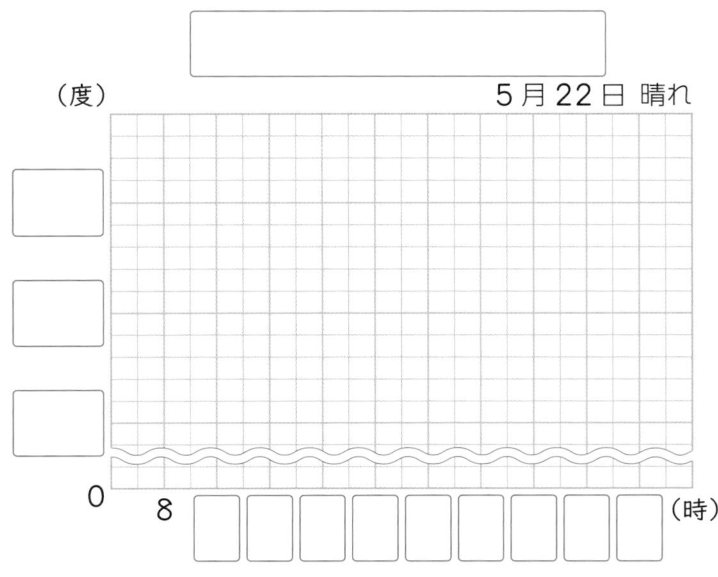

折れ線グラフでは、左の図のように、〰を使って、めもりのとちゅうを省くことがあるよ。
ここでは、10より小さいめもりを省いたんだね。

ポイント 身のまわりにある、ともなって変わる2つの量を見つけて、折れ線グラフに表したり、グラフから変わり方の特ちょうをよみとれるようにしましょう。

勉強した日 月 日

練習のワーク

教科書 ㊤ 42〜57ページ　答え 4ページ

できた数 /6問中

おわったら シールを はろう

1 折れ線グラフとぼうグラフのちがい　次の㋐から㋓の中から、折れ線グラフで表すとよいものをすべて選びましょう。

㋐ 毎月１日にはかった自分の体重
㋑ 好きな本の種類調べの結果
㋒ １時間ごとに調べた教室の気温
㋓ 同じ時こくに調べたいろいろな場所の気温

（　　　　　　）

2 折れ線グラフのかき方　下の表は、５月26日の気温の変化を調べたものです。

気温調べ　　５月26日 晴れ

時こく(時)	4	6	8	10	12	14	16	18	20
気温(度)	16	16	18	19	23	24	22	19	18

❶ 折れ線グラフに表すとき、横じくとたてじくには、それぞれ何をとればよいでしょうか。

横じく（　　　　　）　たてじく（　　　　　）

❷ 気温の変化を、折れ線グラフに表しましょう。

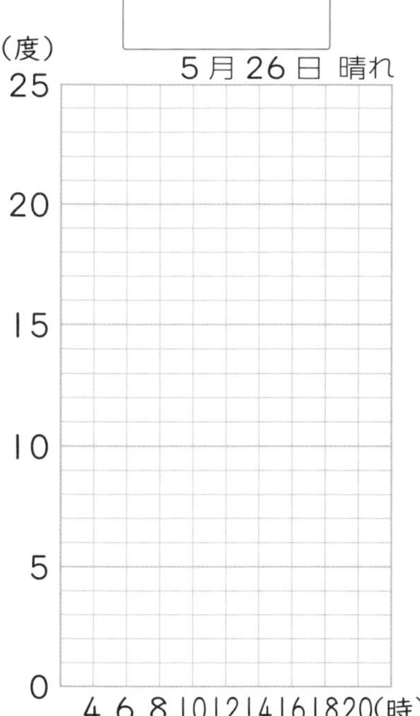

❸ ２時間の気温の下がり方がいちばん大きかったのは何時から何時の間でしょうか。

（　　　　　　）

❹ 15時の気温は何度ぐらいと考えられるでしょうか。

（　　　　　　）

てびき

1 折れ線グラフとぼうグラフのちがい
変化の様子を表すときには、**折れ線グラフ**を使うと便利です。**ぼうグラフ**は数や量をくらべるときによく使われます。

2 折れ線グラフのかき方
1 横じくとたてじくに、それぞれ何のめもりをつけるか決めて、めもりをつけます。
2 記録を表す点をかきます。
3 点を順に直線で結びます。
4 **表題**を書きます。

❸ 気温の変わり方は、グラフのかたむきで考えます。
❹ 15時の気温ははかっていませんが、14時と16時の間のめもりをよめば、だいたいの気温がわかります。

できるナビ　折れ線グラフは、線のかたむきで変わり方の様子がわかります。線がかたむいていないところは、変わらないことを表しています。

まとめのテスト

教科書 上 42～57ページ　答え 4ページ

1 よく出る 下の表は、4月から11月までのハツカネズミの体重の変化を調べたものです。これを、折れ線グラフに表しましょう。〔30点〕

ハツカネズミの体重

月	4	5	6	7	8	9	10	11
体重(g)	6	9	11	14	13	15	16	16

(g)

0　4 5 6 7 8 9 10 11（月）

2 右のグラフは、ある市の月別(つきべつ)の気温と降水量(こうすいりょう)を表したものです。1つ10〔40点〕

❶ 気温がいちばん高かったのは、何月でしょうか。また、それは何度でしょうか。

月（　　　　）

気温（　　　　）

❷ 降水量がいちばん少なかったのは、何月でしょうか。また、それは何mmでしょうか。

月（　　　　）

降水量（　　　　）

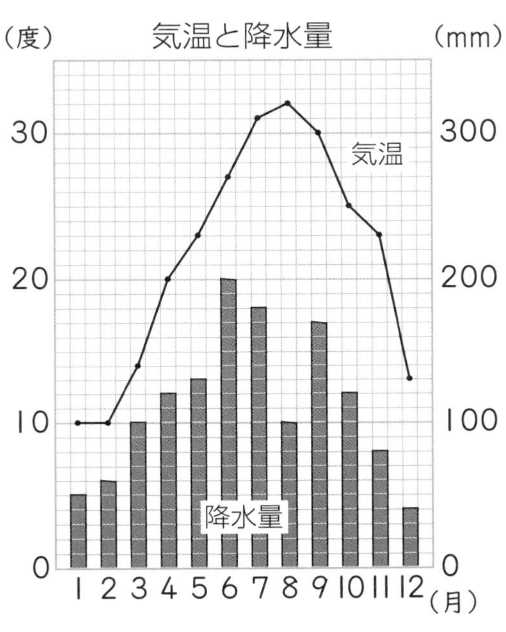

3 水道からふろに水を入れたときの水の深さを、折れ線グラフに表しました。❶、❷に合う折れ線グラフを、下のあからうの中から選びましょう。1つ15〔30点〕

❶ とちゅう3分間水を止めました。（　　　　）

❷ とちゅうから入れる水の量をふやしました。（　　　　）

あ

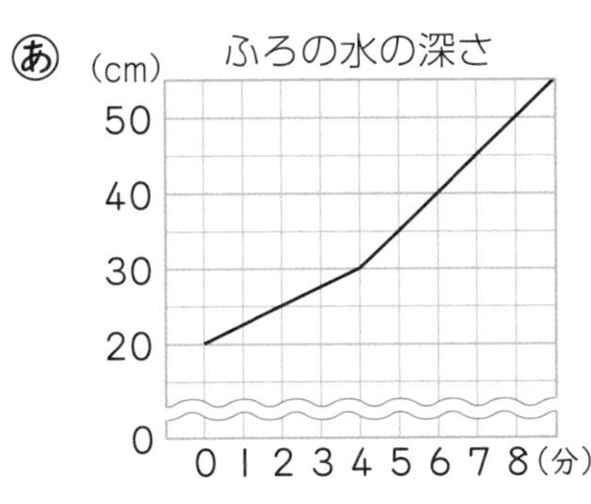

い

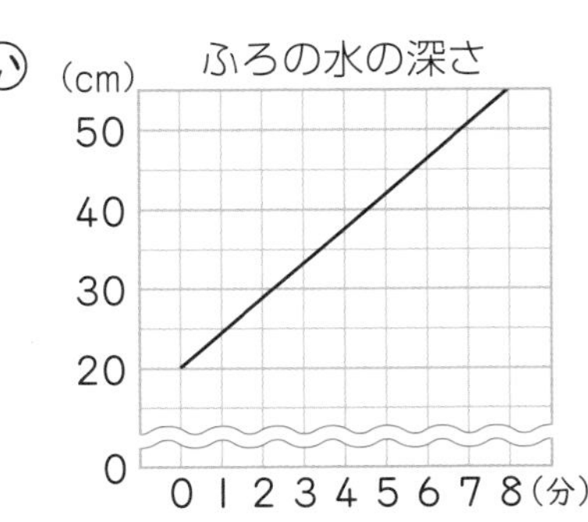

う

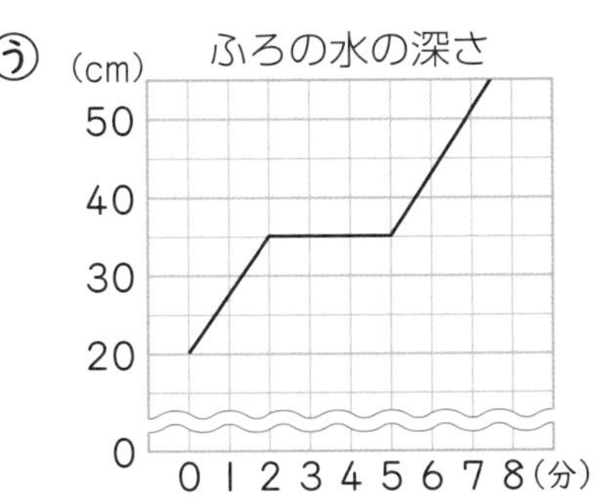

□ 折れ線グラフをよむことができたかな？
□ 折れ線グラフをかくことができたかな？

勉強した日 月 日

角 [その1]

きほんのワーク

学習の目標
角の大きさの単位、角のはかり方、三角定規の角度を覚えよう。

おわったらシールをはろう

教科書 上 59～65ページ　答え 4ページ

きほん1 「角度の表し方、はかり方」がわかりますか。

☆下のあの角度をはかりましょう。

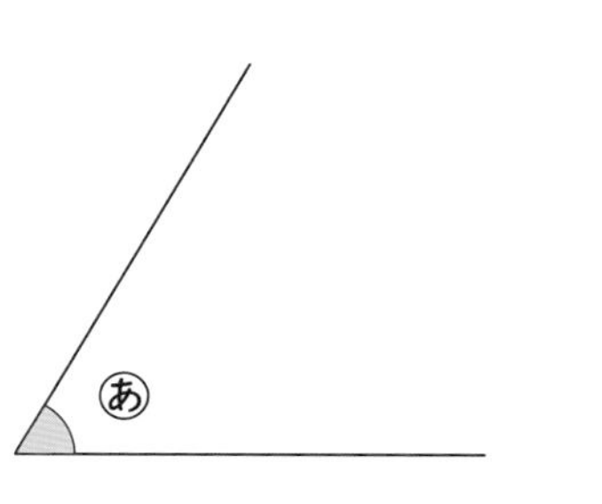

とき方　角度をはかるには、分度器(ぶんどき)を使います。

1　分度器の中心を頂点(ちょうてん)アに合わせる。

2　0°の線を辺(へん)アイに重ねる。

3　辺アウと重なっているめもりをよむ。

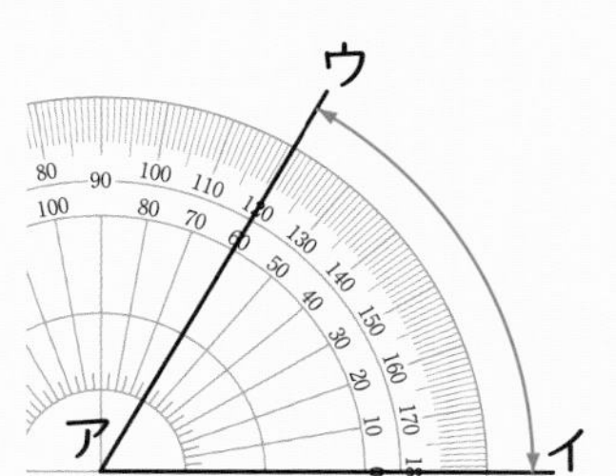

答え　□°

たいせつ
直角を90等分した1こ分の大きさを1度(ど)といい、1°と書きます。度は角の大きさの単位(たんい)です。
角の大きさのことを角度(かくど)ともいいます。　直角＝90°

辺が短いときは、辺をのばしてはかろう。

1 次の角度をはかりましょう。　教科書 60ページ 1

❶

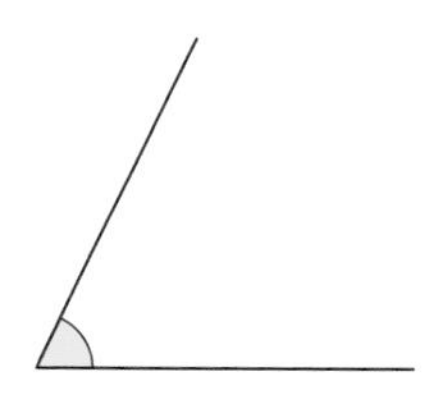

(　　　)

❷

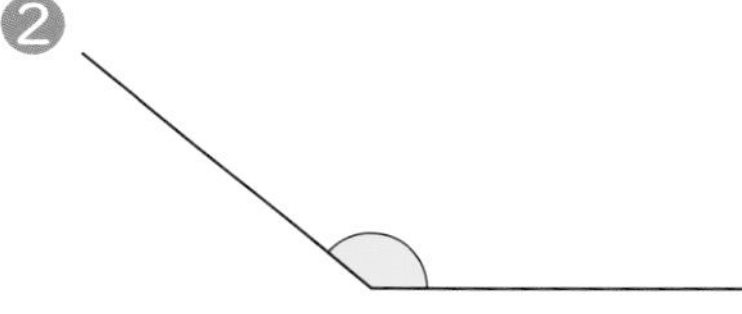

(　　　)

分度器の内側(うちがわ)と外側のどちらのめもりをよんでいるのか注意しよう。

❸

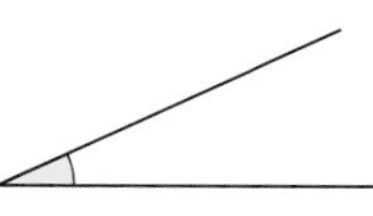

(　　　)

❹

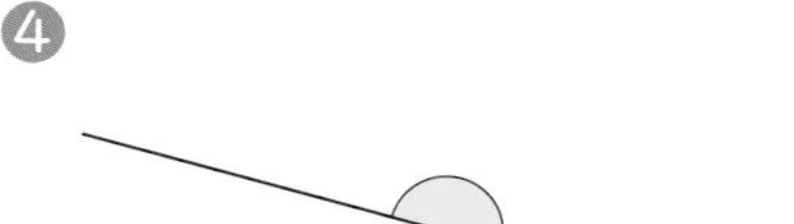

(　　　)

❺

(　　　)

さんすうはかせ　直角よりも小さい角を「鋭角(えいかく)」といい、直角よりも大きく180°より小さい角を「鈍角(どんかく)」というよ。

きほん2 「半回転や１回転の角度」がわかりますか。

☆下の㋐から㋕で、２直角になっているのはどれでしょうか。

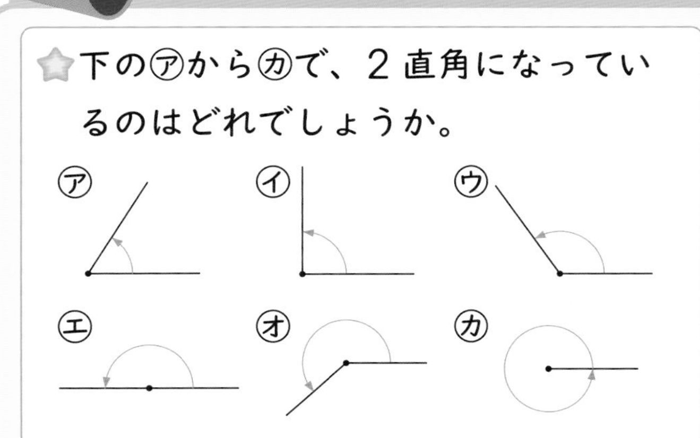

とき方 ㋑の角度は１直角で90°です。
㋓の角度は、半回転の角度で、□直角で180°です。
㋕の角度は、１回転の角度で、□直角で360°です。

答え □

2 □にあてはまる数を書きましょう。 教科書 64ページ 2

❶ ２直角＝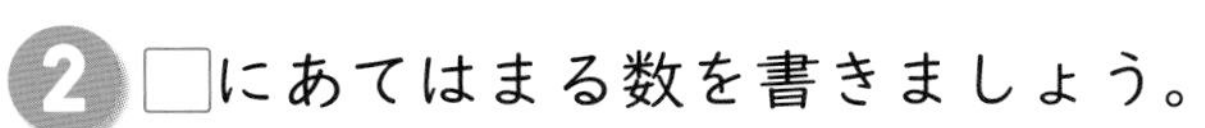□° ❷ ３直角＝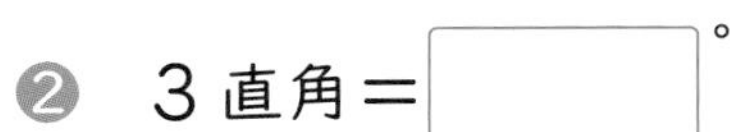□° ❸ ４直角＝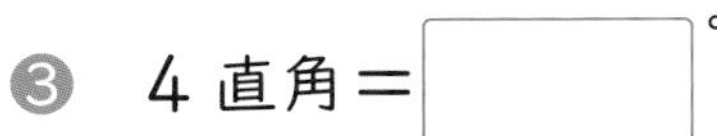□°

きほん3 「三角定規の角度」がわかりますか。

☆下の図は、１組の三角定規（じょうぎ）を組み合わせたものです。㋐から㋔の角度は何度でしょうか。

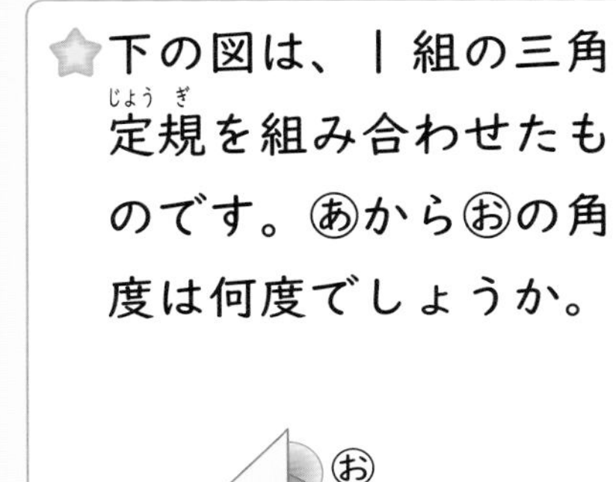

とき方 三角定規の角度は下のようになります。分度器ではかってたしかめましょう。
㋑の角度は90°が２つ分、㋔の角度は180°から㋒の角度をひきます。

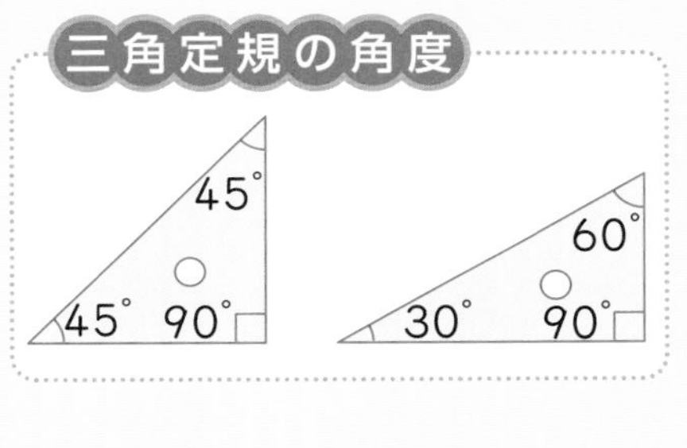

答え ㋐ □°

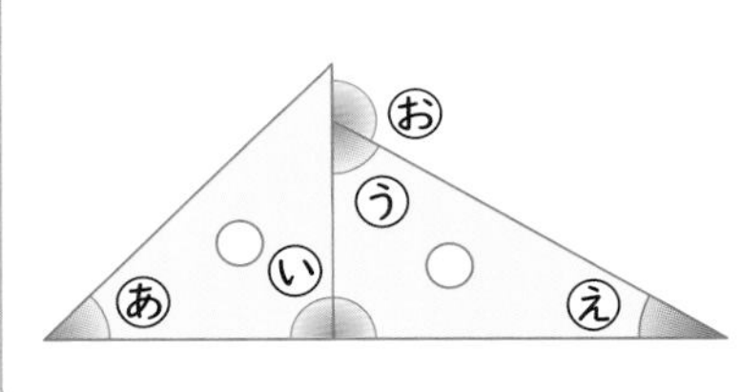

㋑ □° ㋒ □° ㋓ □° ㋔ □°

3 下の図は、１組の三角定規を組み合わせたものです。㋐から㋒の角度を、それぞれ求めましょう。 教科書 64ページ 3

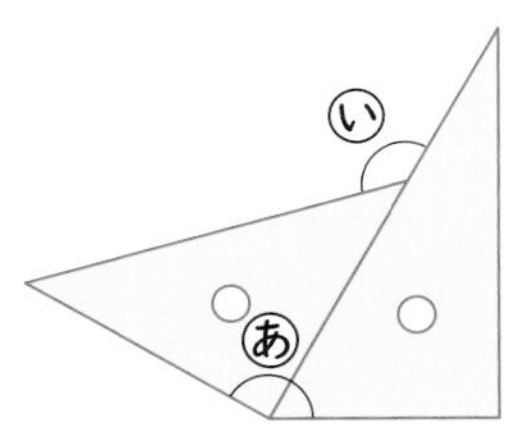

㋐ 式 

答え（　　　　）

㋑ 式

答え（　　　　）

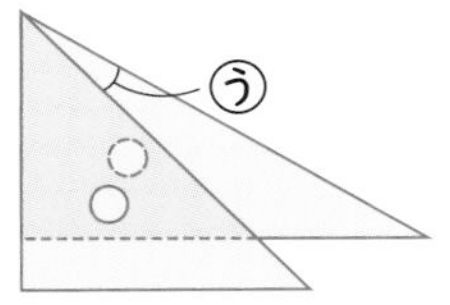

㋒ 式

答え（　　　　）

ポイント １直角＝90°、２直角（半回転の角度）＝180°、３直角＝270°、４直角（１回転の角度）＝360°と、三角定規の角度（90°、60°、30°と90°、45°、45°）は覚（おぼ）えておきましょう。

角 [その2]

きほんのワーク

学習の目標
いろいろな大きさの角のはかり方、かき方を身につけよう。

おわったらシールをはろう

教科書 上 65～69ページ　答え 5ページ

きほん1 「180°より大きい角のはかり方」がわかりますか。

☆右のあの角度をはかりましょう。

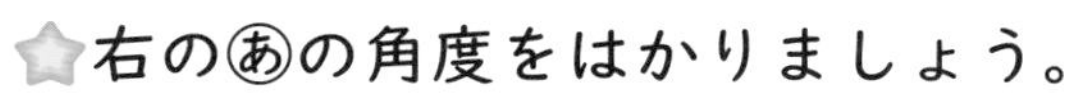

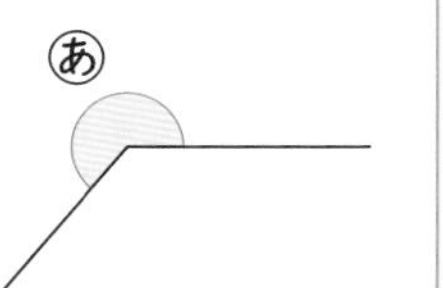

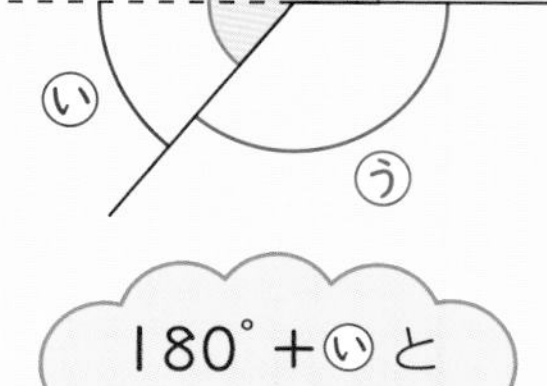

とき方 180°より大きい角度をはかるには、右上の図のいやうの角度をはかってから、計算で求(もと)めます。

《1》いの角度を分度器(ぶんどき)ではかり、180°より何度大きいか調べます。いの角度は □° だから、あの角度は、

➡ 180＋□＝□より、□°

《2》うの角度を分度器ではかり、360°より何度小さいか調べます。うの角度は □° だから、あの角度は、

➡ 360－□＝□より、□°

180°＋いと360°－うの2つの求め方があるよ。

答え □°

1 次の角度をはかりましょう。 教科書 65ページ 4

①

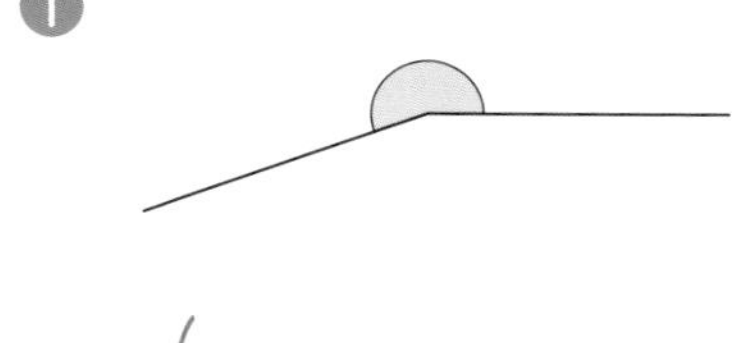

②

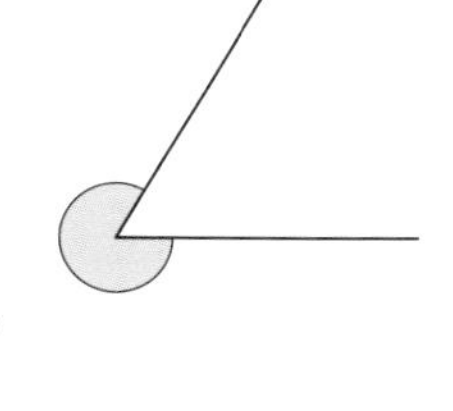

③

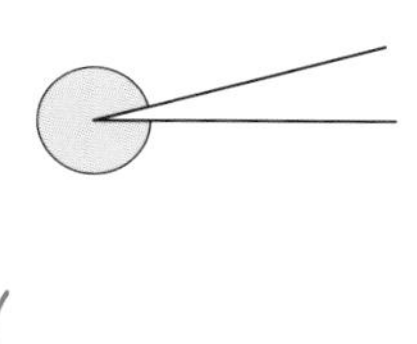

(　　　)　(　　　)　(　　　)

きほん2 「角のかき方」がわかりますか。

☆45°の角をかきましょう。

答え

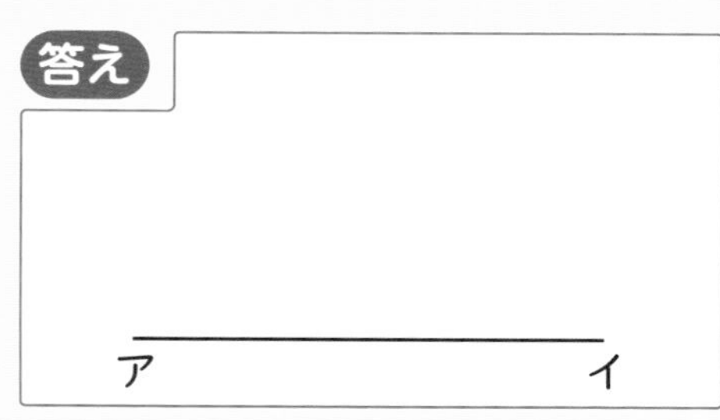

とき方 分度器を使って、角をかきます。

1 1つの辺(へん)アイをかく。

2 分度器の中心を点アに合わせて、0°の線を辺アイに重ねる。

3 45°を表すめもりのところに、点ウをうつ。

4 点アと点ウを通る直線をかく。

さんすうはかせ　1度よりも小さい角を表すときは、1度の60分の1の角「1分（′）」を使うよ。さらに、1分の60分の1の角が「1秒（″）」だよ。

2 次の大きさの角をかきましょう。

教科書 67ページ 5 68ページ 6

❶ 40°

❷ 95°

❸ 230°

きほん3 「三角形のかき方」がわかりますか。

☆下のような三角形をかきましょう。

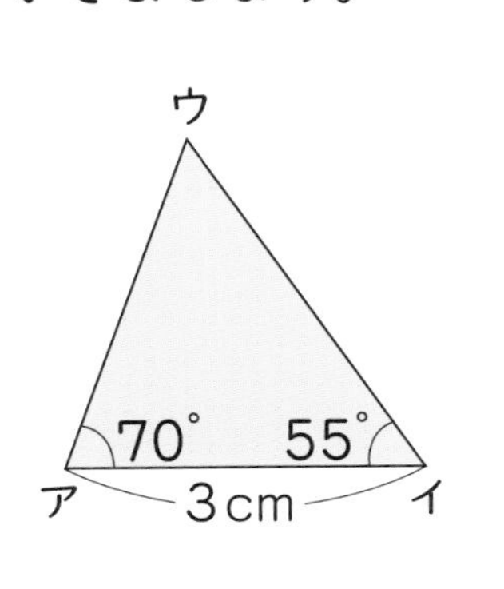

とき方 定規(じょうぎ)と分度器を使ってかきます。

1 3cmの辺アイをかく。

2 点アを中心にして、70°の角をかく。

3 点イを中心にして、55°の角をかく。

4 交わった点を、点ウとする。

答え

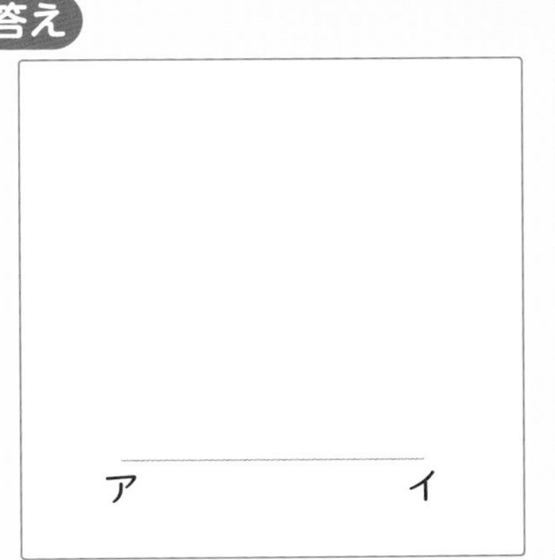

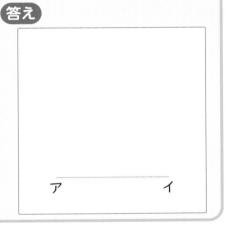

3 次のような三角形をかきましょう。

教科書 69ページ 7

❶

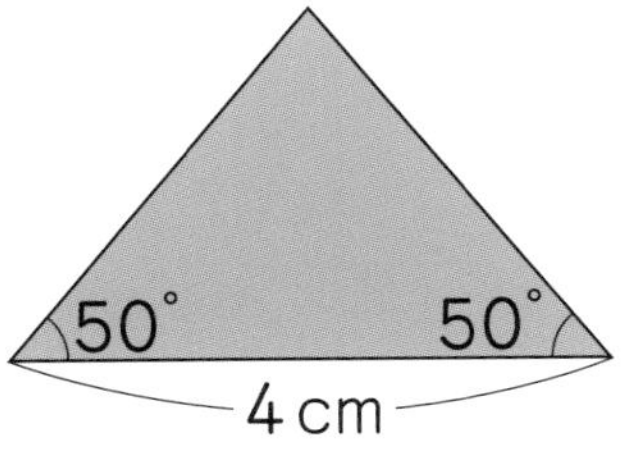

❷

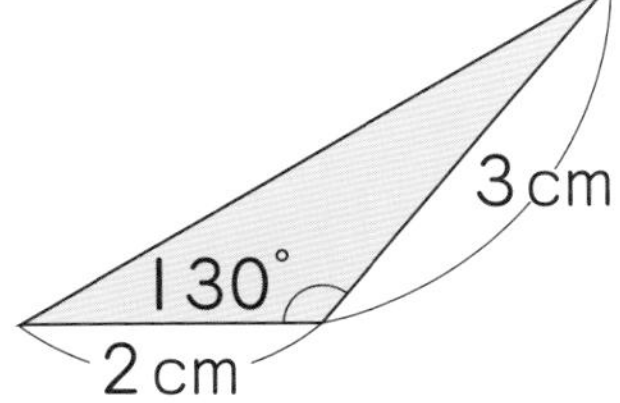

ポイント 角度をはかるとき、角をかくときは、分度器を使います。180°より大きい角がでてきたら、180°より何度大きいか、または360°より何度小さいかを考えます。

勉強した日 月 日

教科書 ㊤59~72ページ 答え 5ページ

できた数 /12問中

おわったら シールを はろう

1 角の大きさ □にあてはまる数を書きましょう。

❶ 90°は □ 直角です。

❷ 3直角は □° です。

❸ 1回転の角度は □° で、□ 直角です。

❹ 半回転の角度は □° で、□ 直角です。

2 角の大きさ 次のあ、い、うの角度をはかりましょう。

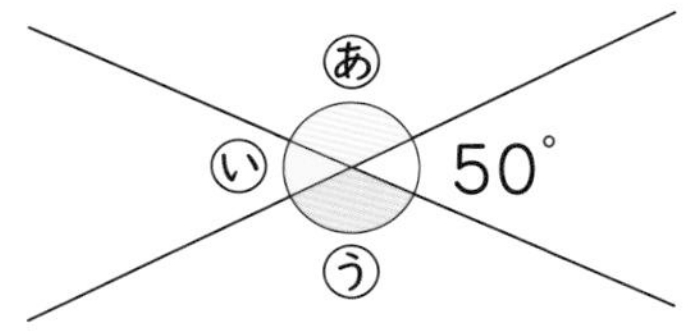

あ（　　　）

い（　　　）

う（　　　）

3 角のかき方 次の大きさの角をかきましょう。

❶ 25°

❷ 315°

4 三角形のかき方 下のような三角形をかきましょう。

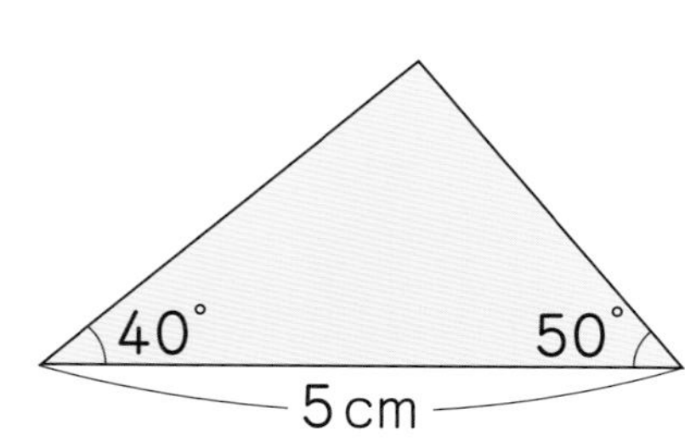

1 角の大きさ

たいせつ
1直角は90°
2直角は180°
3直角は270°
4直角は360°

2 向かい合う角は計算で求めることもできます。
あの角…2直角は180°だから、180−50で求められます。
この問題のように、向かい合う角度（あとう、いと50°）は等しくなります。

3 角のかき方

❷ 180°より大きい角のかき方
《1》315−180＝135だから、180°より135°大きい角と考えます。
《2》360−315＝45だから、360°より45°小さい角と考えます。

4 三角形のかき方
① 5cmの辺をかく。
② 両はしの点を頂点とする角をかく。

できるナビ 分度器を使うときは、内側と外側のどちらのめもりをよんでいるのか気をつけましょう。

1 よく出る 次の角度をはかりましょう。 1つ8〔24点〕

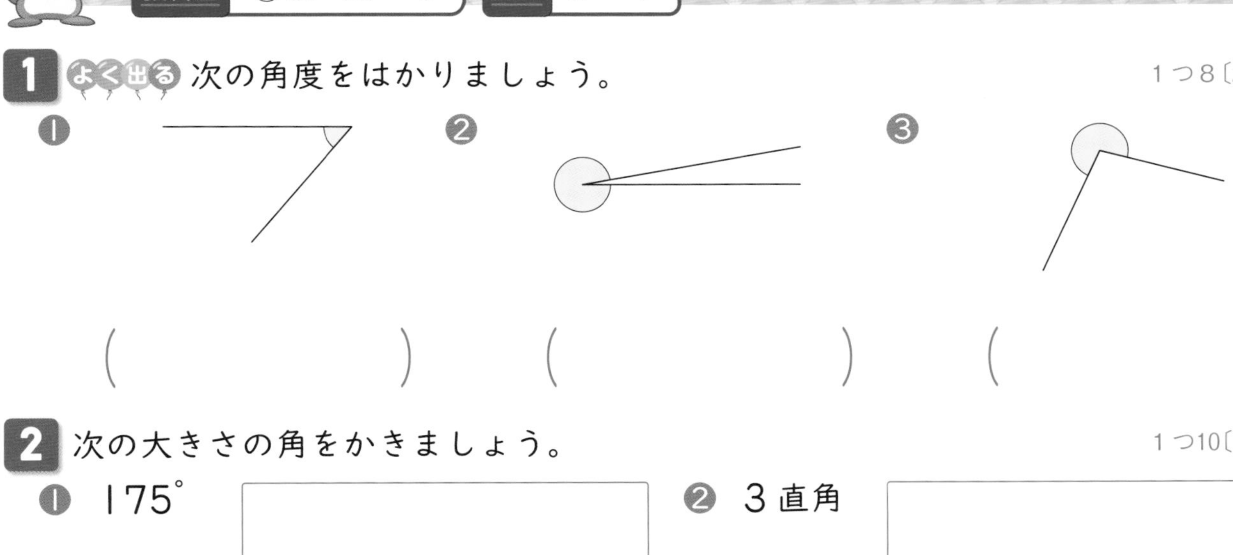

❶ (　　　) ❷ (　　　) ❸ (　　　)

2 次の大きさの角をかきましょう。 1つ10〔20点〕

❶ 175°

❷ 3直角

3 下の図のように、１組の三角定規を組み合わせてできる、㋐、㋑の角度を、それぞれ求めましょう。 1つ9〔36点〕

❶

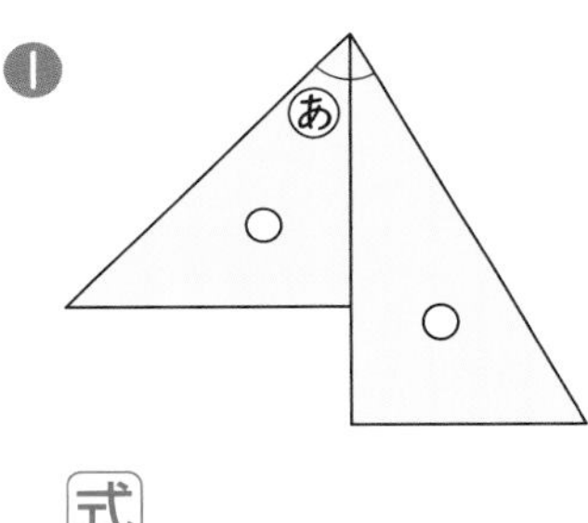

式

答え (　　　)

❷

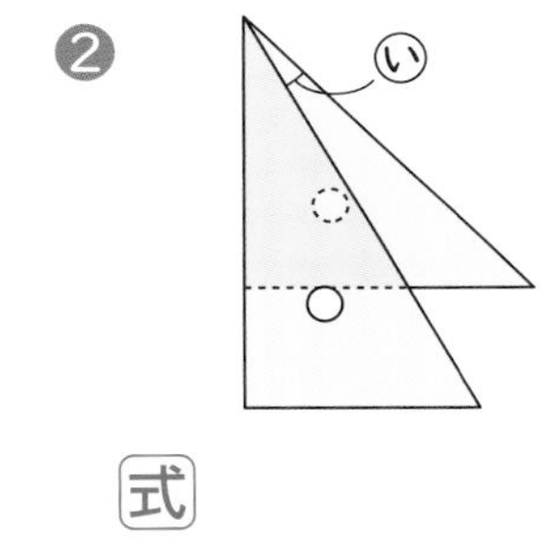

式

答え (　　　)

4 次のような三角形をかきましょう。 〔20点〕

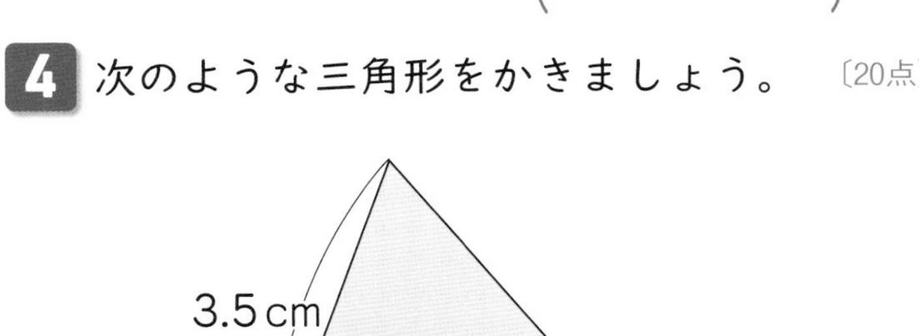

チェック
□角度をはかったり、角をかいたりすることができたかな？
□１組の三角定規を組み合わせた角度を求めることができたかな？

勉強した日　月　日

2けたの数のわり算［その1］

きほんのワーク

学習の目標
2けたの数でわる計算を考え、筆算ができるようになろう。

おわったらシールをはろう

教科書 ㊤74～80ページ　答え 5ページ

きほん1 「10をもとにしたわり算」がわかりますか。

☆60このかきを20こずつ箱に入れると、箱はいくついるでしょうか。

とき方 箱の数＝全部の数÷1箱の数 から、答えを求める式は、60□□になります。
この式は、10をもとにすると、6÷2とみることができます。60÷20の商は、6÷2の商と等しくなるから、60÷20＝□

答え □箱

60は10が6こ

10	10	10
10	10	10

60(10が6こ)の中に20(10が2こ)は何こあるかな。

1 計算をしましょう。 教科書 74ページ 1

❶ 60÷30　❷ 150÷50　❸ 280÷40

きほん2 「10をもとにしたわり算のあまり」を求められますか。

☆140÷30を計算しましょう。

とき方 10をもとにして考えると、14÷3とみることができます。14÷3＝4あまり2だから、商は□です。2は10が2こあることを表しているので、あまりは□です。

140÷30＝□あまり□

答え □

140は10が14こ

10	10	10	10	10
10	10	10	10	10
10	10	10	10	

あまりは10が2こ

2 計算をしましょう。 教科書 75ページ 2

❶ 80÷30　❷ 110÷20　❸ 270÷60

❹ 360÷70　❺ 450÷60　❻ 700÷80

さんすうはかせ
【外国の筆算（1）】外国のわり算の筆算の書き方は日本のとはちがっているよ。いろいろと調べてみよう。おとなりの韓国では同じように書くんだ。

きほん3 「2けた÷2けたの計算」のしかたがわかりますか。

☆93このおはじきを22こずつふくろに入れます。何ふくろできて、何こあまるでしょうか。

たいせつ
あまりがあるときは、
[わる数]×[商]+[あまり]=[わられる数]
の式にあてはめて、たしかめましょう。

とき方 答えを求める式は、93[ ][ ]になります。
このわり算の筆算は、次のようにします。
十の位(くらい)に商はたちません。商は一の位にたちます。
わる数の㉒を⑳とみて、商の見当をつけます。 93÷20 ➡ 4

見当をつけた商4を一の位にたてる。

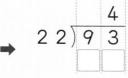

➡ 22に4をかける。
22×4=88

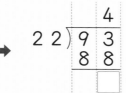

➡ 93から88をひく。
93−88=5

わる数の22より小さい数になったら、その数があまりになる。

答え [ ]ふくろできて、[ ]こあまる。

3 計算をしましょう。

教科書 77ページ 3

❶ 21)63 ❷ 24)96 ❸ 12)49 ❹ 43)90

きほん4 見当をつけた商が大きすぎたときは、どうするかわかりますか。

☆85÷23を計算しましょう。

とき方 わる数の㉓を⑳とみて、商の見当をつけます。 85÷20 ➡ 4

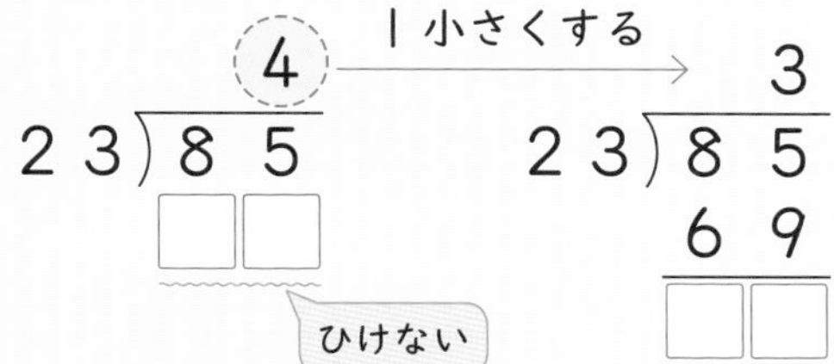

ちゅうい
見当をつけた商が大きすぎたときは、商を1つずつ小さくしていって、正しい商を見つけます。

答え [ ]

4 計算をしましょう。

教科書 79ページ 4・5

❶ 23)66 ❷ 31)90 ❸ 14)56 ❹ 13)81

ポイント 商の見当をつけるときは、わる数に近い何十の数を使います。

勉強した日　月　日

2けたの数のわり算 [その2]

学習の目標
わられる数が3けたでも、わり算の筆算ができるようになろう。

おわったらシールをはろう

教科書 上 80〜84ページ　答え 6ページ

きほん1 見当をつけた商が小さすぎたときは、どうするかわかりますか。

☆73÷17 を計算しましょう。

とき方　わる数の⑰を⑳とみて、商の見当をつけます。　73÷20 ➡ ③

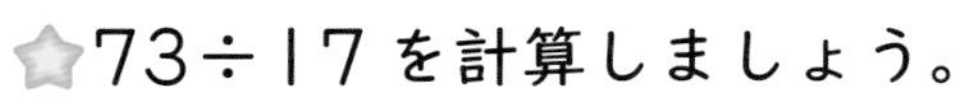

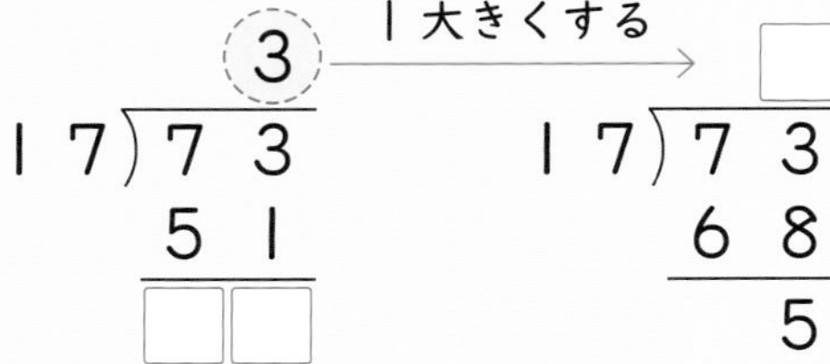

17に近い20を使って見当をつけるよ。

ちゅうい
見当をつけた商が小さすぎるときは、商を1つずつ大きくしていきます。

答え

1 計算をしましょう。　教科書 80ページ 6

❶ 18)55　❷ 37)74　❸ 29)89　❹ 16)99

きほん2 「3けた÷2けたの計算」ができますか。

☆ブレスレットは48このビーズで1つ作れます。360このビーズでは、ブレスレットはいくつできて、ビーズは何こあまるでしょうか。

とき方　答えを求める式は、360□□になります。
わられる数が3けたになっても、商の見当のつけ方は同じです。
48を□とみて、商の見当をつけます。360÷50 ➡ ⑦

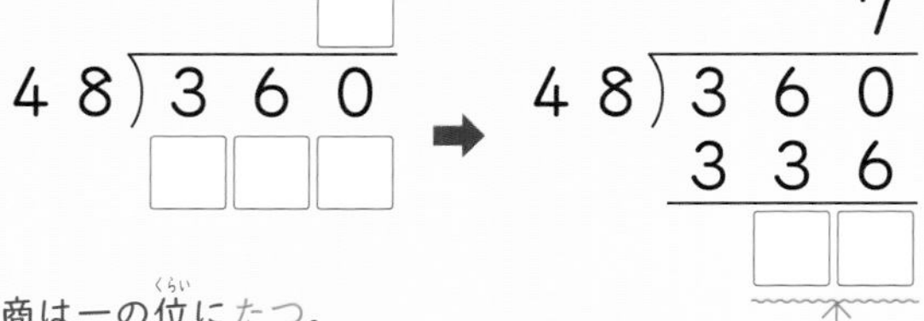

36は48より小さいから、商は十の位にたたないね。

答え □こできて、□こあまる。

さんすうはかせ
【外国の筆算（2）】48÷9=5あまり3の筆算を右のように書いたりする国もあるよ。

❷ 計算をしましょう。

教科書 81ページ 7・8

❶ 37)280

❷ 74)462

❸ 19)123

❹ 68)408

❺ 43)363

❻ 56)352

きほん3 「商が十の位からたつわり算」ができますか。

☆786÷23 を計算しましょう。

とき方 商は十の位からたちます。

わる数の ㉓ を ⑳ とみて、商の見当をつけます。78÷20 ➡ 3

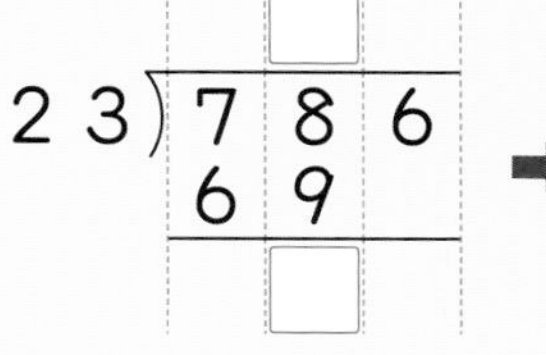

十の位の計算をする。
78÷23=3 あまり 9

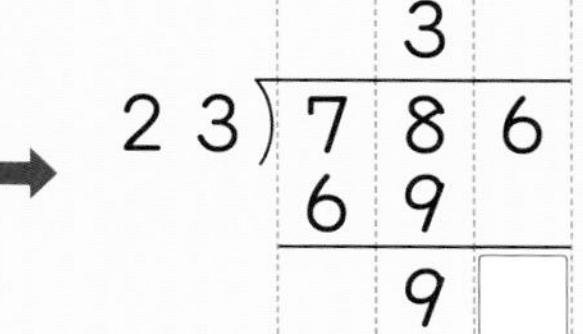

6 をおろす。

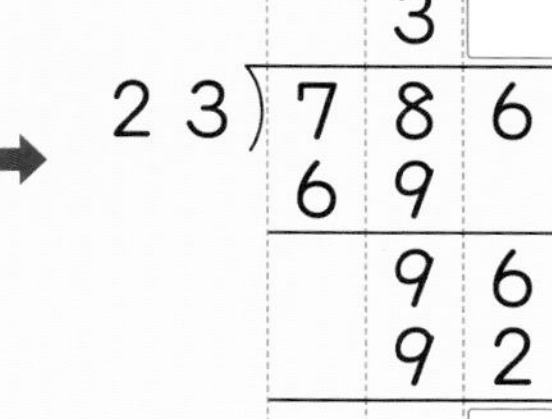

一の位の計算をする。
96÷23=4 あまり 4

答え

❸ 計算をしましょう。

教科書 82ページ 9
84ページ 10・11

❶ 38)825

❷ 29)990

❸ 42)796

❹ 52)2905

❺ 13)3856

❻ 37)2233

❼ 24)7408

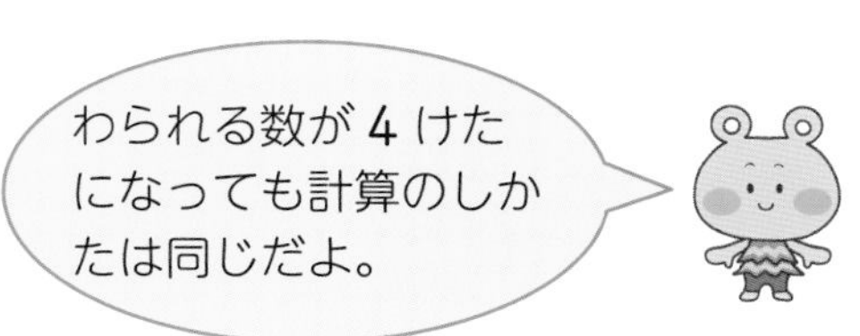

わられる数が 4 けた
になっても計算のしか
たは同じだよ。

ポイント 見当をつけた商が大きすぎたときは、商を 1 つずつ小さくし、小さすぎたときは、商を 1 つずつ大きくしていきます。

勉強した日　月　日

2けたの数のわり算 [その3]

きほんのワーク

学習の目標
わり算のきまりを利用して、くふうして計算ができるようにしよう。

おわったらシールをはろう

教科書 上 85～88ページ　答え 6ページ

きほん1 「わり算のきまり」がわかりますか。

☆わり算のきまりを使って、くふうして計算しましょう。

❶ 300÷25　　❷ 84÷14

とき方 わり算では、わられる数とわる数に同じ数をかけても、同じ数でわっても、商は変わらないというきまりを使って、計算しやすい数にします。

❶ 300 ÷25 ＝□
↓×□ ↓×□　等しい
□ ÷100 ＝□

❷ 84 ÷14 ＝□
↓÷□ ↓÷□　等しい
□ ÷ 7 ＝□

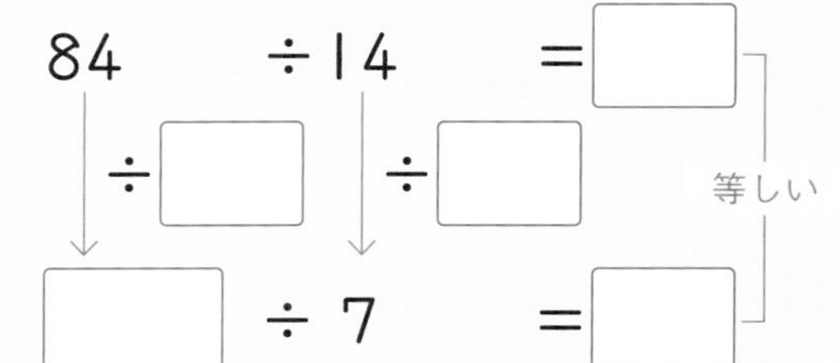

答え ❶ □　❷ □

わり算のきまり

わり算では、わられる数とわる数に同じ数をかけても、同じ数でわっても、商は変わりません。

18÷ 6 ＝3
↓×5 ↓×5　等しい
90÷30＝3

96÷12＝8
↓÷2 ↓÷2　等しい
48÷ 6 ＝8

1 わり算のきまりを使って、□にあてはまる数を書きましょう。 教科書 85ページ 12

❶ 45÷15＝90÷□　　❷ 36÷12＝□÷4

❸ 200÷25＝□÷100　　❹ 75÷15＝25÷□

2 次のわり算で、400÷25 と商が同じになるものをすべて選び、㋐から㋕の記号で答えましょう。 教科書 85ページ 12

㋐ 200÷10　　㋑ 800÷50

㋒ 80÷5　　㋓ 1600÷100

㋔ 160÷100　　㋕ 1200÷80

わり算のきまりを考えて、商が同じになる式を選ぼう。

(　　　　　)

さんすうはかせ

【外国の筆算 (3)】筆算の形はちがっても、どれも たてる → かける → ひく → おろす をくり返すことは同じだよ。

きほん2 「わり算のきまりを使った計算」ができますか。

☆計算をしましょう。　❶ 2800÷70　❷ 7200÷800

とき方　わり算のきまりを使って、わられる数とわる数を 10 や 100 でわって、小さな数にしてから計算します。
これは、10 や 100 をもとにしたわり算と同じ考え方です。

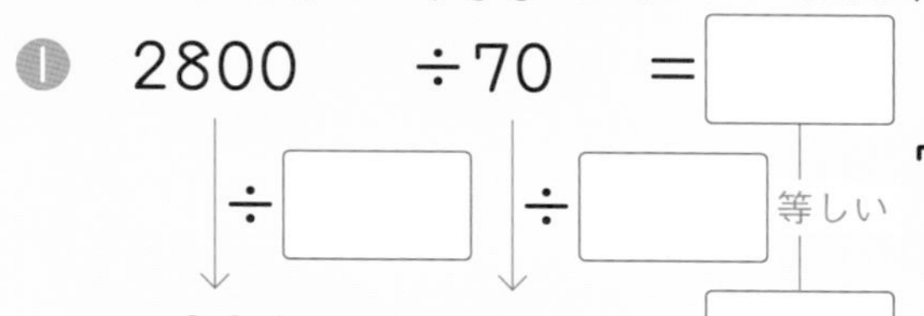

❶ 2800 ÷70 ＝□
↓÷□　↓÷□　等しい
280 ÷ 7 ＝□

70)2800（4□）
28
□

❷ 800)7200（□）
72
□

 ❶ □

 ❷ □

2800÷70 や 7200÷800 のような終わりに 0 のあるわり算では、わられる数とわる数の 0 を同じ数だけ消して計算することができるんだ。

3 計算をしましょう。　教科書 88ページ 14

❶ 3200÷80　❷ 8100÷900　❸ 6000÷1200

❹ 480 万÷60　❺ 1200 億÷20　❻ 56 兆÷7 兆

きほん3 終わりに 0 のある数のわり算であまりを求められますか。

☆2400÷500 を計算しましょう。

とき方　終わりに 0 のある数のわり算では、わられる数とわる数の 0 を同じ数だけ消して計算します。
2400÷500 のあまりは、消した 0 の分だけ 0 をつけたすので、□ です。

500)2400（4）
20
4

100 が 4 こあまることを表す。

答え □

4 計算をしましょう。　教科書 88ページ 15

❶ 7500÷600　❷ 660÷40　❸ 58000÷3000

ポイント　わり算のきまりを使うと、計算がしやすくなり便利です。あまりは、消した 0 の分だけ 0 をつけたして求めることをわすれないようにしましょう。

勉強した日 月 日

練習のワーク①

教科書 上 74〜91ページ　答え 6ページ

できた数 /14問中

おわったらシールをはろう

1 何十でわる計算 計算をしましょう。

❶ 280÷70　❷ 500÷80

2 2けたの数でわる計算 計算をしましょう。

❶ 93÷31　❷ 83÷17

❸ 153÷18　❹ 289÷53

❺ 329÷25　❻ 943÷41

❼ 4103÷89　❽ 3859÷24

3 2けたの数でわる計算 782まいの色画用紙を、23人に同じ数ずつ分けます。1人分は何まいになるでしょうか。

式

答え（　　　）

4 あまりを考える 93このみかんをふくろに入れます。1ふくろに12こずつ入れると、何ふくろいるでしょうか。

式

答え（　　　）

5 わり算のきまり 計算をしましょう。

❶ 5400÷90　❷ 6300÷500

1 何十でわる計算
10をもとにして計算します。
あまりは、10×(あまりの数)になることに注意しましょう。

2 2けたの数でわる計算
わる数を何十とみて、商の見当をつけてから計算しましょう。

4 あまりを考える
商に1をたした数が、答えになります。

5 わり算のきまり
わり算では、わられる数とわる数を同じ数でわっても、商は変わらないことを利用します。あまりを求めるときは注意が必要です。

あまり<わる数で、「わる数×商＋あまり」が「わられる数」になれば、わり算の答えは正しいといえるよ。

できるナビ　わり算の筆算では、商の見当をつけることが大切です。商のたつ位に気をつけて計算できるようにしましょう。

練習のワーク②

教科書 上 74~91、151ページ　答え 7ページ

できた数 /13問中

おわったら シールを はろう

1 2けたの数でわる筆算　計算をしましょう。

❶ 81÷14　❷ 96÷12

❸ 606÷84　❹ 428÷47

❺ 728÷26　❻ 681÷33

❼ 2170÷38　❽ 8064÷42

❾ 4273÷53　❿ 5878÷19

2 商が十の位からたつわり算　次のわり算で、商が十の位からたつとき、□にあてはまる数をすべて書きましょう。

❶ □3)428　❷ 67)□73

(　　　)　(　　　)

3 計算のきまり　ゆみさんは、2500円持っています。1本200円のペンは何本買えて、いくらあまるでしょうか。

式

答え (　　　)

てびき

1 2けたの数でわる筆算

わり算をしたあとに、わる数×商＋あまりを計算して、わられる数になることをたしかめましょう。

2 商が十の位からたつわり算

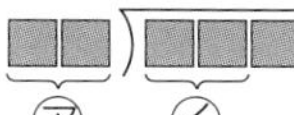

このわり算の商が十の位からたつのは、わる2けたの数㋐がわられる3けたの数の上から2けたの数㋑と等しいか、㋑より小さいときです。

3 計算のきまり

わり算のきまりを使って、くふうして計算ができます。あまりの求め方に注意しましょう。

わられる数とわる数の0を同じ数だけ消して計算できるよ。

できるナビ　わられる数やわる数が大きくなっても、見当をつけた商が大きすぎたときは、1ずつ小さくしていく計算のしかたは同じです。わられる数の大きい位から順に計算しましょう。

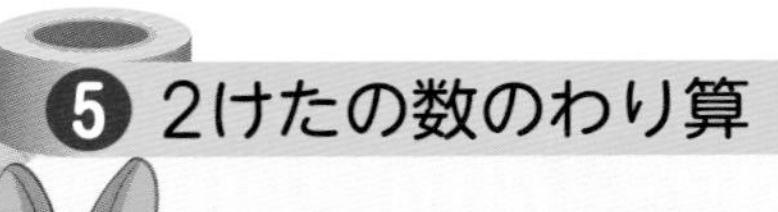

1 よく出る 計算をしましょう。 1つ6〔36点〕

❶ 56÷16　❷ 88÷12　❸ 245÷46

❹ 864÷21　❺ 6896÷29　❻ 4735÷67

2 計算をしましょう。 1つ6〔18点〕

❶ 37000÷500　❷ 8400÷1700　❸ 16億÷2億

3 ある数を25でわると、商が5であまりは5です。この数を30でわると、答えはいくつでしょうか。 1つ8〔16点〕

式

答え（　　　　）

4 折り紙が252まいあります。36人に同じ数ずつ分けると、1人分は何まいになるでしょうか。 1つ7〔14点〕

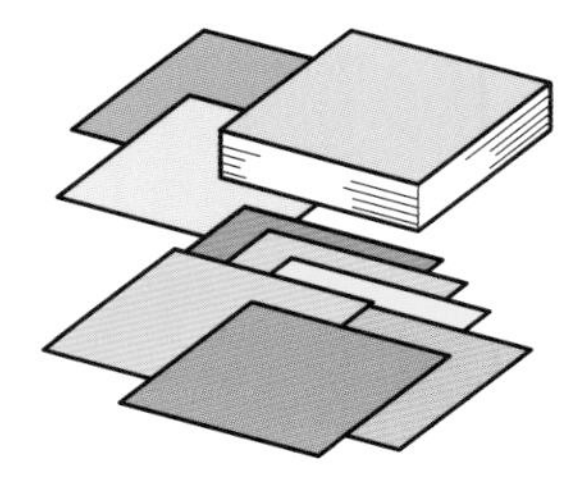

式

答え（　　　　）

5 赤いひもが8m80cmあります。1人に32cmずつ分けると、何人に分けられて、何cmあまるでしょうか。 1つ8〔16点〕

式

答え（　　　　）

□2けたの数でわるわり算ができたかな？
□わり算のきまりを使って、くふうして計算ができたかな？

まとめのテスト②

教科書 上 74〜91ページ 答え 7ページ

時間20分 とく点 /100点 おわったらシールをはろう

1 計算をしましょう。 1つ6〔18点〕

❶ 560÷80 ❷ 470÷60 ❸ 200÷90

2 よく出る 計算をしましょう。 1つ6〔36点〕

❶ 47÷13 ❷ 90÷24 ❸ 416÷52

❹ 708÷38 ❺ 7643÷15 ❻ 5746÷69

3 □にあてはまる数を書きましょう。 1つ5〔10点〕

❶ 105÷15=□÷30
=□

❷ 128÷16=□÷4
=□

4 ゆたかさんが持っているカードは 672 まいで、ひろきさんが持っているカードの 12 倍です。ひろきさんが持っているカードは、何まいでしょうか。 1つ6〔12点〕

式

答え（ ）

5 1箱 75 円のおかしを何箱か買ったら、代金は 3375 円でした。おかしを何箱買ったのでしょうか。 1つ6〔12点〕

式

答え（ ）

6 みゆきさんの学校の 3 年生と 4 年生のあわせて 208 人が、55 人乗りのバスで遠足に行きます。バスは最低（さいてい）何台必要（ひつよう）でしょうか。 1つ6〔12点〕

式

答え（ ）

ふろくの「計算練習ノート」8〜13ページをやろう！

チェック
□ 商が同じになる式をつくる問題ができたかな？
□ わり算の文章題ができたかな？

がい数 ［その1］

きほんのワーク

学習の目標：がい数を理かいし、求め方を身につけ、使えるようにしよう。

おわったらシールをはろう

教科書 上 92〜97ページ　答え 8ページ

きほん1 「がい数」がわかりますか。

☆次の人数は、約（やく）何千人といえるでしょうか。

❶ 3215人　❷ 3786人

数直線を見ながら、3215や3786が、3000と4000のまん中の3500より大きいか小さいかを考えていこう。

とき方　約何千人というときは、千ごとの区切りを考えて、近いほうの数をとります。

下の数直線からもわかるように、

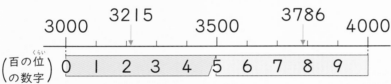

3000　3215　3500　3786　4000

（百の位（くらい）の数字）0 1 2 3 4 5 6 7 8 9

❶ 3215は、4000より3000に近いので、約［　　］人といえます。

❷ 3786は、3000より4000に近いので、約［　　］人といえます。

答え ❶ 約［　　］人　❷ 約［　　］人

たいせつ

およその数のことを「**がい数（すう）**」といいます。

およその数で表すときは「**およそ**」や「**約**」ということばをつけます。

およそ3000のことを約3000ともいいます。

1 次の数直線を見て、答えましょう。

教科書 94ページ 2

40000　㋐41500　㋑43920　㋒45550　㋓47260　㋔48700　50000

❶ ㋐、㋓はそれぞれ40000と50000のどちらに近いでしょうか。

㋐（　　　）　㋓（　　　）

❷ ㋐〜㋔は、それぞれ約何万といえるでしょうか。

㋐（　　　）　㋑（　　　）　㋒（　　　）

㋓（　　　）　㋔（　　　）

さんすうはかせ　けた数の大きな数で、だいたいの数がわかればよいときにがい数を使うよ。たとえば、人口は約1億（おく）3千万人と表したり、国の予算は約101兆（ちょう）円などと使っているね。

2 4つの市の人口を調べたら、右のようになりました。

教科書 94ページ 2

4つの市の人口

市	人口(人)
東	178320
西	62873
南	134038
北	89265

❶ 約何万人とがい数で表すとき、何の位の数字に着目すればよいでしょうか。 (　　　)

❷ 4つの市の人口はそれぞれ約何万人といえるでしょうか。

東市 (　　　)　西市 (　　　)

南市 (　　　)　北市 (　　　)

きほん 2 「四捨五入」がわかりますか。

☆286313について、四捨五入(ししゃごにゅう)して、次のがい数で表しましょう。

❶ 千の位までのがい数　❷ 上から2けたのがい数

とき方 がい数で表すときは、表したい位の1つ下の数字に着目して、 四捨五入 という方法(ほうほう)を使います。

❶ 千の位までのがい数で表すときは、千の位のすぐ下の百の位の数字の [　　] で考えます。

❷ 上から2けたのがい数で表すときは、上から3けための数字の [　　] で考えます。

四捨五入する位を、まちがえないようにしよう。

四捨五入のしかた

表したい位の1つ下の位の数字に着目します。1つ下の位の数字が、

❶ 0、1、2、3、4のとき

百の位の数字を四捨五入

286313 ⇨ 286000

すべて0になる

❷ 5、6、7、8、9のとき

上から3けための数字を四捨五入

286313 ⇨ 290000

1大きくする　すべて0にする

答え ❶ [　　] ❷ [　　]

3 四捨五入して、一万の位までのがい数で表しましょう。また、上から2けたのがい数で表しましょう。

教科書 94ページ 2 96ページ 3

❶ 264720　一万の位(　　　)　上から2けた(　　　)

❷ 15863　一万の位(　　　)　上から2けた(　　　)

4 四捨五入して、上から1けたのがい数で表しましょう。

教科書 96ページ 3

❶ 743105 (　　　)　❷ 265816 (　　　)

❸ 30928 (　　　)　❹ 899513 (　　　)

ポイント 四捨五入するときは、がい数で表したい位のすぐ下の位に目をつけます。「上から○けたのがい数」にするときは、もとの数のけた数によって四捨五入する位が変(か)わります。

勉強した日　月　日

がい数 [その2]

きほんのワーク

学習の目標
がい数の表すはんいを考えたり、がい数を使った計算をしてみよう。

おわったらシールをはろう

教科書 上 97〜101ページ　答え 8ページ

きほん1 「がい数の表すはんい」がわかりますか。

☆四捨五入して百の位までのがい数にしたとき、300 になる整数のうちで、いちばん小さい数といちばん大きい数はそれぞれいくつでしょうか。

とき方 十の位の数字を四捨五入して、300 になる数を考えます。

十の位の数字が 5、6、7、8、9 のとき、四捨五入すると、百の位の数字は１大きくなるので、百の位の数字は □ です。

十の位の数字が 0、1、2、3、4 のとき、四捨五入しても、百の位の数字は変わらないので、百の位の数字は □ です。

十の位の数字で四捨五入したとき、300 になる整数のはんいは、□ から □ までです。

答え いちばん小さい数 □　いちばん大きい数 □

200　250　300　350　400

200になるはんい　300になるはんい　400になるはんい

250は入る　350は入らない

250以上 350未満

たいせつ
以上…その数と**等しい**か、その数**より大きい**数を表す。
以下…その数と**等しい**か、その数**より小さい**数を表す。
未満…その数**より小さい**数を表す（その数は入らない）。

1 次の数のはんいを、以上、未満を使って表しましょう。 教科書 97ページ 4

❶ 四捨五入して百の位までのがい数にしたとき、2800 になる数のはんい

（　　　　　　　　）

十の位を四捨五入して 2800 になる数を考えよう。

❷ 四捨五入して一万の位までのがい数にしたとき、50000 になる数のはんい

（　　　　　　　　）

2 下の図が表す数のはんいを、以上、以下、未満を使って書きましょう。 教科書 97ページ 4

❶ 450　500　550

（　　　　　　　　）

❷ 850　900　950

（　　　　　　　　）

さんすうはかせ
がい数は、細かな数が必要でなく、大まかに数の大きさがわかればよいときにも使うよ。
生活の中では、「およそ 3000 人」「約 50000 円」「だいたい 20km」などと使うよ。

きほん 2 「和や差の見積もり」ができますか。

☆右の 3 つの品物を買います。
代金の合計は約何円になるでしょうか。
四捨五入して、百の位までのがい数で求めましょう。

いちご……………398 円
ジュース…………173 円
ポテトチップス…124 円

とき方 代金を四捨五入して、百の位までのがい数にしてから計算します。

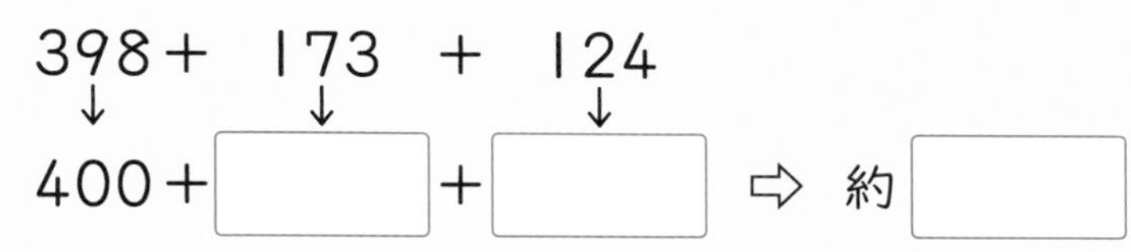

答え 約 　　 円

たいせつ
和や差をがい数で求めるときは、もとの数を、求めたい位までのがい数にして計算することがあります。
がい数にしてから計算することを、**がい算**といいます。

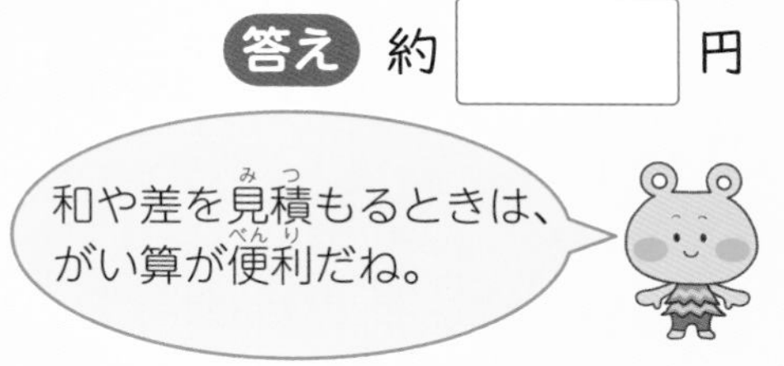

和や差を見積もるときは、
がい算が便利だね。

3 435 円の牛肉、298 円のぶた肉、178 円のとり肉、198 円のねぎがあります。ねぎと肉を 1 つ買って代金の合計が約 500 円になるようにするには、どの肉を買えばよいでしょうか。

教科書 99ページ 5

（　　　　　　）

きほん 3 「積や商の見積もり」ができますか。

☆3 年生と 4 年生のあわせて 187 人が遠足に行きます。1 人 415 円のひようがかかるとすると、全体では何円ぐらいになるか、見当をつけましょう。

とき方 かけられる数もかける数も上から 1 けたのがい数にして見積もります。
415 円を 400 円、187 人を 　　 人とみると、
400× 　　 ⇨ 約 　　

4 1 こ 192 g のかんづめが 72 こあります。重さの合計は何 kg ぐらいになるか、見当をつけましょう。

教科書 101ページ 6

（　　　　　　）

5 子ども会のお楽しみ会の参加者は、82 人です。参加者全員にプレゼントをします。プレゼント代の合計が約 20000 円になるようにするとき、1 人分のプレゼント代は何円ぐらいになるか、見当をつけましょう。

教科書 101ページ 6

（　　　　　　）

ポイント がい数にしてから計算することを「がい算」といいます。もとの数を、求めたい位までのがい数にしてから計算します。

勉強した日　月　日

がい数 [その3]

きほんのワーク

学習の目標
代金の見積もりをしたり、がい数をグラフに表したりしよう。

おわったらシールをはろう

教科書 上 102～105ページ　答え 8ページ

きほん1 切り上げ、切り捨てを使った見積もりができますか。

☆十の位までのがい数にして見積もりましょう。

❶ ノートとコンパスと消しゴムを１つずつ買うとき、500円で足りるでしょうか。

❷ ノートとはさみと消しゴムを１つずつ買うとき、代金は500円以上になるでしょうか。

ノート………165円
はさみ………285円
コンパス……185円
消しゴム………95円

とき方 ❶ 多めに考えて、500円をこえなければ、500円で足ります。切り上げて十の位までのがい数にして計算します。

165＋185＋95
↓　↓　↓
170＋□＋□ ⇨ 約□

❷ 少なめに考えて、500円以上になるかを調べます。切り捨てて十の位までのがい数にして計算します。

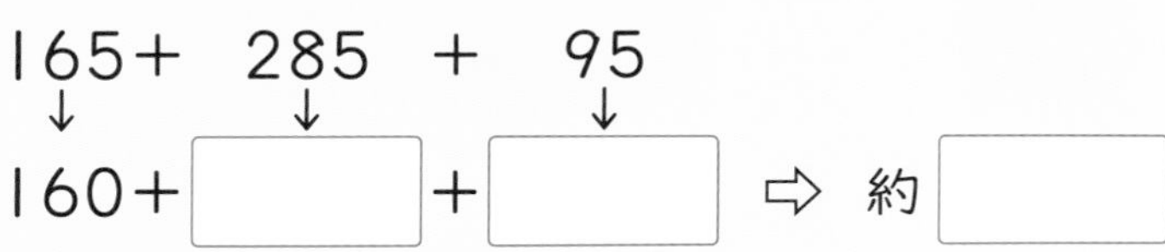

165＋285＋95
↓　↓　↓
160＋□＋□ ⇨ 約□

ちゅうい
多めに見積もったほうがよい場合は切り上げて、少なめに見積もったほうがよい場合は切り捨てて計算します。

答え ❶ □　❷ □

1 185円のポテトチップスと282円のチョコレートと96円のあめを買うとき、600円で足りるでしょうか。十の位までのがい数にして見積もりましょう。

教科書 102ページ 7

(　　　　)

2 たかしさんは、１月に450円、２月に310円、３月に360円を貯金しました。この貯金で1000円の本が買えるでしょうか。百の位までのがい数にして見積もりましょう。

教科書 103ページ 8

(　　　　)

さんすうはかせ　何のために見当をつけるのかを考えて、目的によって、四捨五入・切り上げ・切り捨てを使い分けることが大切だよ。

きほん2 がい数を利用できますか。

☆右の表は、いくつかの町で、小学生の人数を調べたものです。これをぼうグラフに表しましょう。

小学生の人数調べ

町	人数(人)
東	541
西	389
南	203
北	456

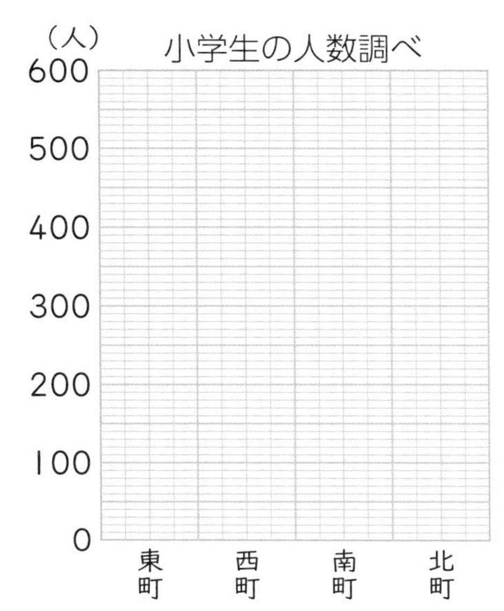

とき方 1めもりの大きさが決められたグラフをかくときは、グラフのめもりにあわせて、それぞれの数をがい数で表します。

グラフのたてじくのいちばん小さい1めもりの大きさは [ ] 人だから、人数を四捨五入して、十の位までのがい数で表します。

東町は [ ] 人、

西町は [ ] 人、

南町は [ ] 人、

北町は [ ] 人です。

答え 左の問題に記入

3 下の表は、あきらさんが住んでいる市の園児、児童、生徒の人数を調べたものです。

教科書 104ページ

園児、児童、生徒の人数調べ

	人数(人)	およその人数(人)
ようち園	3526	㋐
小学校	4391	㋑
中学校	2862	㋒
高等学校	1768	㋓

(人) 園児、児童、生徒の人数調べ

5000 / 4000 / 3000 / 2000 / 1000 / 0

ようち園　小学校　中学校　高等学校

❶ 上の表の人数を四捨五入して、百の位までのがい数にした数を、表に書き入れましょう。

❷ 上の表を、ぼうグラフに表しましょう。

ポイント グラフのたてじくのいちばん小さい1めもりが表している大きさを考えて、四捨五入する位を決めます。

勉強した日 月 日

練習のワーク

教科書 上 92〜107ページ　答え 9ページ

できた数 /8問中

1 がい数　下のあからうの中から、がい数で表すとよいものを選びましょう。

あ　水泳大会で、100m泳ぐのにかかった時間

い　1年間に海外旅行に行った人数

う　プール内の水のかさ

(　　　　)

2 四捨五入　四捨五入して、(　)の中の位までのがい数で表しましょう。

❶ 17481(千の位)　(　　　　)

❷ 756723(一万の位)　(　　　　)

3 がい数のはんい　四捨五入して百の位までのがい数にしたとき、7000になる数のはんいを、以上、未満を使って表しましょう。

(　　　　)

4 和の見積もり　あきさんは、右の品物を買おうとしています。

はちみつ……480円
ヨーグルト…235円
バナナ………180円

❶ 1000円で足りるでしょうか。

(　　　　)

❷ 700円をこえるでしょうか。

(　　　　)

5 がい数の利用　右の図は、ある遊園地の5月の入園者数23275人をがい数にして、ぼうグラフに表したものです。

❶ 何の位までのがい数にしているでしょうか。

(　　　　)

❷ 6月の入園者数は20730人でした。6月の入園者数を、ぼうグラフに表しましょう。

てびき

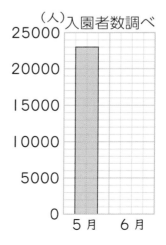

1 がい数
およその数は正確に表さなくてもよいときに使います。

2 四捨五入
四捨五入するときは、四捨五入する位に注意しましょう。

3 がい数のはんい
「以上」、「以下」、「未満」の使い分けもかくにんしておきましょう。

たいせつ
以上…その数と等しいか、それよりも大きい数。
以下…その数と等しいか、それよりも小さい数。
未満…その数よりも小さい数で、その数は入らない。

4 和の見積もり
次のように考えます。
❶「〇円で足りるか」
⇨多めに見積もる
⇨切り上げて考える
❷「〇円をこえるか」
⇨少なめに見積もる
⇨切り捨てて考える

できるナビ　がい数にする方法を正しく理かいして、何の位の数字を四捨五入すればよいか考えましょう。

勉強した日　月　日

まとめのテスト

教科書 上 92～107ページ　答え 9ページ

1 (　)の中の位までのがい数にして計算しましょう。　1つ10〔40点〕

❶ 28714＋6298(千の位)　(　　)

❷ 14325－4983(百の位)　(　　)

❸ 6234×327(上から1けた)　(　　)

❹ 41783÷186(上から1けた)　(　　)

2 下のあからえの中で、積(せき)が3000より大きくなる計算をすべて選びましょう。　〔12点〕

あ 98×27　い 104×32

う 51×63　え 150×18

(　　)

3 下のあからえの中で、商が約(やく)50になる計算をすべて選びましょう。　〔12点〕

あ 3814÷78　い 30564÷62

う 1983÷396　え 21313÷419

(　　)

4 ハイキングで、駅から右のようなコースを歩いて1周(しゅう)しました。歩いた道のりは全部で約何mになるでしょうか。百の位までのがい数で求(もと)めましょう。　〔12点〕

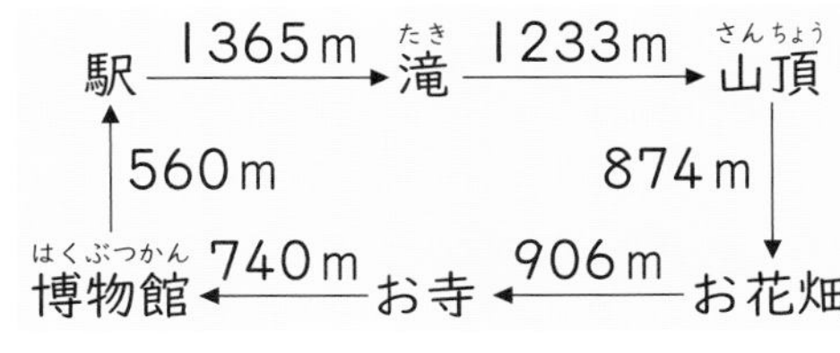

(　　)

5 ある店では2000円以上買うと、無料(むりょう)ちゅう車けんがもらえます。1本73円のジュースを32本買うと、無料ちゅう車けんはもらえるでしょうか。　〔12点〕

(　　)

6 遊園地のある1日の入場者数は396人で、売り上げは833580円でした。1人が使ったお金は何円ぐらいになるか、見当をつけましょう。　〔12点〕

(　　)

ふろくの「計算練習ノート」19ページをやろう！

□四捨五入して、がい数を正しく求めることができたかな？
□計算の答えを正しく見積もることができたかな？

勉強した日　月　日

垂直、平行と四角形 [その1]

きほんのワーク

学習の目標
垂直や平行の意味を知ろう。また平行な直線のせいしつを覚えよう。

おわったら シールを はろう

教科書 ㊤110〜115ページ　答え 9ページ

きほん1 「垂直」とはどのようなことか、わかりますか。

☆下の図で、直線㋐に垂直(すいちょく)な直線はどれでしょうか。

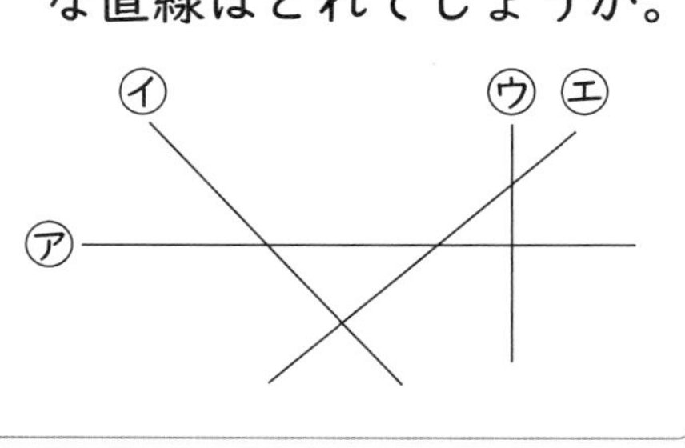

とき方　2本の直線が交わって直角ができるとき、この2本の直線は、垂直であるといいます。

答え　直線［　］

ちゅうい
2本の直線が交わっていなくても、直線をのばして直角に交わるときは、垂直であるといいます。

1 下の図で、垂直な直線の組はどれでしょうか。　教科書 111ページ 1

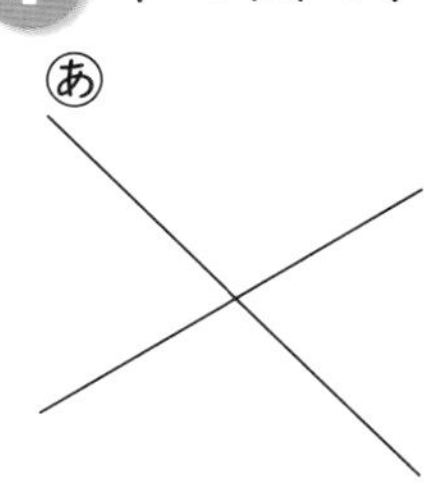

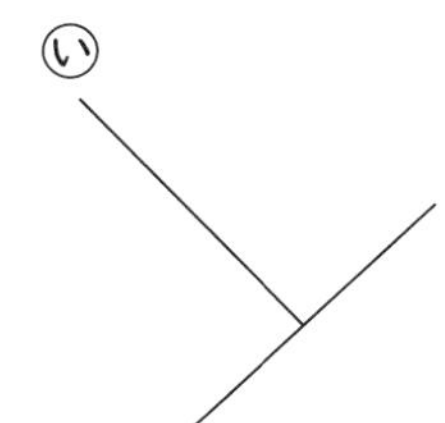

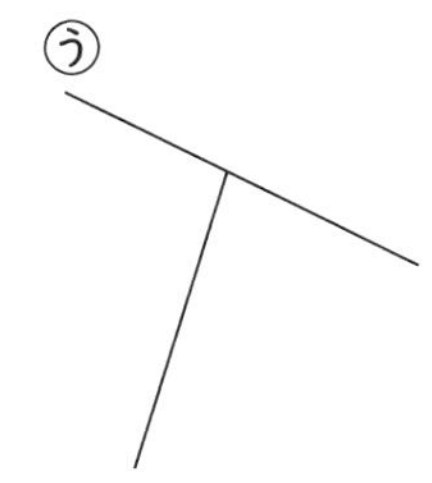

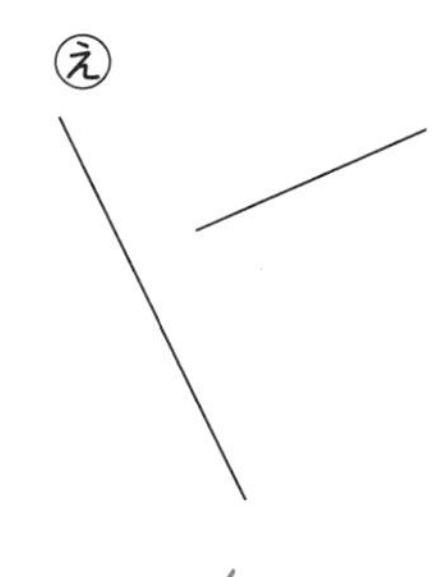

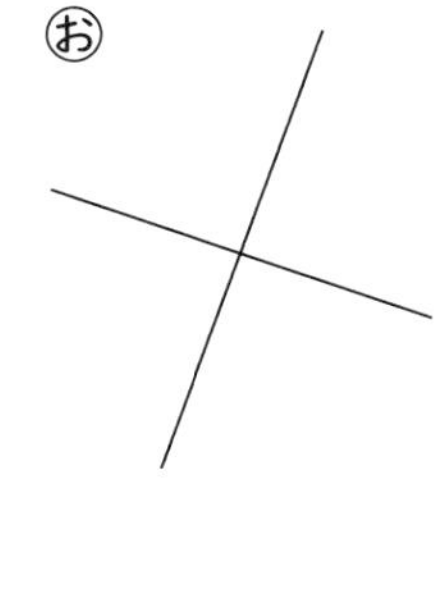

（　　　　　　）

きほん2 「平行」とはどのようなことか、わかりますか。

☆下の図で、平行(へいこう)な直線はどれとどれでしょうか。

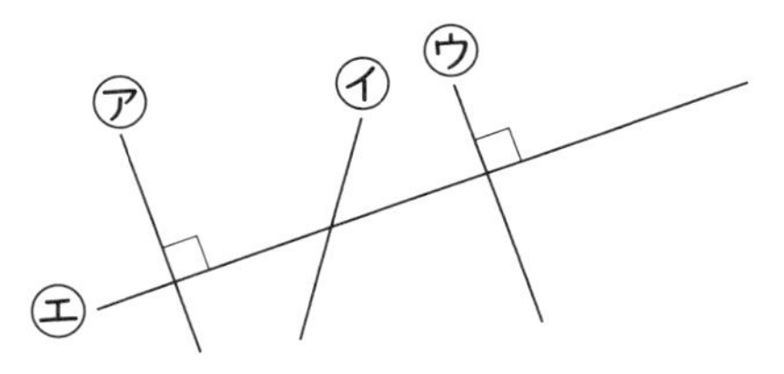

とき方　1本の直線に垂直な2本の直線は、平行であるといいます。

直線㋓に垂直な直線［　］と直線［　］は［　］です。

答え　直線［　］と直線［　］

ちゅうい
はなれていても1本の直線に垂直な2直線は、平行であるといいます。

さんすうはかせ　1本の直線は、はばはなく、長さだけを考えることにしているんだよ。

2 下の図で、平行な直線はどれとどれでしょうか。2組答えましょう。

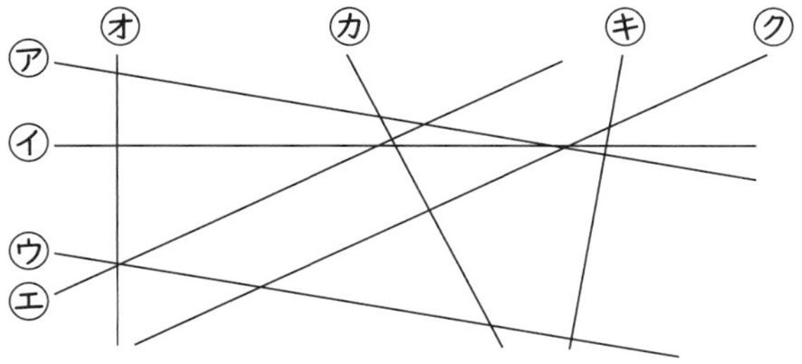

教科書 113ページ 2

㋐ ㋑ ㋒ ㋓ ㋔ ㋕ ㋖ ㋗

（　　と　　）

（　　と　　）

きほん 3 「平行な直線のせいしつ」がわかりますか。

☆右の図で、直線㋐、㋑は平行です。

❶ 直線ウエの長さは何 cm でしょうか。

❷ あの角度は何度でしょうか。

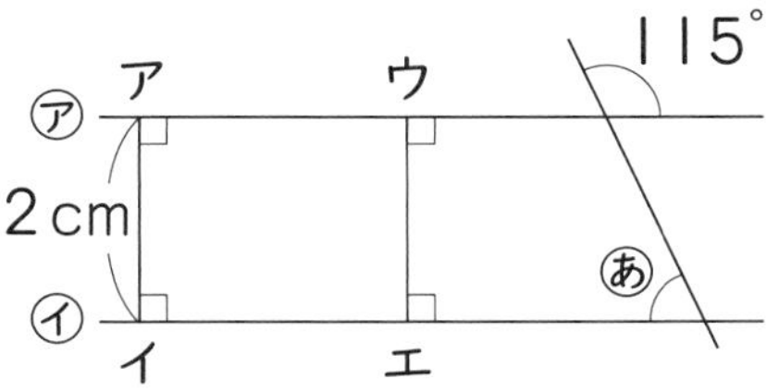

（図：㋐ ア ウ 115° 2cm あ ㋑ イ エ）

とき方 ❶ 直線アイ、ウエは、直線㋐、㋑に垂直で、この長さを直線㋐、㋑のはばといいます。

平行な 2 本の直線のはばは、どこも □ なっているので、直線ウエの長さは □ cm です。

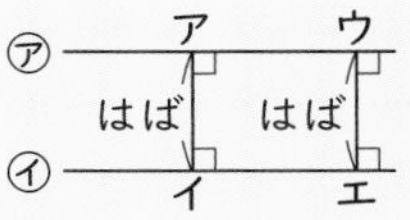

（図：㋐ ア ウ はば はば ㋑ イ エ）

直線ウエの長さは、直線アイの長さに等しいよ。

❷ 右の図で、平行な直線は、ほかの直線と等しい角度で交わるので、いの角度は □° で、あの角度は、

180－□＝□ より、□° です。

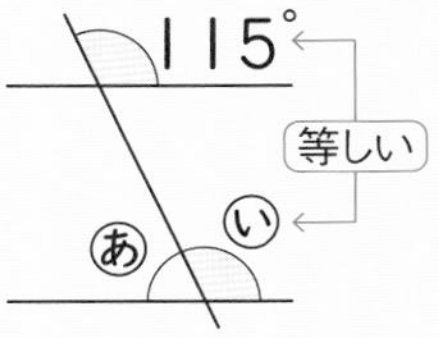

（図：115° 等しい あ い）

たいせつ

平行な 2 本の直線のはばは、どこも等しくなっています。
平行な直線は、ほかの直線と等しい角度で交わります。

答え ❶ □ cm ❷ □°

3 右の図で、直線㋐、㋑は平行です。次の直線の長さは、それぞれ何 cm でしょうか。

教科書 114ページ 3

❶ 直線ウエ （　　）

❷ 直線オカ （　　）

（図：㋐ ㋑ 5cm ア イ ウ エ オ カ）

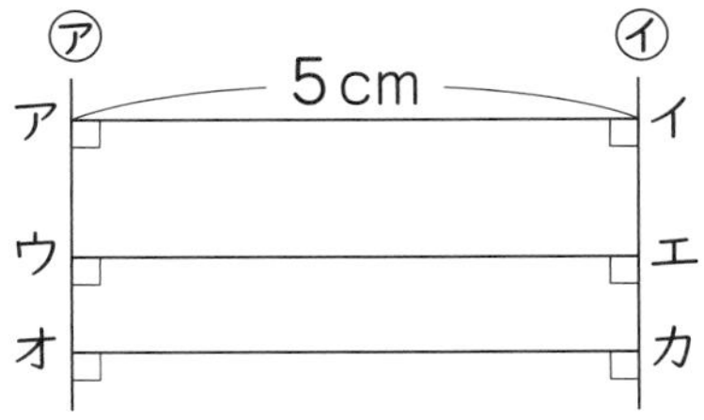

4 右の図で、直線㋐、㋑は平行です。次の角度は、それぞれ何度でしょうか。

教科書 115ページ 4

❶ あの角度 （　　）

❷ いの角度 （　　）

（図：55° ㋐ あ い ㋑）

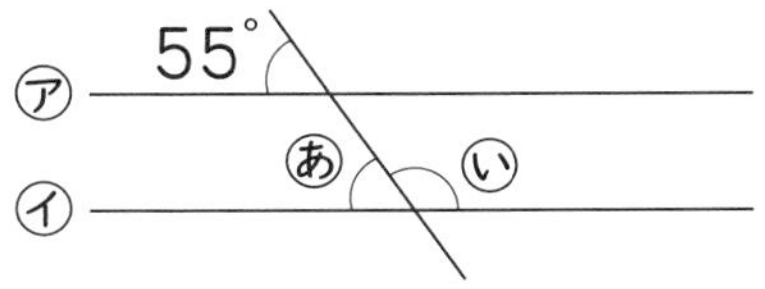

ポイント 平行な 2 本の直線のはばは、どこも等しくなっているということは、平行な直線をどこまでのばしても交わらないということです。

勉強した日　　月　　日

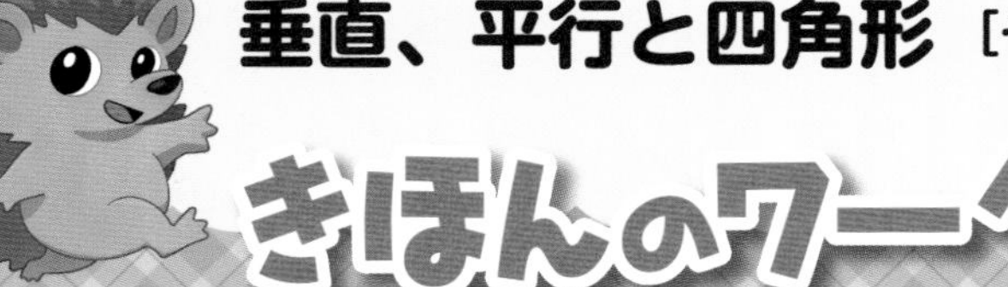

垂直、平行と四角形 [その2]

きほんのワーク

学習の目標
方眼や三角定規を使って、垂直や平行な直線をかこう。

おわったらシールをはろう

教科書 上 116～119ページ　答え 10ページ

きほん1 方眼を使って垂直な直線や平行な直線を見つけられますか。

☆右の図で、直線㋐に垂直(すいちょく)な直線はどれでしょうか。また、直線㋑に平行な直線はどれでしょうか。

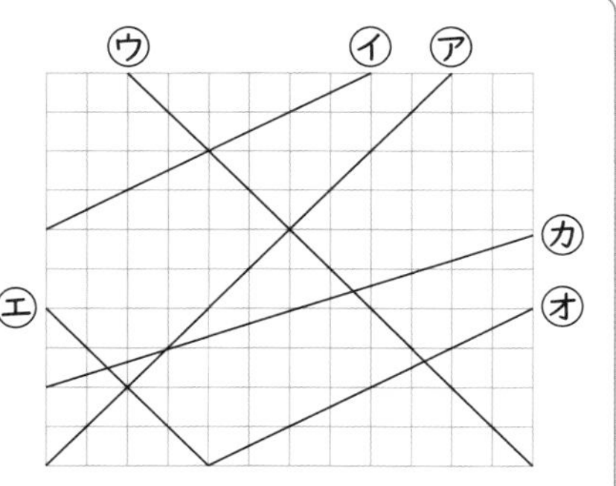

とき方 方眼紙(ほうがんし)のます目を使って見つけます。
直線㋐に垂直な直線は、直線□と、直線□で、直線㋑に平行な直線は、直線□です。

答え 垂直…直線□と直線□
平行…直線□

1 右の図で、点アを通って、直線㋑に垂直な直線と平行な直線をかきましょう。 教科書 116ページ 5

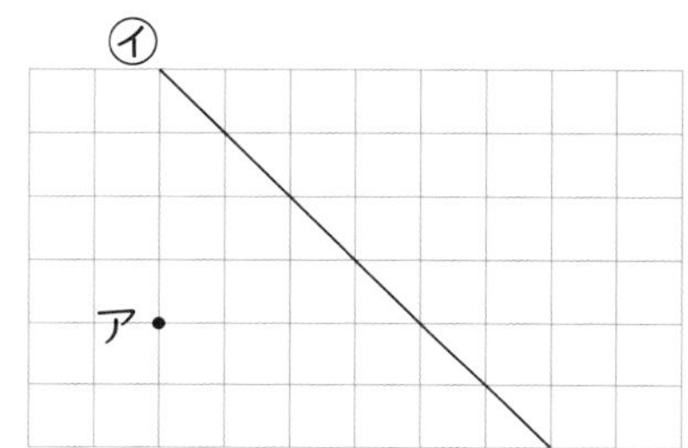

きほん2 「垂直な直線のかき方」がわかりますか。

☆点アを通って、直線㋑に垂直な直線をかきましょう。

ア・

㋑

とき方 ① 直線㋑にA(エー)の三角定規(じょうぎ)を合わせる。B(ビー)の三角定規の直角を、Aの三角定規に合わせる。
② Bの三角定規を点アまで動かし、Bの三角定規がずれないようにおさえながら、直線をかく。

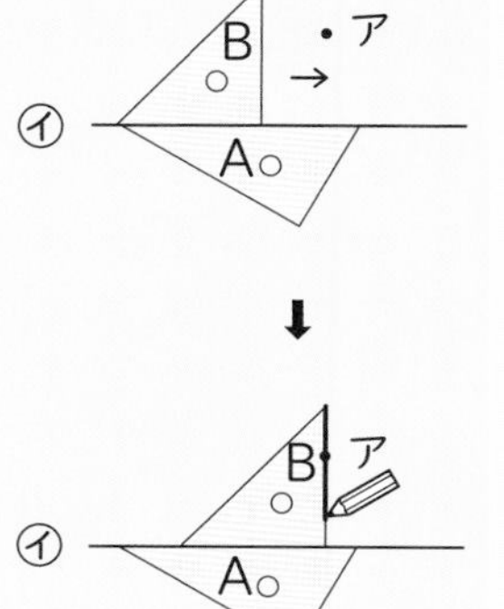

三角定規の直角のところを使って、垂直な直線がひけるよ。

答え 左の図に記入

さんすうはかせ 平行な直線は、「1本の直線に垂直な2本の直線は平行である」ことを利用(りよう)してかくよ。

点アを通って、直線㋑に垂直な直線をかきましょう。 教科書 117ページ 6

❶

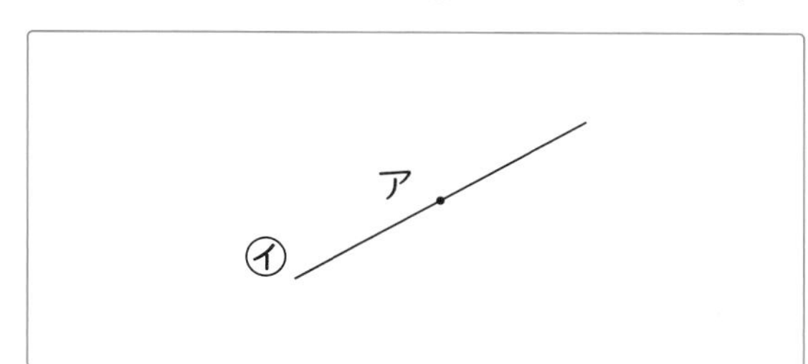

❷

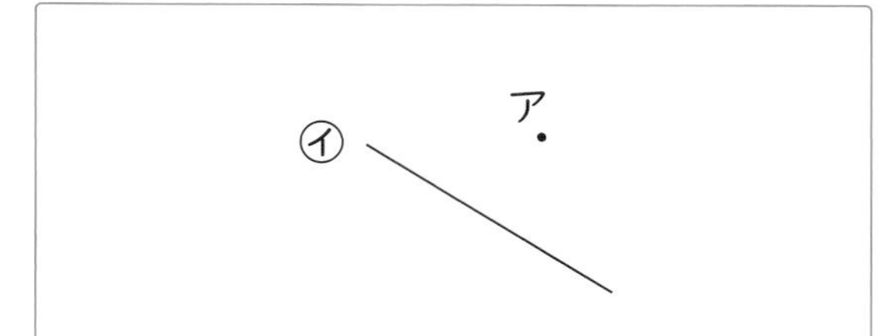

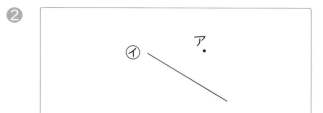

きほん3 「平行な直線のかき方」がわかりますか。

☆点アを通って、直線㋑に平行な直線をかきましょう。

ア

㋑

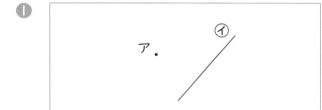

とき方 ① 直線㋑にBの三角定規の直角のある辺を合わせる。左側にAの三角定規をBの三角定規にぴったり合わせる。

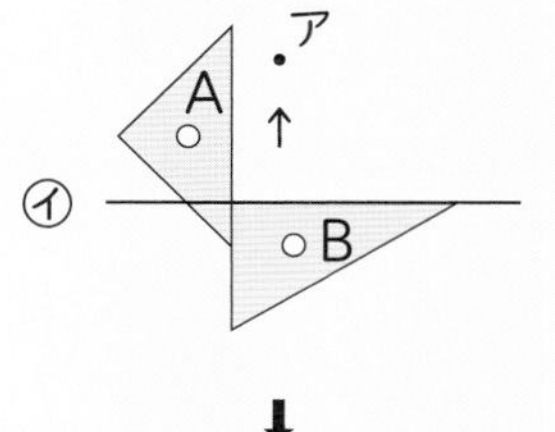

② Bの三角定規を点アまで動かし、Bの三角定規がずれないようにおさえながら、直線をかく。

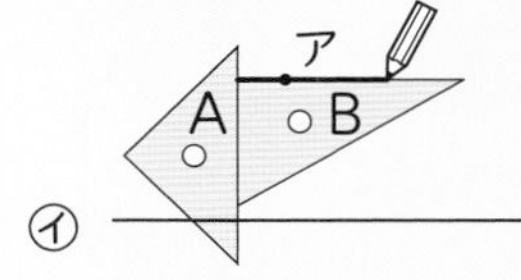

答え 左の図に記入

3 点アを通って、直線㋑に平行な直線をかきましょう。 教科書 118ページ 7

❶

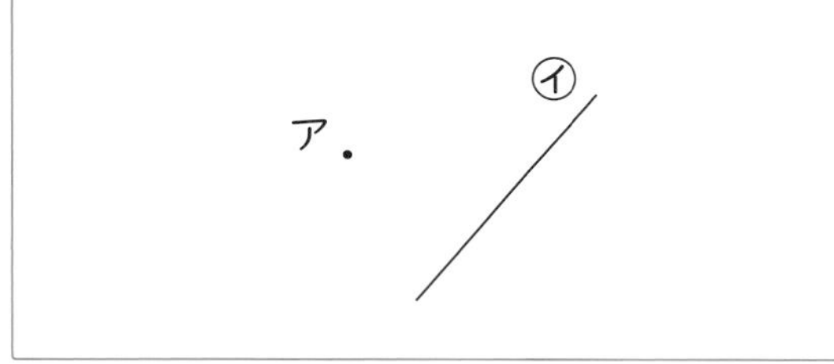

❷

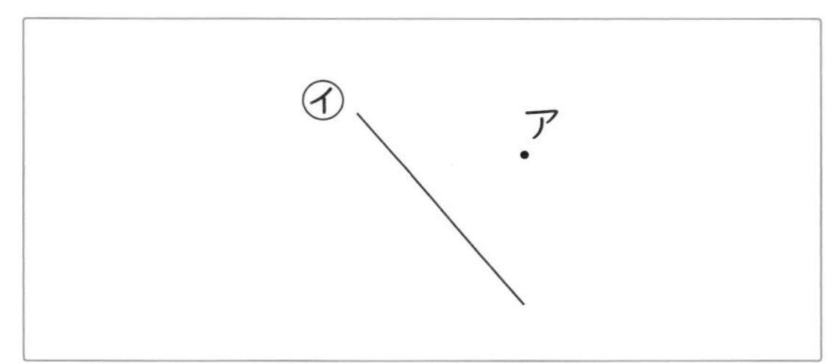

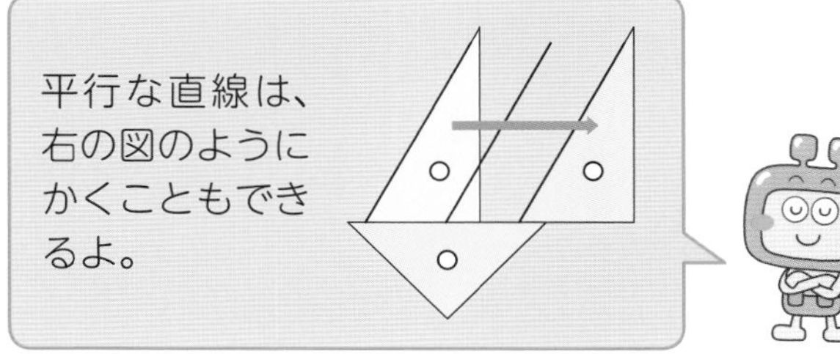

平行な直線は、
右の図のように
かくこともでき
るよ。

4 下の図のような長方形をかきましょう。 教科書 119ページ 8

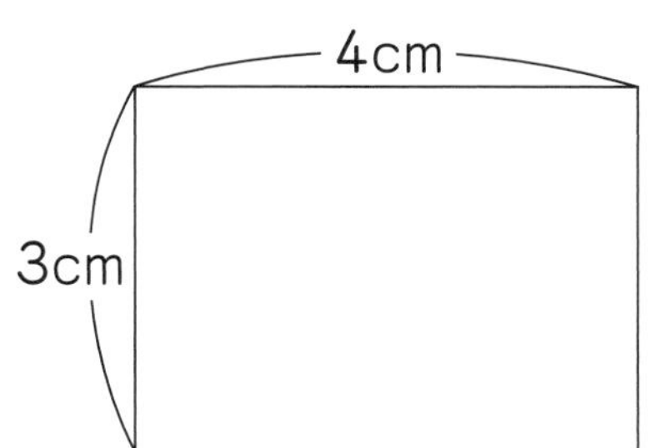

ポイント 垂直や平行な直線のかき方はいくつかありますが、三角定規を使ったかき方を覚(おぼ)えましょう。

勉強した日　月　日

垂直、平行と四角形 [その3]

きほんのワーク

学習の目標
いろいろな四角形の名前や特ちょう・かき方を覚えよう。

おわったらシールをはろう

教科書 上 120〜128ページ　答え 10ページ

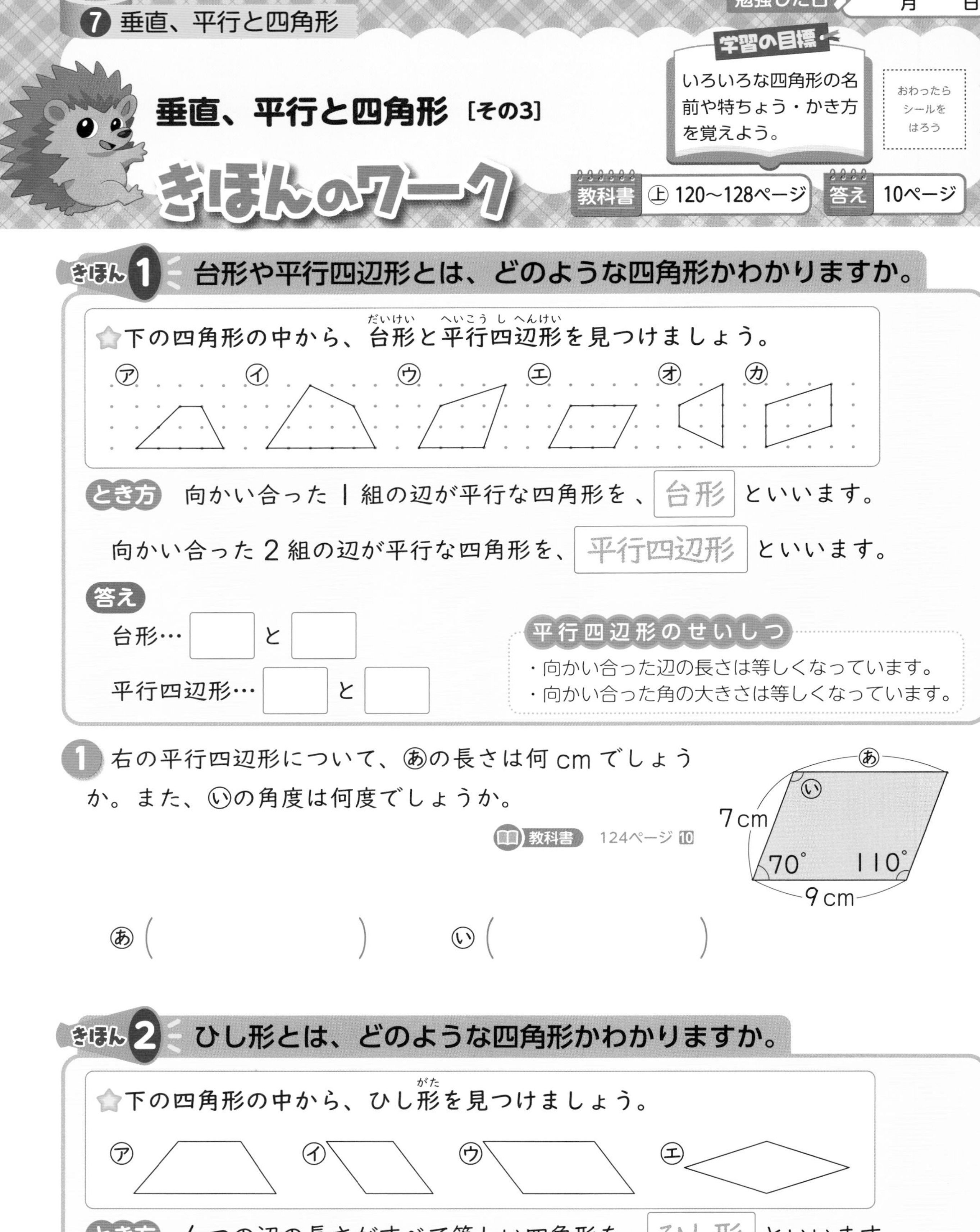

きほん1 台形や平行四辺形とは、どのような四角形かわかりますか。

☆下の四角形の中から、台形(だいけい)と平行四辺形(へいこうしへんけい)を見つけましょう。

㋐　㋑　㋒　㋓　㋔　㋕

とき方　向かい合った１組の辺が平行な四角形を、台形といいます。

向かい合った２組の辺が平行な四角形を、平行四辺形といいます。

答え
台形…　と
平行四辺形…　と

平行四辺形のせいしつ
・向かい合った辺の長さは等しくなっています。
・向かい合った角の大きさは等しくなっています。

1 右の平行四辺形について、あの長さは何cmでしょうか。また、いの角度は何度でしょうか。

教科書 124ページ 10

あ(　　　)　い(　　　)

きほん2 ひし形とは、どのような四角形かわかりますか。

☆下の四角形の中から、ひし形(がた)を見つけましょう。

㋐　㋑　㋒　㋓

とき方　４つの辺の長さがすべて等しい四角形を、ひし形といいます。

４つの辺の長さがすべて等しいのは、　と　です。

答え　と

ひし形のせいしつ
・向かい合った辺は平行になっています。
・向かい合った角の大きさは等しくなっています。

さんすうはかせ　ひし形の名前はヒシの実の形からきているんだよ。ヒシの実を図かんで見てみよう。

2 右のようなひし形があります。 教科書 125ページ 11

ア 7cm 130° イ 50° あ い エ ウ

❶ 辺アエの長さは何 cm でしょうか。 (　　　　)

❷ 辺アイに平行な辺はどれでしょうか。 (　　　　)

❸ あ、いの角度は、それぞれ何度でしょうか。

あ (　　　　)　い (　　　　)

きほん 3 平行四辺形がかけますか。

☆下のような平行四辺形をかきましょう。

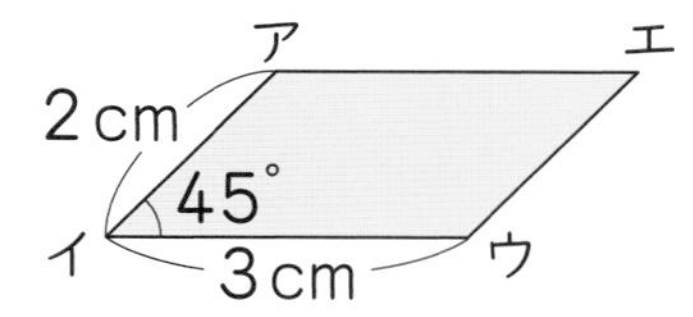

答え

とき方 下のようにかいて、頂点ア、イ、ウの位置を、まず決めます。

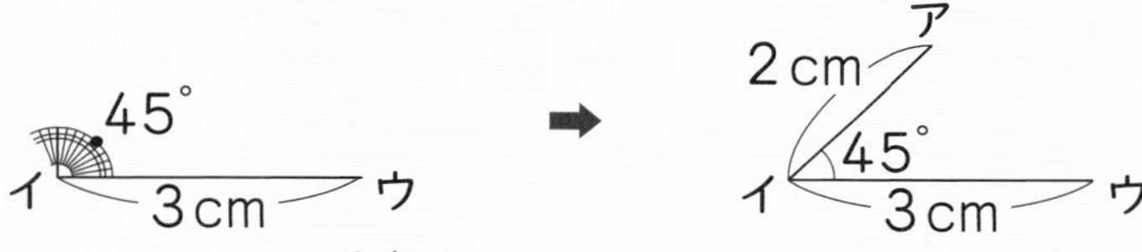

平行四辺形の特ちょうを使って、頂点エの位置を決めます。

《1》向かい合う 2 組の辺が [　　] になるように、点エの位置を決めます。

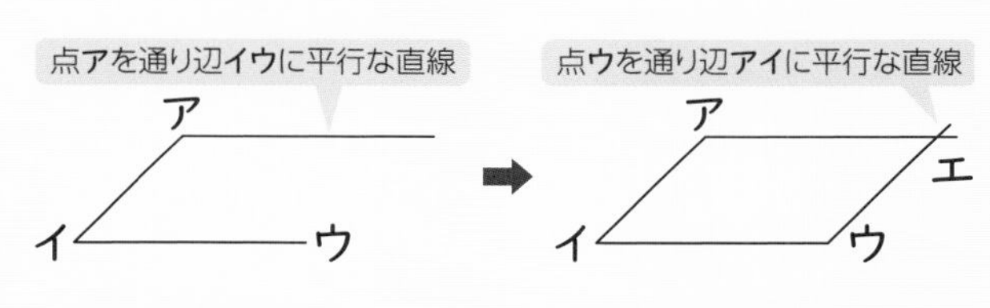

《2》向かい合う辺の長さが [　　] なるように、コンパスを使って点エの位置を決めます。

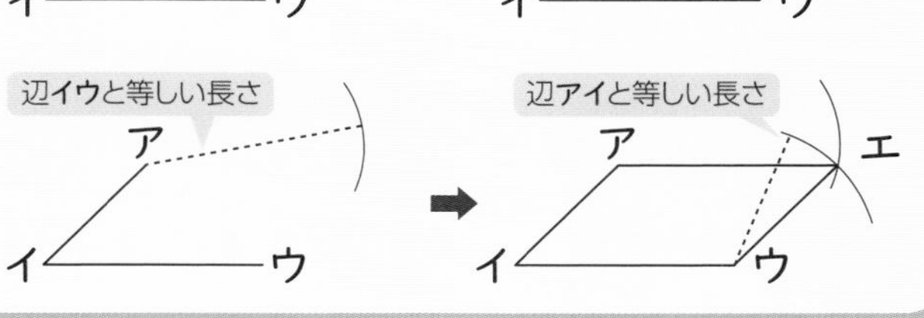

3 下のような台形を [　　] の中にかきましょう。 教科書 128ページ 13

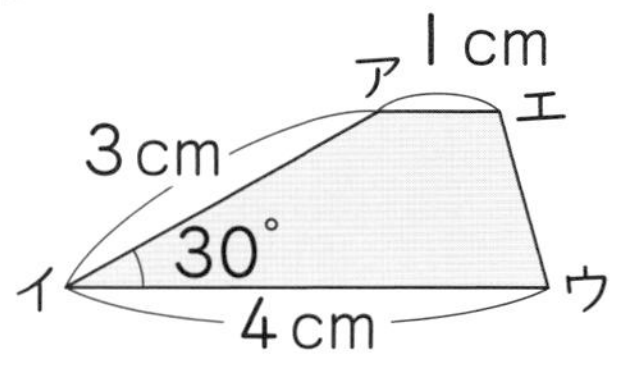

頂点アを決めたあと、頂点アを通り、辺イウに平行な直線をかき、辺アエの長さが 1cm となるように、頂点エを決めよう。

ポイント 平行四辺形の特ちょうを使って、平行四辺形をかくことができます。いろいろなかき方ができるようになりましょう。

勉強した日 月 日

垂直、平行と四角形 [その4]

きほんのワーク

学習の目標
ひし形のかき方、いろいろな四角形の対角線の特ちょうを知ろう。

おわったらシールをはろう

教科書 上 128～131ページ 答え 10ページ

きほん1 ひし形がかけますか。

☆下のようなひし形をかきましょう。

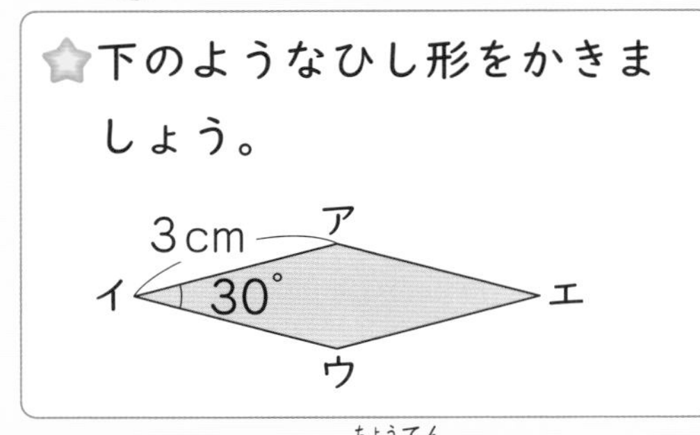

答え

とき方 まず、頂点イを中心にして半径が3cmの円をかきます。次に、辺イウをかき、頂点イを中心にして、30°の角をかいて、頂点アの位置を決めます。ひし形は、4つの辺の長さがすべて[　　　]四角形だから、頂点ア、ウを中心にして半径が[　　　]cmの円をそれぞれかきます。2つの円の交わった点が残りの頂点エです。

1 下のようなひし形を[　　]の中にかきましょう。 教科書 128ページ 14

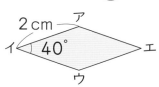

40°の角をかいてから、きほん1のようにしてかくんだね。

きほん2 「平行四辺形の対角線の特ちょう」がわかりますか。

☆[　　]にあてはまることばを書きましょう。

平行四辺形は、2本の対角線が交わった点で、それぞれが[　　　]されている。

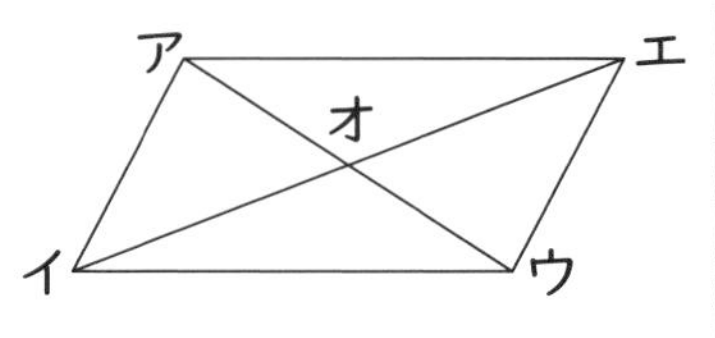

とき方 向かい合った頂点を結ぶ直線を[対角線]といいます。
点オを中心として、頂点アを通る円をかくと頂点ウを通り、頂点イを通る円をかくと頂点エを通ります。このことから、直線アオとウオ、直線イオと[　　　]の長さは等しいといえます。

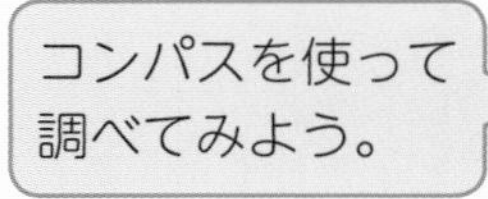

コンパスを使って調べてみよう。

答え 上の問題中に記入

さんすうはかせ 英語では、三角形をトライアングル、正方形をスクエア、長方形をレクタングルというよ。

2 ひし形、長方形、正方形のそれぞれの対角線の特(とく)ちょうとして、正しいものを、㋐から㋓の中からすべて選(えら)びましょう。 教科書 129ページ 15

> ㋐ 2本の対角線の長さが等しい。
> ㋑ 2本の対角線が垂直(すいちょく)になっている。
> ㋒ 2本の対角線が交わった点で、それぞれが2等分されている。
> ㋓ 2本の対角線が交わった点から4つの頂点までの長さが等しい。

❶ ひし形 (　　　)
❷ 長方形 (　　　)
❸ 正方形 (　　　)

3 次のような四角形を □ の中にかきましょう。 教科書 129ページ 15

❶ 平行四辺形

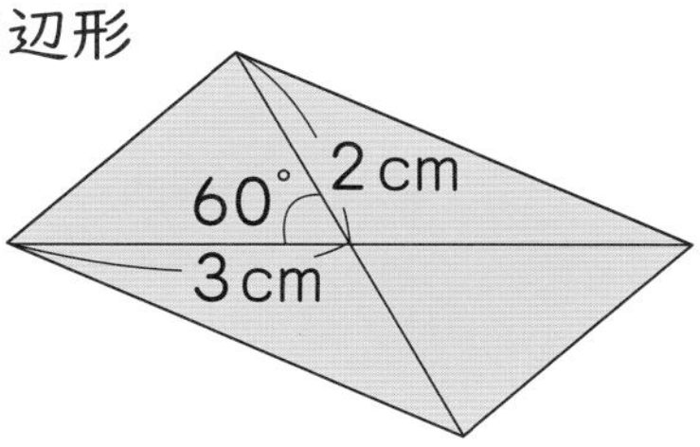

❷ ひし形

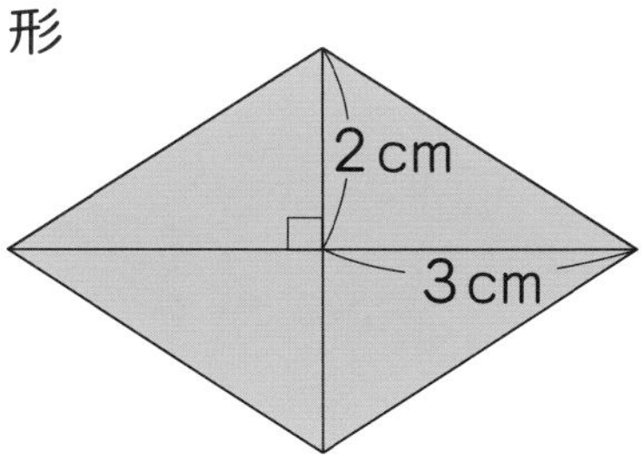

4 何という三角形ができるか答えましょう。 教科書 129ページ 15

❶ 長方形を1本の対角線で切ってできる三角形 (　　　)

❷ ひし形を1本の対角線で切ってできる三角形 (　　　)

❸ 正方形を1本の対角線で切ってできる三角形 (　　　)

❹ 長方形を2本の対角線で切ってできる三角形 (　　　)

❺ ひし形を2本の対角線で切ってできる三角形 (　　　)

ポイント いろいろな四角形の辺・角・対角線について、表などにまとめておくと、特ちょうがはっきりして覚(おぼ)えやすくなります。

月　日

練習のワーク①

教科書 上 110～133ページ　答え 11ページ

できた数　/11問中

おわったら シールを はろう

1 垂直・平行　□にあてはまる言葉を書きましょう。

❶ 2本の直線が交わってできる角が □ のとき、この2本の直線は垂直(すいちょく)であるといいます。

❷ 1本の直線に □ な2本の直線は、平行であるといいます。

2 平行な直線のせいしつ　右の図で、直線㋐、㋑は平行です。あからえの角度は、それぞれ何度でしょうか。

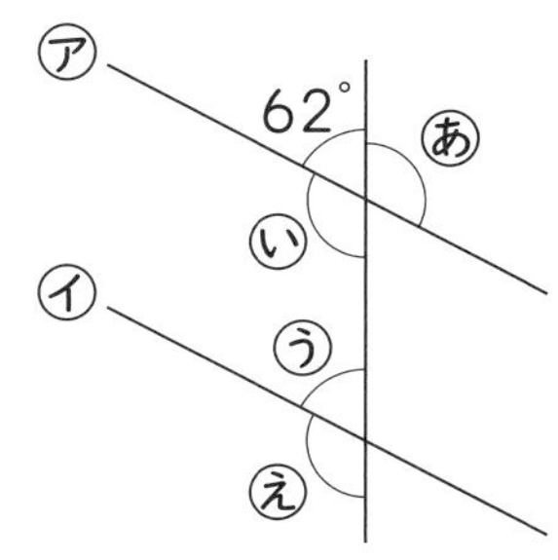

あ（　　　）　い（　　　）

う（　　　）　え（　　　）

3 平行四辺形のせいしつ　右のような平行四辺形(へいこうしへんけい)があります。あ、いの長さは、それぞれ何cmでしょうか。また、う、えの角度は、それぞれ何度でしょうか。

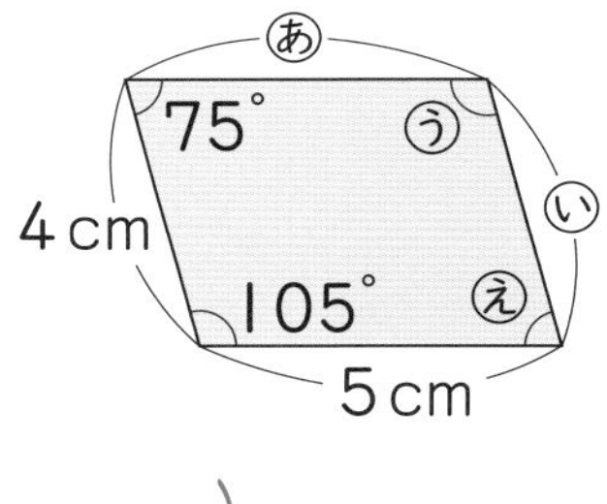

あ（　　　）　い（　　　）

う（　　　）　え（　　　）

4 平行四辺形のかき方　下のような平行四辺形を □ の中にかきましょう。

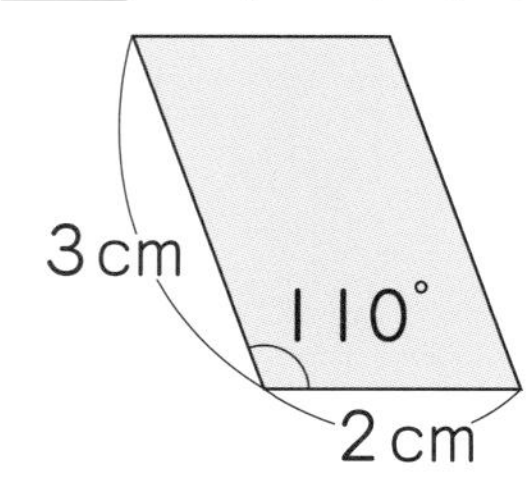

2 平行な直線のせいしつ

平行な2直線のはばはどこも等しくなっています。

はば

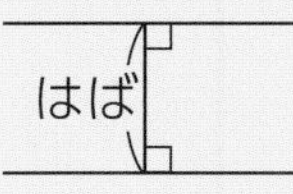

平行な直線は、ほかの直線と等しい角度で交わります(直線㋐、㋑が平行のとき、うとえの角度は等しい)。

㋐ う ㋑ え

3 平行四辺形のせいしつ

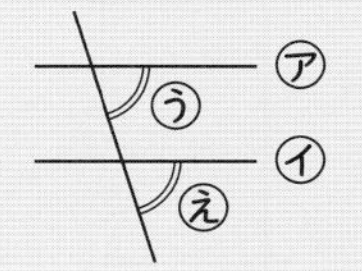

向かい合った2組の辺が平行な四角形が平行四辺形で、そのせいしつは、
- 向かい合った辺の長さは等しい。
- 向かい合った角の大きさは等しい。

になります。

4 平行四辺形のかき方

＼＿ までかいたあと、向かい合った辺が、平行になるか、長さが等しくなるように、残(のこ)りの2辺をかきます。

平行四辺形のせいしつをきちんと理かいして、いろいろな方法(ほうほう)で平行四辺形をかいてみましょう。

練習のワーク②

教科書 ㊤ 110〜133ページ　答え 11ページ

できた数　/11問中

おわったら シールを はろう

1 垂直や平行な直線のかき方　点アを通って、直線㋑に垂直な直線と平行な直線をかきましょう。

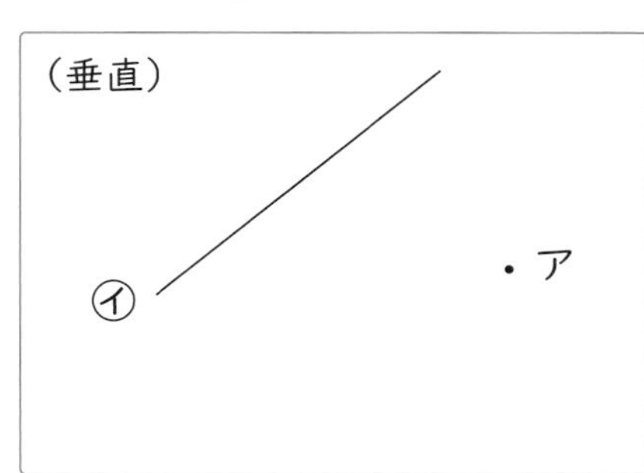

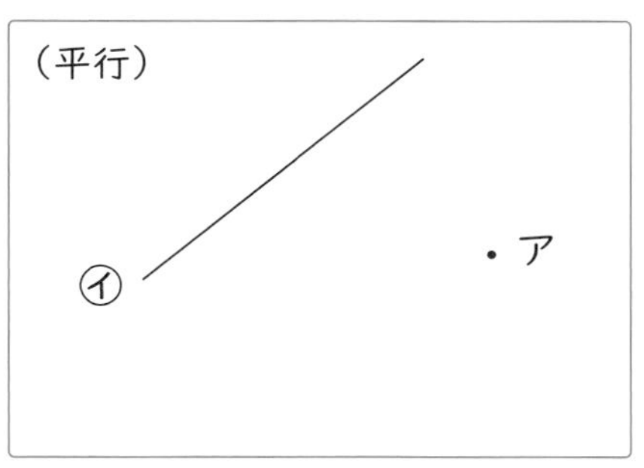

2 長方形と垂直、平行　右の長方形で、次の辺を答えましょう。

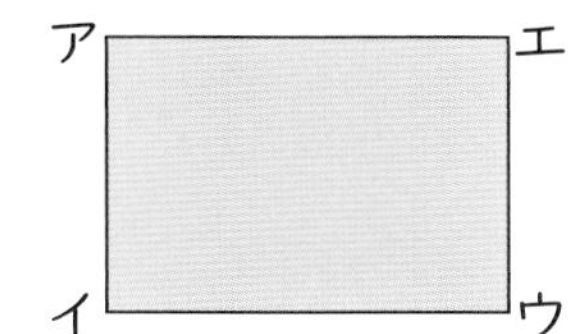

❶ 辺アエと垂直な辺

（　　　　　）

❷ 辺アイと平行な辺

（　　　　　）

3 ひし形のせいしつ　右のようなひし形があります。㋐、㋑の長さは、それぞれ何cmでしょうか。また、㋒、㋓の角度は、それぞれ何度でしょうか。

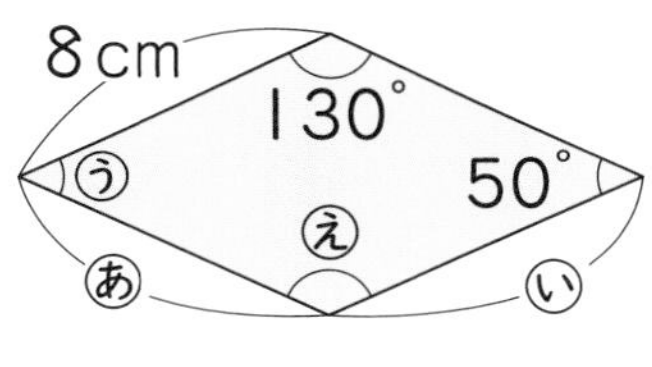

㋐（　　　　　）　㋑（　　　　　）

㋒（　　　　　）　㋓（　　　　　）

4 対角線　下の文で、正しいものには○を、まちがっているものには×をつけましょう。

❶（　　）平行四辺形の２本の対角線は長さが等しい。

❷（　　）ひし形の２本の対角線は垂直になっている。

❸（　　）長方形の２本の対角線は長さが等しく、交わった点でそれぞれが２等分されている。

1 垂直や平行な直線のかき方

垂直や平行な直線をかくには、三角定規を利用します。**垂直な直線をかくには、**三角定規の直角の部分を使います。**平行な直線をかくには、**直角か等しい角ができるように三角定規を動かします。

3 ひし形のせいしつ

たいせつ

４つの辺の長さがすべて等しい四角形がひし形で、そのせいしつは、

- 向かい合った辺は平行。
- 向かい合った角の大きさは等しい。

4 対角線

向かい合った頂点を結ぶ直線が対角線です。

対角線の長さや交わり方について、たしかめておこう。

できるナビ　長方形、正方形、ひし形はどれも平行四辺形のせいしつを持っています。それぞれの図形の特ちょうをきちんと覚えておきましょう。

まとめのテスト❶

教科書 上 110～133ページ　答え 11ページ

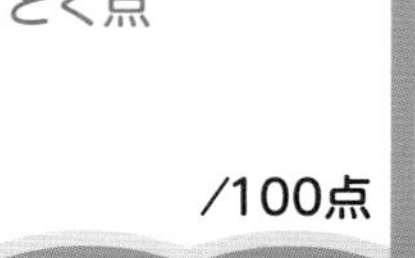

おわったら シールを はろう

1 右の図で、直線㋐、㋑は平行です。□にあてはまる言葉を書きましょう。　1つ7〔21点〕

❶ 直線㋐と直線㋓は□です。

❷ 直線㋓と直線㋔は□です。

❸ 直線㋑と直線㋔は□です。

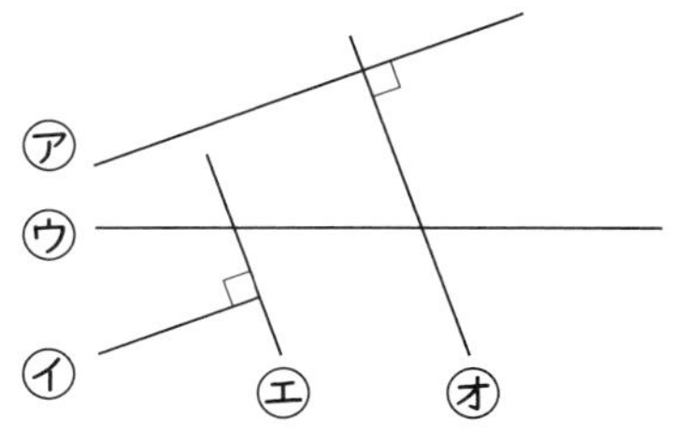

2 右の図で、直線㋐、㋑は平行です。　1つ7〔35点〕

❶ あからえの角度は、それぞれ何度でしょうか。

あ（　　）　い（　　）

う（　　）　え（　　）

❷ 直線ウエの長さは何cmでしょうか。（　　）

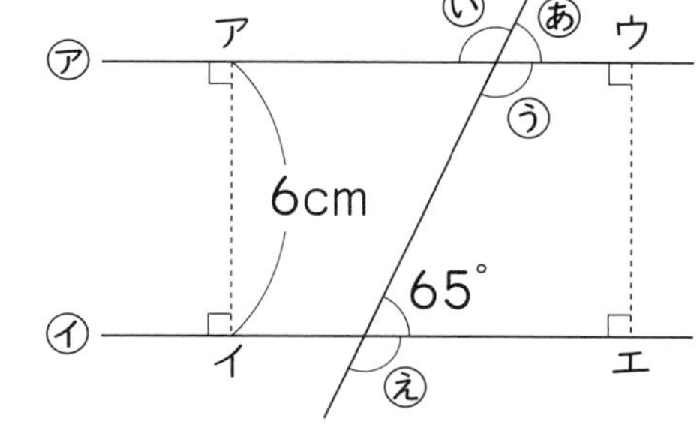

3 辺の長さが等しいことを―‖―などの同じ印で表します。下の図は、ある四角形の対角線です。それぞれ何という四角形の対角線でしょうか。　1つ8〔24点〕

❶

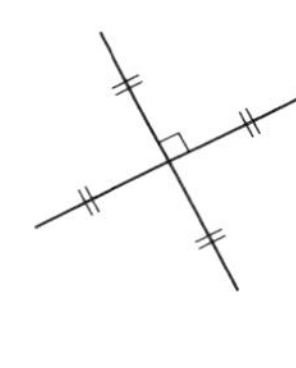

（　　）

❷

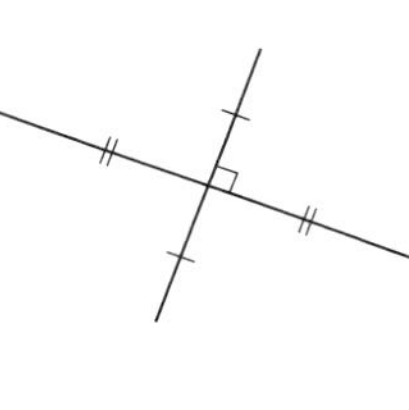

（　　）

❸

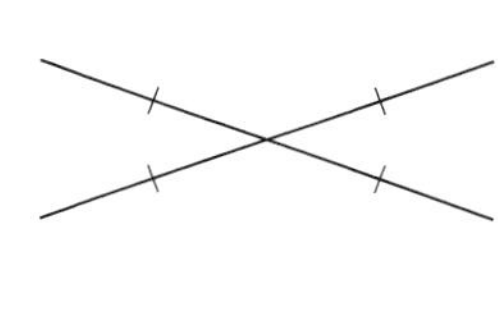

（　　）

4 下のような四角形を□の中にかきましょう。　1つ10〔20点〕

❶ 台形

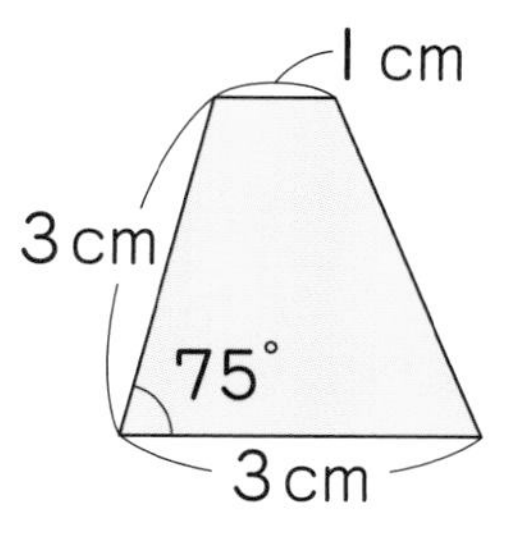

❷ ひし形

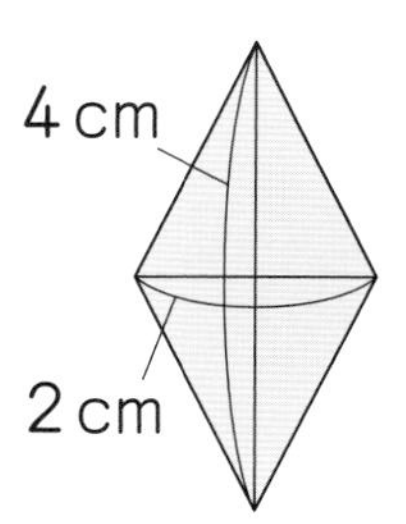

□平行な直線のせいしつを使って、長さや角度を求めることができたかな？
□いろいろな四角形がかけたかな？

まとめのテスト②

教科書 上 110～133ページ　答え 11ページ

時間 20分　とく点 /100点　おわったらシールをはろう

1 右の図を見て、答えましょう。　1つ8〔24点〕

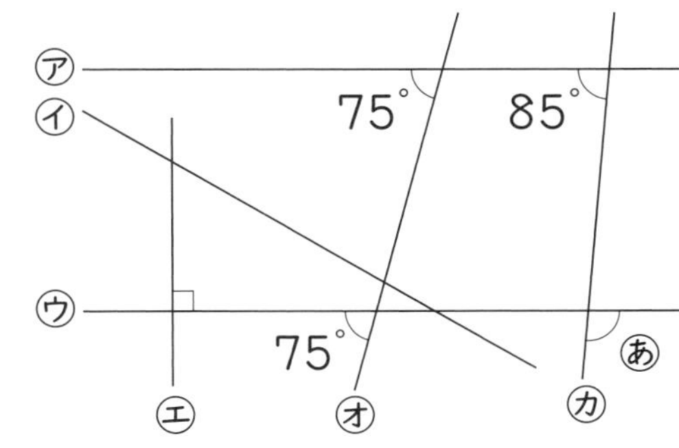

❶ 直線アに平行な直線、垂直な直線は、それぞれどれでしょうか。

平行（　　　　）　垂直（　　　　）

❷ あの角度は、何度でしょうか。　（　　　　）

2 右の四角形の中から、台形、平行四辺形、ひし形をすべて選んで記号で答えましょう。　1つ8〔24点〕

台形（　　　　）

平行四辺形（　　　　）

ひし形（　　　　）

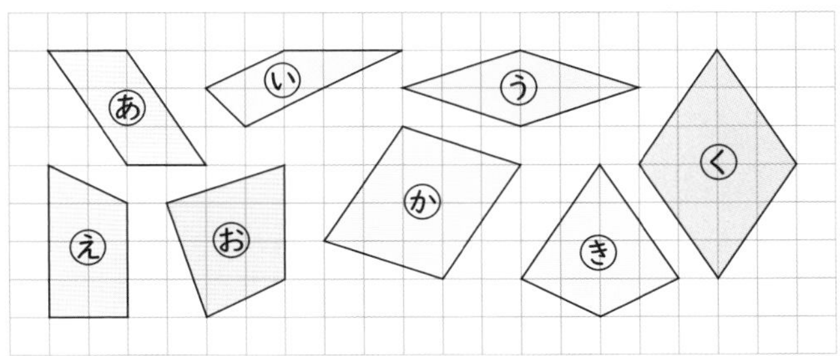

3 右の3つの点ア、イ、ウを頂点とする平行四辺形を1つかきましょう。　〔12点〕

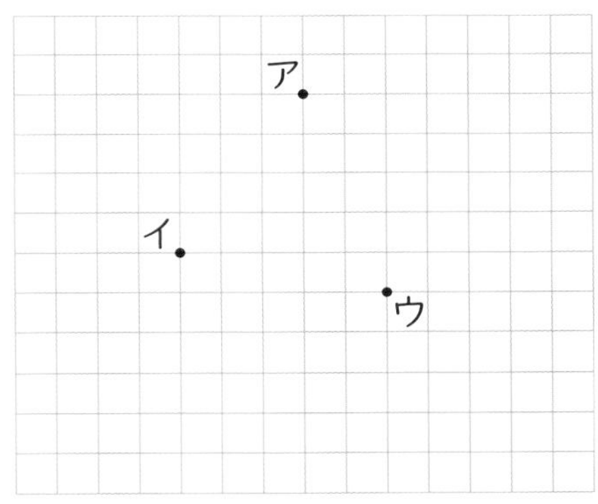

4 よく出る 次のような四角形を、下の□の中からすべて選んで、記号で答えましょう。　1つ10〔40点〕

❶ 向かい合った2組の辺が、それぞれ平行な四角形　（　　　　）

❷ 4つの辺の長さがすべて等しい四角形　（　　　　）

❸ 2つの対角線が垂直になっている四角形　（　　　　）

❹ 2つの対角線の長さが等しい四角形　（　　　　）

あ 正方形　い 長方形　う 台形　え 平行四辺形　お ひし形

チェック ✓
□四角形のなかま分けができたかな？
□3つの頂点が決まっている平行四辺形がかけたかな？

勉強した日　月　日

式と計算 ［その1］

きほんのワーク

学習の目標
×、÷、＋、－や（　）のまじった式の計算ができるようにしよう。

おわったらシールをはろう

教科書 ㊤134～139ページ　答え 11ページ

きほん1 「（　）を使った式」がわかりますか。

☆150円のりんごと120円のオレンジを買って500円出すと、おつりは何円でしょうか。（　）を使って1つの式に表して、答えを求めましょう。

とき方　りんごとオレンジをひとまとまりとして、代金は、（　）を使って（150＋□）円と表せます。

これを、次の言葉の式にあてはめると、

出したお金 － 全部の代金 ＝ おつり

500 － （150＋□） ＝ □

答え □円

たいせつ
（　）を使って、ひとまとまりにするものを表します。（　）のある式では、（　）の中をひとまとまりとみて、先に計算します。

1 250円のコンパス1つと180円の定規を1本買って、1000円出すと、おつりは何円でしょうか。（　）を使って1つの式に表して、答えを求めましょう。

教科書 135ページ 1

式

答え（　　　）

2 計算をしましょう。

教科書 135ページ 1

❶ 900－(140＋80)　　❷ 500－(300＋160)

きほん2 「×、÷と（　）がまじった式」の計算の順序が、わかりますか。

☆800÷(50＋150)を計算しましょう。

とき方　かけ算、わり算と、（　）がまじった式でも、（　）の中をひとまとまりとみて先に計算します。

800÷(50＋150)＝800÷□＝□
❶　❷

答え □

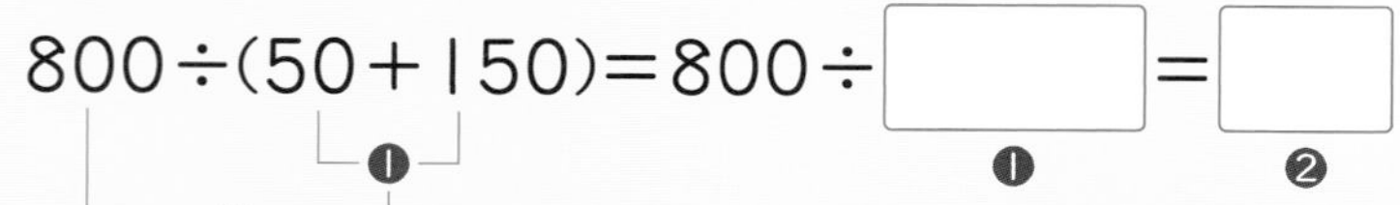

計算の順序で、＋と－だけの式や、×と÷だけの式は、＋と－はどちらが先ということはないし、×と÷も同じだから、左から順に計算していこう。

3 | こ 120 円のりんごと、| こ 25 円のみかんを | セットにして買います。870 円持っているとき、何セット買えるでしょうか。| つの式に表して、答えを求めましょう。

教科書 137ページ 2

式

答え（　　　　）

4 計算をしましょう。

教科書 137ページ 2

❶ 18×(16＋24)　❷ (98－42)÷8　❸ 630÷(6×5)

きほん3 「＋、－、×、÷がまじった式」の計算の順序がわかりますか。

☆32＋14÷2 を計算しましょう。

とき方 ＋、－、×、÷がまじった式では、(　)がなくてもかけ算やわり算を先に計算します。

32＋14÷2＝32＋□＝□

❶ 14÷2　❷ 32＋（❶）

答え □

計算の順序

- ふつうは、左から順に計算する。
- (　)のある式は、(　)の中を先に計算する。
- ＋、－、×、÷がまじっているときは、×や÷を先に計算する。

5 150 円のパンを | こと 90 円のパンを 3 こ買います。代金は何円になるでしょうか。| つの式に表して、答えを求めましょう。

教科書 138ページ 3

式

答え（　　　　）

6 計算をしましょう。

教科書 138ページ 3

❶ 20＋4×2　❷ 75－12×6　❸ 13－90÷15

7 計算をしましょう。

教科書 139ページ 4

❶ 8×6－4÷2　❷ 8×(6－4÷2)

❸ (8×6－4)÷2　❹ 8×(6－4)÷2

ポイント　2 つの式を | つに表すことができるようにします。また、×、÷、＋、－や（　）のまじった式の計算が正しくできるようにします。

勉強した日 月 日

式と計算 [その2]

きほんのワーク

学習の目標
計算のきまりを覚えて、くふうして計算できるようになろう。

おわったらシールをはろう

教科書 上 140～142ページ　答え 12ページ

きほん1 「分配のきまり」がわかりますか。

☆□にあてはまる等号か不等号を書きましょう。

(34－12)×8 □ 34×8－12×8

たいせつ
<分配のきまり>
(●＋▲)×■＝●×■＋▲×■
(●－▲)×■＝●×■－▲×■

とき方 (34－12)×8 は、( )の中から先に計算します。

(34－12)×8＝□×8＝□

34×8－12×8 は、×から先に計算します。

34×8－12×8＝□－□＝□

等しい

答え 上の問題中に記入

1 2つの式の答えが等しくなることをたしかめましょう。 教科書 140ページ 5・6

(200＋50)×6、200×6＋50×6

2 □にあてはまる記号を書いて、答えを求めましょう。 教科書 140ページ 5・6

(5－2)×6＝5□6－2□6

答え（ ）

きほん2 たし算のくふうができますか。

☆36＋85＋64 をくふうして計算しましょう。

とき方 交かんや結合のきまりをうまく使います。

36＋85＋64＝85＋36＋64
＝85＋(36＋64)
＝85＋□＝□

たいせつ
<交かんのきまり>
●＋▲＝▲＋●
<結合のきまり>
(●＋▲)＋■＝●＋(▲＋■)

答え □

3 くふうして計算しましょう。 教科書 142ページ 7

❶ 48＋71＋29　❷ 86＋57＋43　❸ 78＋64＋22

さんすうはかせ
「交かんのきまり」を「交換法則」、「結合のきまり」を「結合法則」、「分配のきまり」を「分配法則」ともいうよ。

きほん 3　分配のきまりを使って、計算のくふうができますか。

☆くふうして計算しましょう。　❶ 99×7　❷ 27×4＋73×4

とき方　分配のきまりを使って、くふうして計算します。

❶ 99＝100－1 だから、

99×7＝(100－1)×7

　　＝□×7－1×7　（(●－▲)×■＝●×■－▲×■ を使う。）

　　＝□－7＝□

❷ 27×4＋73×4　（(●＋▲)×■＝●×■＋▲×■ を反対に使う。）

＝(27＋□)×4

＝□×4＝□

答え　❶ □　❷ □

4 くふうして計算しましょう。　教科書 142ページ 7

❶ 99×9　❷ 35×99　❸ 102×8

❹ 58×7＋42×7　❺ 24×9＋56×9　❻ 87×16－37×16

きほん 4　25×4＝100 に目をつけて、計算のくふうができますか。

☆25×36 をくふうして計算しましょう。

とき方　36 を(4×9)とみると、

25×4＝□ が使えます。

25×36＝25×(4×9)

　　＝(25×4)×9

　　＝□×9＝□

答え　□

たいせつ

<交かんのきまり>

●×▲＝▲×●

<結合のきまり>

(●×▲)×■＝●×(▲×■)

5 くふうして計算しましょう。　教科書 142ページ 7

❶ 23×25×4　❷ 28×25　❸ 35×18

ポイント　計算のきまりをうまく使うと、計算が楽になって、まちがいもへらすことができます。問題の特(とく)ちょうに目をつけて、計算をくふうしましょう。

勉強した日 月 日

練習のワーク

教科書 上 134〜144、156ページ　答え 12ページ

できた数 /13問中

1 計算の順序　計算をしましょう。

1. 400−(300−45)
2. 360+(240−80)
3. 5×(4+18)
4. 4+16×5
5. 500−200÷25
6. (72−48)÷6×5

2 1つの式に表す　次の問題を、それぞれ1つの式に表して、答えを求めましょう。

1. 1まい40円の工作用紙を3まい買って、200円出しました。おつりは何円でしょうか。

式

答え（　　　）

2. 1箱8こ入りのキャンディーを4箱買ったら、代金は800円でした。キャンディー1このねだんは何円でしょうか。

式

答え（　　　）

3 答えにあう式づくり　□に+、−、×、÷の記号を入れて、式が成り立つようにしましょう。

4−4□4□4=7

4 わり算のきまり　60÷2=30を使って、次の計算をしましょう。

1. 600÷2
2. 60÷20

5 計算のきまり　くふうして計算しましょう。

1. 84+67+16
2. 25×32

てびき

1 計算の順序

たいせつ

- ふつうは、**左から順に計算**します。
- (　)のある式は、**(　)の中を先に**計算します。
- ×や÷は、+や−より先に計算します。

4 わり算のきまり

1. わられる数を10倍すると、商も10倍になります。
2. わる数を10倍すると、商は$\frac{1}{10}$になります。

5 計算のきまり

<交かんのきまり>
●+▲=▲+●
●×▲=▲×●

<結合のきまり>
(●+▲)+■
=●+(▲+■)
(●×▲)×■
=●×(▲×■)

<分配のきまり>
(●+▲)×■
=●×■+▲×■
(●−▲)×■
=●×■−▲×■

できるナビ　計算のきまりを覚え、正しい順序で計算ができるようにしましょう。

まとめのテスト

教科書 ㊤134〜144ページ　答え 12ページ

1 よく出る 計算をしましょう。　1つ6〔36点〕

❶ 17−(9+2)　　❷ 72÷(6×2)

❸ (35+6)×8　　❹ 29×6−84÷7

❺ 25+(30−25)×6　　❻ (14+24÷4)×3

2 くふうして計算しましょう。　1つ6〔24点〕

❶ 76+57+24　　❷ 98×14

❸ 27×53−27×43　　❹ 4×78×25

3 次の❶、❷の式で表される場面を、下のⓐからⓤの中から選(えら)びましょう。　1つ6〔12点〕

❶ 100−20×4（　　）　❷ (100−20)×4（　　）

㋐ 100円の品物を1こにつき20円安く買ったときの、4こ分の代金
㋑ 100円の品物を20こより4こ少なく買ったときの代金
㋒ 20円の品物を4こ買って、100円玉を出したときのおつり

4 よく出る 次の問題を、それぞれ1つの式に表して、答えを求めましょう。　1つ7〔28点〕

❶ 230円のコンパス1こと、1本70円のえんぴつを4本買いました。代金は何円になるでしょうか。

式

答え（　　）

❷ 720円のケーキ1こと180円のジュース1本を買いました。3人で代金を等分すると、1人分は何円になるでしょうか。

式

答え（　　）

ふろくの「計算練習ノート」14〜15ページをやろう！

□正しい順序で計算することができたかな？
□計算のきまりを使って、くふうして計算ができたかな？

勉強した日　月　日

面 積 [その1]

きほんのワーク

学習の目標
面積を数で表す方法を覚え、計算で求められるようになろう。

おわったら シールを はろう

教科書 ㊦ 4～11ページ　答え 13ページ

きほん1 広さを表すことができますか。

☆右の色がついた部分は㋐と㋑のどちらが広いでしょうか。ただし、方眼（ほうがん）の１めもりは１cmです。

㋐ ㋑

とき方　広さのことを 面積（めんせき） といいます。

１辺（いっぺん）が１cmの正方形の面積を $1\,cm^2$ と書き、１平方（へいほう）センチメートルといいます。

このように考えると、ななめに切られている部分はあわせて $1\,cm^2$ の正方形１こ分になることがわかるね。

㋐は、$1\,cm^2$ の正方形が［　］こ分で、［　］cm^2

㋑は、$1\,cm^2$ の正方形が［　］こ分と、ななめに切られている部分の $1\,cm^2$ の正方形［　］こ分をあわせて［　］cm^2

答え［　］

1 方眼の１めもりは１cmです。右の㋐と㋑の面積は、それぞれ何 cm^2 でしょうか。　教科書 5ページ 1

㋐ (　　　　) ㋑ (　　　　)

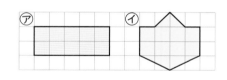

きほん2 「長方形や正方形の面積」を計算で求めることができますか。

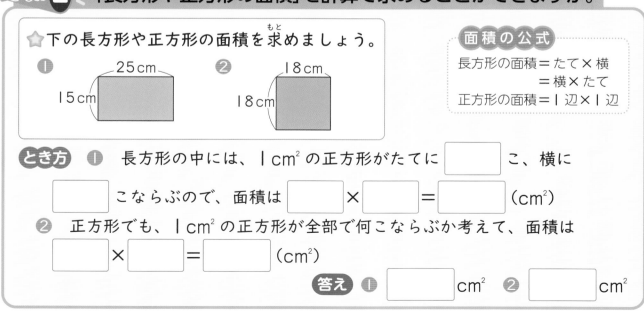

☆下の長方形や正方形の面積を求（もと）めましょう。

❶ 25cm、15cm

❷ 18cm、18cm

面積の公式
長方形の面積＝たて×横
＝横×たて
正方形の面積＝１辺×１辺

とき方 ❶ 長方形の中には、$1\,cm^2$ の正方形がたてに［　］こ、横に［　］こならぶので、面積は［　］×［　］＝［　］(cm^2)

❷ 正方形でも、$1\,cm^2$ の正方形が全部で何こならぶか考えて、面積は［　］×［　］＝［　］(cm^2)

答え ❶［　］cm^2 ❷［　］cm^2

面積の公式のように、公式とは、どんなときにでもあてはめて使うことができる式のことをいうよ。

2 次の長方形や正方形の面積を、公式を使って求めましょう。 教科書 8ページ 2 9ページ 3

❶ たてが 12cm、横が 24cm の長方形

式

答え（　　　　）

❷ 1辺が 30cm の正方形

式

答え（　　　　）

きほん3 「大きな面積の表し方」がわかりますか。

☆たてが 5m、横が 4m の長方形の形をした部屋の面積を求めましょう。

とき方　長さの単位（たんい）が m の長方形の面積を表すには、1辺が 1m の正方形の面積を単位にし、$1\,m^2$ の正方形が何こあるかを考えます。

面積は □×□＝□（m^2）

答え □ m^2

大きな面積を cm^2 で表すと、数が大きくなってわかりにくくなるから、広さに合った面積の単位を使っていくよ。

たいせつ

1辺が 1m の正方形の面積が **$1\,m^2$（1 平方メートル）**です。

$1\,m^2 = 1\,m \times 1\,m$

$= 100\,cm \times 100\,cm = 10000\,cm^2$

3 次の面積を求めましょう。 教科書 10ページ 4

❶ たてが 10m、横が 8m の長方形の形をした教室の面積

式

答え（　　　　）

❷ 1辺が 7m の正方形の形をした花だんの面積

式

答え（　　　　）

4 次の長方形の面積は何 cm^2 でしょうか。また、何 m^2 でしょうか。 教科書 11ページ 6

❶ たてが 250cm、横が 2m の長方形

式

答え（　　　　、　　　　）

❷ たてが 5m、横が 160cm の長方形

式

答え（　　　　、　　　　）

辺の長さの単位がちがうときは、単位をそろえてから面積の公式にあてはめればいいね。この問題では、cm にそろえればいいんだよ。

ポイント 辺の長さが cm のとき、面積の単位は cm^2 です。また、辺の長さが m のとき、面積の単位は m^2 です。cm^2 を m^2 で表すときは、10000 でわります。

勉強した日　月　日

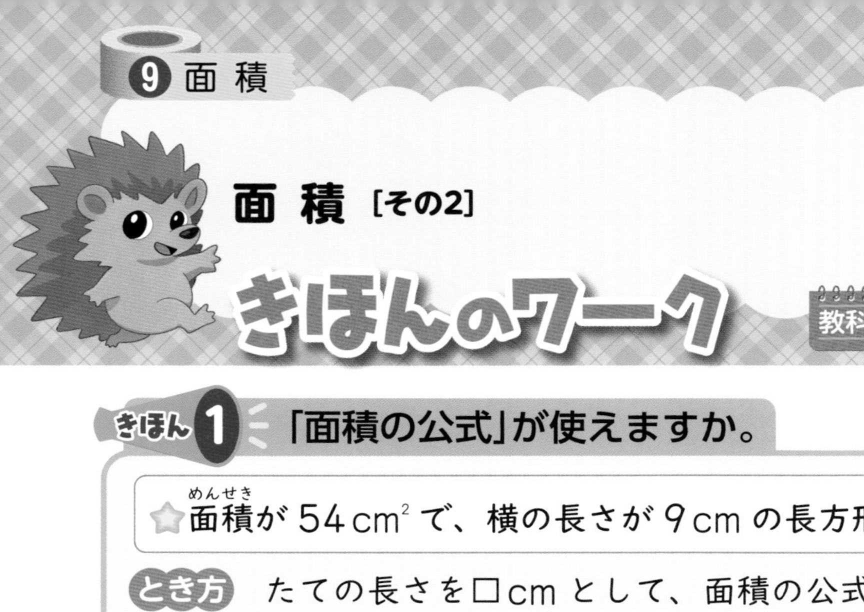

学習の目標
いろいろな面積を計算で求められるようになろう。

おわったらシールをはろう

教科書 ㊦ 12〜19ページ　答え 13ページ

きほん1 「面積の公式」が使えますか。

☆面積が $54\,cm^2$ で、横の長さが 9 cm の長方形のたての長さを求めましょう。

とき方 たての長さを□cm として、面積の公式にあてはめて式を書き、□にあてはまる数を求めます。

□×9＝54　　□＝54÷［　］＝［　］　　**答え** ［　］cm

1 次の長さを求めましょう。　教科書 12ページ 7

❶ 面積が $35\,cm^2$ で、たての長さが 5 cm の長方形の横の長さ

式

答え（　　　）

❷ 1 辺が 6 cm の正方形と同じ面積で、横の長さが 4 cm の長方形のたての長さ

式

答え（　　　）

きほん2 「もっと大きな面積の表し方」がわかりますか。

☆たてが 4 km、横が 6 km の長方形の形をした町の面積を求めましょう。

とき方 都道府県や市町村のような広いところの面積を表すには、1 辺が 1 km の正方形の面積を単位にし、$1\,km^2$ の正方形が何こあるかを考えます。面積は

［　］×［　］＝［　］(km^2)

答え ［　］km^2

たいせつ
$1\,km^2$（1 平方キロメートル）＝1 km×1 km
＝1000 m×1000 m＝**$1000000\,m^2$**

2 南北 3 km、東西 4 km の長方形の形をした森林の面積は何 km^2 でしょうか。また、何 m^2 でしょうか。　教科書 13ページ 8・9

式

答え（　　　、　　　）

$1\,m^2$、1 a、1 ha、$1\,km^2$ のそれぞれの面積を表す正方形の 1 辺の長さは、順に 10 倍の大きさになっていて、その面積は、順に 100 倍の大きさになっているよ。

きほん3 「アールやヘクタール」がわかりますか。

☆たてが150m、横が400mの長方形の形をしたりんご園の面積は何m^2でしょうか。また、何a、何haでしょうか。

とき方 1辺が10mの正方形の面積(10m×10m＝100m^2)を 1a (1アール)、1辺が100mの正方形の面積(100m×100m＝10000m^2)を 1ha (1ヘクタール)といいます。水田や畑のような土地の面積は、a、haの単位で表すこともあります。面積は

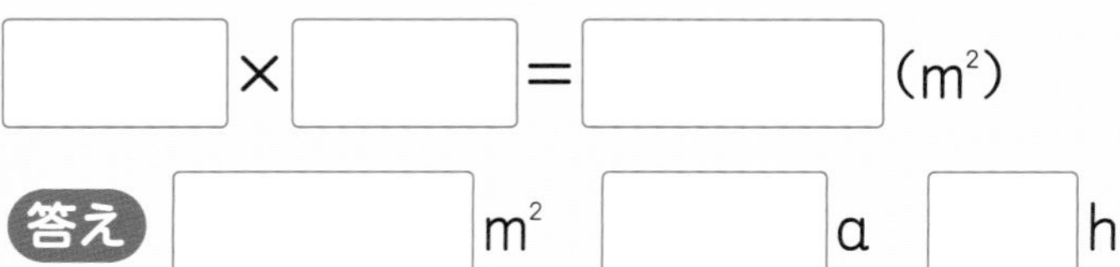
□×□＝□(m^2)

答え □m^2 □a □ha

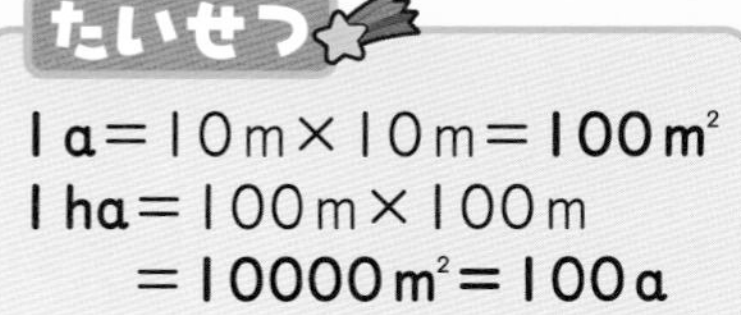
たいせつ
1a＝10m×10m＝100m^2
1ha＝100m×100m
＝10000m^2＝100a

3 1辺が800mの正方形の形をした公園の面積は何aでしょうか。また、何haでしょうか。 教科書 14〜16ページ

式

答え（　　　、　　　）

きほん4 「いろいろな図形の面積の求め方」がわかりますか。

☆下の図形の面積を求めましょう。

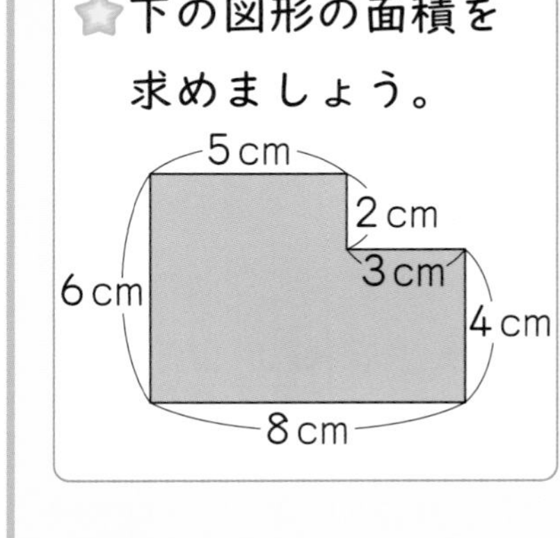

とき方 長方形や正方形に分けて考えるか、ないところをあるとみたりして、長方形や正方形にして考えます。

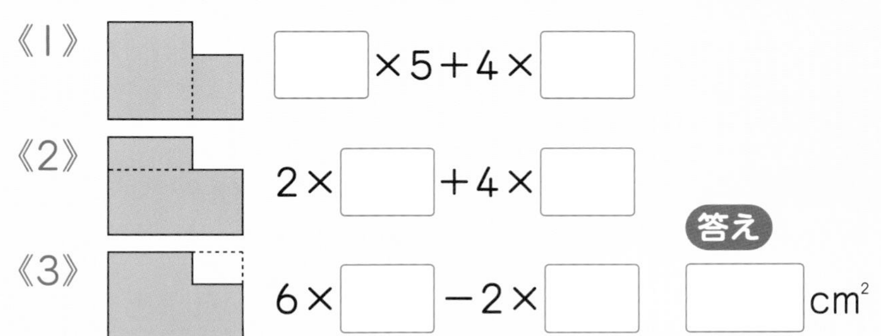
《1》 □×5＋4×□

《2》 2×□＋4×□

《3》 6×□－2×□

答え □cm^2

4 下の図形の面積の求め方を、❶〜❸の式のように考えました。どのように考えたか、図の中に点線をかきましょう。 教科書 17ページ 14

❶ 10×9＋5×20 ❷ 15×20－10×11 ❸ 15×9＋5×11

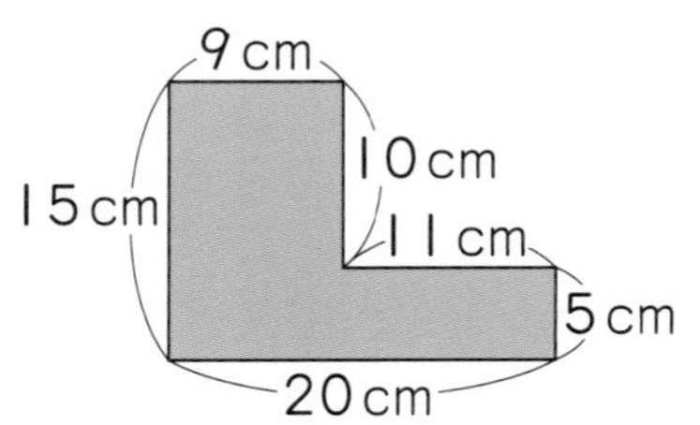

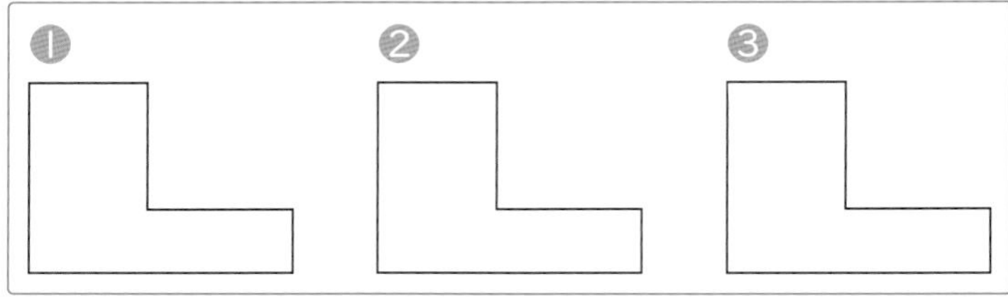

ポイント 大きな面積の単位(m^2、a、ha、km^2)をきちんと覚(おぼ)えよう。また、いろいろな形の面積を求めるときは、正方形や長方形に分けたり、ないところをあるとみたりして求めるようにしましょう。

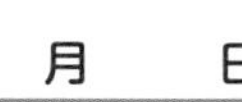

練習のワーク

教科書 下 4〜24ページ　答え 13ページ

できた数　/6問中

おわったらシールをはろう

1 長方形や正方形の面積　次の面積を〔　〕の中の単位で求めましょう。

❶ 1辺が16cmの正方形〔cm^2〕

式

答え（　　　）

❷ たてが3m、横が8mの長方形の形をした土地〔m^2〕

式

答え（　　　）

❸ たてが2m、横が80cmの長方形の形をしたテーブル〔cm^2〕

式

答え（　　　）

2 面積の単位　1辺が200mの正方形の形をした野球場の面積は何aでしょうか。また、何haでしょうか。

式

答え（　　　、　　　）

3 面積の公式の利用　面積が36cm^2で、横の長さが9cmの長方形の形をしたカードのたての長さは何cmでしょうか。

式

答え（　　　）

4 いろいろな図形の面積　右の図形の面積を求めましょう。

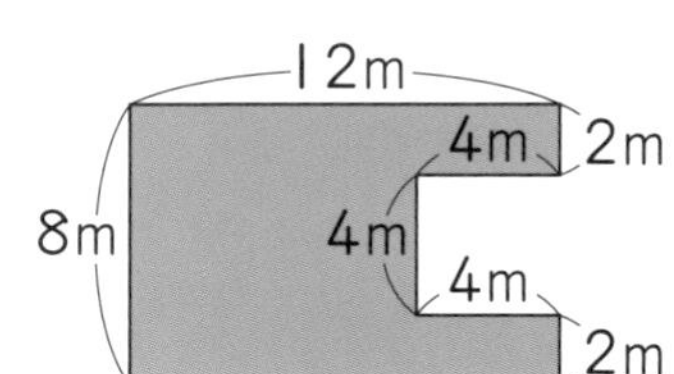

式

答え（　　　）

てびき

1 長方形や正方形の面積の公式

たいせつ

長方形の面積
＝たて×横
＝横×たて
正方形の面積
＝1辺×1辺

2 面積の単位

たいせつ

$1m^2=1m\times1m$
$1a=10m\times10m=100m^2$
$1ha=100m\times100m$
$=10000m^2=100a$
$1km^2=1km\times1km$
$=1000m\times1000m$
$=1000000m^2$
$=10000a=100ha$

3 たての長さを□cmとして、面積の公式にあてはめると□×9＝36になります。

4 いろいろな図形の面積
長方形の面積から、へこんだ部分の面積をひいて求めます。

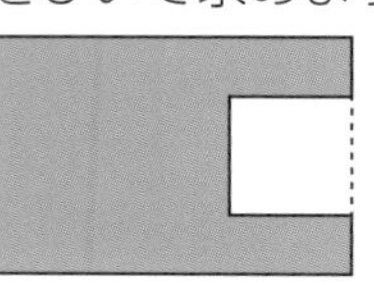

できるナビ　広さに合わせた面積の単位を選んだり、いろいろな形の面積をくふうして求められるようにしましょう。

時間 20分

とく点 /100点

おわったら シールを はろう

1 よく出る 次の面積を〔 〕の中の単位で求めましょう。 1つ7〔42点〕

❶ たてが 80cm、横が 1m の長方形の形をしたつくえ〔cm^2〕

式

答え（ ）

❷ たてが 25m、横が 12m の長方形の形をしたプール〔a〕

式

答え（ ）

❸ 1辺が 700m の正方形の形をした土地〔ha〕

式

答え（ ）

2 下のあからえの中で、面積が約（やく）450cm^2 のものを選びましょう。 〔10点〕

あ 切手　い 教科書の表紙　う 黒板　え 教室

（ ）

3 次のような図形の色がついた部分の面積を求めましょう。 1つ8〔32点〕

❶

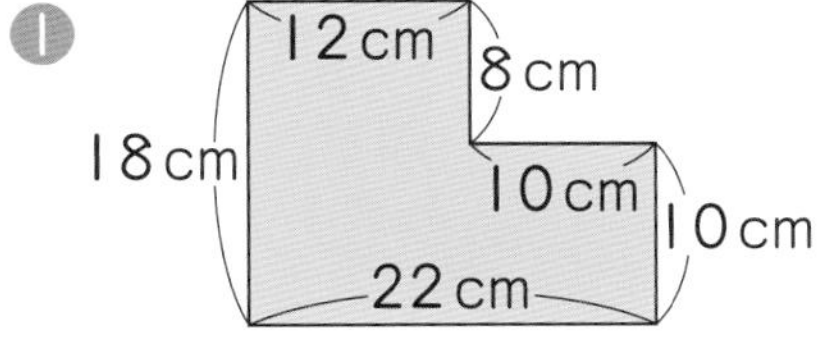

❷

12m
3m
3m
15m

式

答え（ ）

式

答え（ ）

4 右のような長方形と面積が同じ長方形があります。この長方形の横の長さが 16cm のとき、たての長さは何cm でしょうか。 1つ8〔16点〕

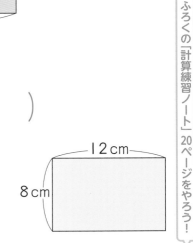

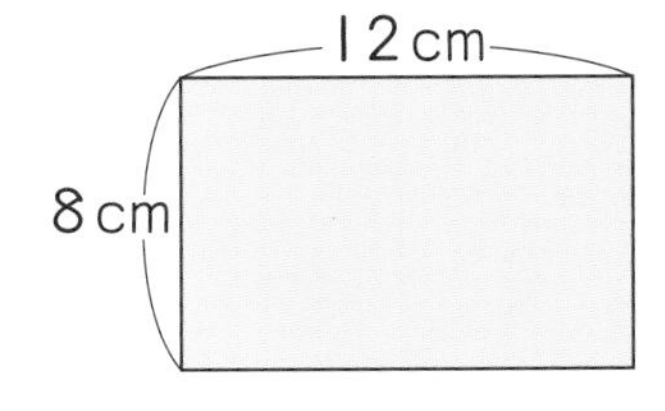

式

答え（ ）

ふろくの「計算練習ノート」20ページをやろう！

□ 長方形や正方形の面積を求めることができたかな？
□ 面積の公式を使って、いろいろな図形の面積を求めることができたかな？

勉強した日　月　日

整理のしかた

きほんのワーク

学習の目標
記録を見やすく整理するしかたを身につけるようにしよう。

おわったらシールをはろう

教科書 ㊦ 26～33ページ　答え 14ページ

きほん1 「2つの事がらを1つに整理した表のかき方」がわかりますか。

☆右の表は、みさきさんの学校で、6月にけがをした人を記録したものです。これを、けがの種類とけがをした場所がわかる1つの表に整理します。下の表を完成させましょう。

けが調べ（6月）

クラス	けがの種類	場所	クラス	けがの種類	場所
4	切りきず	校庭	2	打ぼく	体育館
2	打ぼく	校庭	1	切りきず	教室
2	打ぼく	校庭	4	打ぼく	体育館
3	すりきず	教室	3	切りきず	ろう下
1	打ぼく	体育館	1	すりきず	教室
2	切りきず	校庭	4	すりきず	校庭
4	すりきず	校庭	2	すりきず	校庭
3	打ぼく	校庭	1	ねんざ	ろう下
4	切りきず	教室	3	すりきず	校庭
2	ねんざ	体育館	4	切りきず	教室
3	すりきず	教室	2	打ぼく	校庭
4	切りきず	教室	2	すりきず	教室
3	切りきず	ろう下	1	すりきず	校庭
1	切りきず	教室	4	ねんざ	体育館
1	打ぼく	体育館	2	すりきず	校庭
2	すりきず	教室	1	切りきず	教室

けがの種類と場所　（人）

けがの種類＼場所	校庭	教室	ろう下	体育館	合計
すりきず					
打ぼく					
切りきず					
ねんざ					
合計					

とき方　上の表では、たてにけがの種類、横にけがをした場所が書いてあります。例えば、すりきずを校庭でした人の数は、それぞれの事がらを横とたてで見て、交わったところに［　］と書きます。また、校庭でけがをした人の数の合計は［　］人です。

数えたところには、✓と印をつけておこう。

答え　上の表に記入

1 きほん1の右側の表を、けがをした場所とクラスがわかる1つの表に整理しましょう。また、けがをした人がいちばん多いのは何組でしょうか。　教科書 27ページ 1

けがをした場所とクラス　（人）

場所＼クラス	1	2	3	4	合計
校庭					
教室					
ろう下					
体育館					
合計					

（　　　）

日本では、数を数えるときに「正」の字を書くけれど、アメリカでは | を使って、1、2、3、4を数え、5つ目が横線になるよ。3→||| 5→𝍸 9→𝍸||||

きほん2 「4つに分類した表」がわかりますか。

☆左の表は、まさるさんのはんの８人について、足かけ上がりとさか上がりができるかどうかを調べたものです。これを、４つに分類（ぶんるい）して右のような表に整理しましょう。

足かけ上がり、さか上がり調べ

種目（しゅもく）＼名前	まさる	つとむ	きよし	じろう	ひろし	さとし	よしお	たけお
足かけ上がり	○	×	○	○	×	○	×	○
さか上がり	×	×	○	○	○	×	○	○

（○…できる、×…できない）

足かけ上がり、さか上がり調べ　（人）

		さか上がり		合計
		できる	できない	
足かけ上がり	できる	あ	い	う
	できない	え	お	か
合計		き	く	け

とき方　右の表のあ、い、え、おには、それぞれ次の人数が入ります。

あ…足かけ上がりもさか上がりもできる人数

い…足かけ上がりができて、さか上がりができない人数

え…足かけ上がりができなくて、さか上がりができる人数

お…足かけ上がりもさか上がりもできない人数

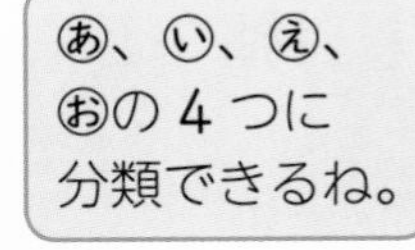

また、うには足かけ上がりができる人数（あといの和）、かには足かけ上がりができない人数（えとおの和）、きにはさか上がりができる人数（あとえの和）、くにはさか上がりができない人数（いとおの和）が入ります。

さらに、けには全体の人数の８（うとかの和、きとくの和）が入ります。

答え　上の表に記入

2　４年１組で、あやとびと二重とびができるかどうかを調べて、左の表に整理しました。次の人数を求（もと）めましょう。

教科書 31ページ 2

なわとび調べ　（人）

		二重とび		合計
		できる	できない	
あやとび	できる	16	7	
	できない	3	2	
合計				

❶ どちらもできない人数

（　　　　　）

❷ あやとびができる人数

（　　　　　）

❸ 二重とびだけができる人数

（　　　　　）

❹ ４年１組の人数

（　　　　　）

ポイント　集めた記録を、１つの表に整理することがあります。１つの表にすることによって、様子がわかりやすくなります。

勉強した日　月　日

練習のワーク

教科書 ㊦ 26～37ページ　答え 14ページ

できた数　/5問中

おわったら シールを はろう

1 整理のしかた　下の表は、たけしさんのクラスの男子と女子の書き取りテストの点数を表したものです。

男子	9	8	10	7	8	9	7	10
	8	7	6	10	8	8		
女子	8	9	10	7	9	10	8	9
	7	7	10	10	8	9	9	

❶ 男子と女子の人数はそれぞれ何人でしょうか。

男子（　　　　）　女子（　　　　）

❷ 下の表に整理しましょう。

書き取りテストの点数　（人）

男女＼点数	10点	9点	8点	7点	6点	合計
男子						
女子						
合計						

❸ 男子で人数がいちばん多かった点数は、何点でしょうか。

（　　　　）

2 4つに分類した表　しんやさんの組で、にんじんとピーマンについて好きかどうかを調べました。しんやさんの組の人数は、32人です。

にんじんが好きな人…15人
ピーマンが好きな人…11人
どちらもきらいな人…9人

この結果を、右の表に整理しましょう。

食べ物調べ　（人）

		ピーマン		合計
		好き	きらい	
にんじん	好き			
	きらい			
合計				

てびき

1 整理のしかた
2つの事がらを表にわかりやすく整理します。

ちゅうい
表にするときは、もれや重なりがないように気をつけながら、順序よく数えていきます。数えたものに印をつけるなどくふうしてみましょう。

たて方向や横方向の合計数が全体の数と同じになっているかもたしかめるようにしましょう。

2 下の★に入る数は、問題文からわかります。残りは計算で求めましょう。

		ピーマン		合計
		好き	きらい	
にんじん	好き			★
	きらい		★	
合計		★		★

できるナビ　2つの事がらを1つの表に整理するときは、何に目をつけるのかをよく考え、もれや重なりに注意しましょう。

まとめのテスト

教科書 ㊦26〜37ページ　答え 14ページ

とく点　/100点

おわったら シールを はろう

1 よく出る まもるさんは、児童館にいた小学生たちに、名前と学年と生まれた季節(12月〜2月生まれなら冬、3月〜5月生まれなら春、6月〜8月生まれなら夏、9月〜11月生まれなら秋)を書いて出してもらいました。

❶35❷15〔50点〕

こうじ	4年	春	えりか	6年	夏	けんた	1年	冬	まもる	4年	夏	かつや	5年	秋
さゆり	6年	冬	たかし	4年	春	さとし	2年	秋	ゆうか	3年	冬	まみ	3年	夏
みなよ	5年	冬	はなえ	5年	夏	のぼる	4年	冬	れいな	2年	春	ゆかり	6年	夏
まなぶ	4年	春	ゆき	5年	春	ひろき	6年	秋	みみ	3年	夏	まお	5年	冬
くみ	4年	秋	せいじ	4年	秋	さやか	5年	夏	かずき	3年	春	ともや	6年	春

❶ 生まれた季節と学年を右の表に整理しましょう。

生まれた季節調べ　(人)

季節＼学年	1年	2年	3年	4年	5年	6年	合計
春							
夏							
秋							
冬							
合計							25

❷ ❶の表を見て、人数がいちばん多いのは、どの季節の何年か答えましょう。

(　　　　　　　　)

2 よく出る 左の表は、たけるさんのはんの10人について、伝記と科学読み物が好きかどうかを調べたものです。

❶35❷15〔50点〕

本調べ

	1	2	3	4	5	6	7	8	9	10
伝記	○	○	×	×	○	○	○	×	×	×
科学読み物	○	×	○	○	×	○	○	○	×	○

(○…好き、×…きらい)

本調べ　(人)

		科学読み物 好き	科学読み物 きらい	合計
伝記	好き	あ	い	う
伝記	きらい	え	お	か
合計		き	く	け

❶ 右の表は、上の表を4つに分類して整理したものです。表のあいているところに、あてはまる数を書きましょう。

❷ たけるさんは右の表のあに、ゆりさんはえに、ふみやさんはおに入るそうです。上の表の9の人は、たけるさん、ゆりさん、ふみやさんのうちだれでしょうか。

(　　　　　　　　)

□集めた記録を1つの表に整理できたかな？
□表を正しくよみとることができたかな？

勉強した日　月　日

くらべ方
きほんのワーク

学習の目標
何倍かを求めたり、もとにする大きさを求めたりしよう。

おわったらシールをはろう

教科書 ㊦38～45ページ　答え 14ページ

きほん 1 「何倍かを求める計算のしかた」がわかりますか。

☆ビルの高さは 42 m で、電柱の高さは 6 m です。ビルの高さは、電柱の高さの何倍でしょうか。

とき方 《1》42 m は 6 m のいくつ分かを考えるから、わり算で求めます。

42÷□＝□

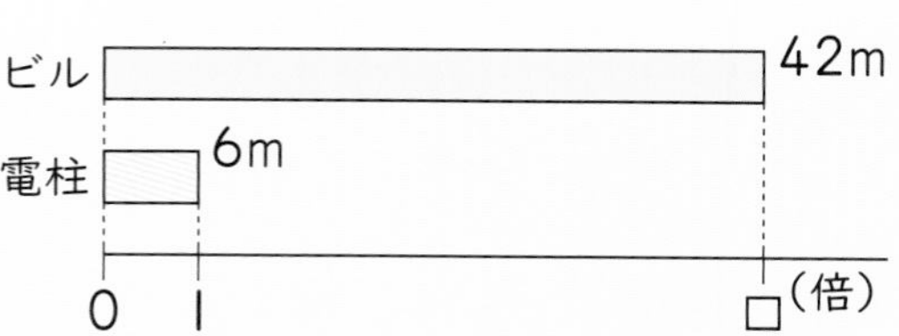

《2》6 m の□倍が 42 m だから、

6×□＝42

□にあてはまる数を求めると、

□÷6＝□

答え □ 倍

7倍というのは、6 m を 1 とみたとき、42 m が 7 にあたることを表しているんだよ。

1 けんじさんは 36 本、ゆうきさんは 4 本の色えんぴつを持っています。けんじさんは、ゆうきさんの何倍の色えんぴつを持っているでしょうか。

教科書 39ページ 1

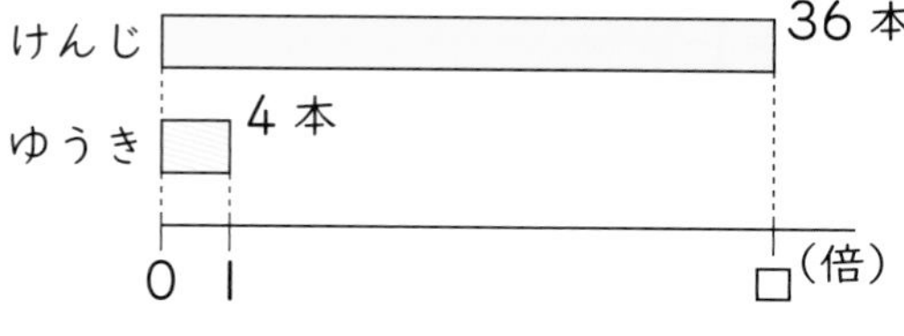

式

答え（　　　　）

きほん 2 「もとにする大きさを求める計算のしかた」がわかりますか。

☆みさきさんの体重は 30 kg で、半年前に生まれた妹の体重の 5 倍になります。妹の体重は何 kg でしょうか。

とき方 妹の体重を□kg として、かけ算の式に表すと、

□×5＝□ （妹の体重×5＝みさきさんの体重）

みさき 30kg
妹 □kg
0　1　5(倍)

□にあてはまる数を求めると、□÷5＝□

答え □ kg

1 つの数をもとにして、くらべるもう 1 つの数が何倍かを考えるときや、1 とみた数を求めるときにも「わり算」を使って計算するよ。

2 物語の本のページ数は 84 ページで、絵本のページ数の 7 倍になります。絵本は何ページでしょうか。 教科書 41ページ 2

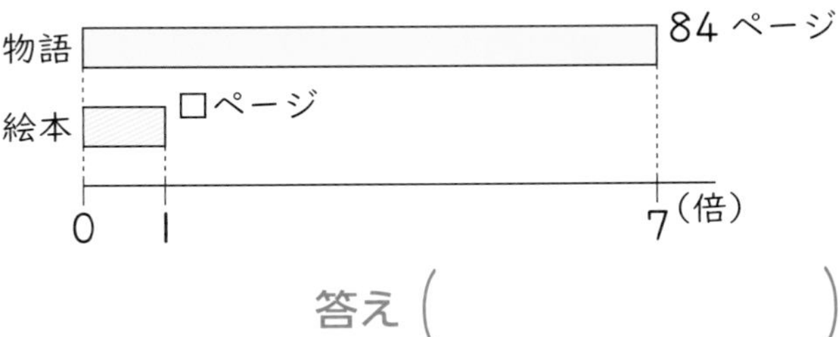

式

答え（　　　　　）

きほん 3 数量の変わり方を割合でくらべることができますか。

☆あるスーパーでは、にんじん 1 本のねだんが 25 円から 75 円に、ほうれん草のねだんが 50 円から 100 円に値上（ねあ）がりしました。

❶ にんじんとほうれん草の「もとのねだん」と「値上がり後のねだん」の差（さ）に、ちがいは「ある・ない」のどちらでしょうか。

❷ にんじんとほうれん草について、それぞれ「もとのねだん」と「値上がり後のねだん」は、何倍の関係（かんけい）になっているでしょうか。

とき方 ❶ にんじんのもとのねだんと値上がり後のねだんの差は、

75－25＝50 より、□円、ほうれん草のもとのねだんと値上がり後のねだんの差は、□－□＝□より、□円です。

❷ にんじんとほうれん草の「もとのねだん」と「値上がり後のねだん」の関係を図に表すと、

にんじん

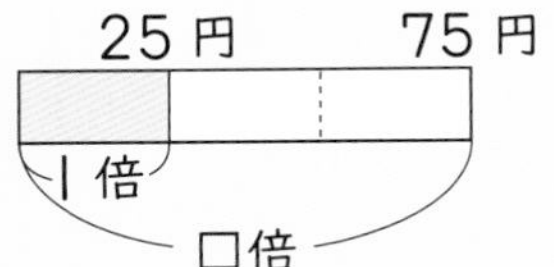

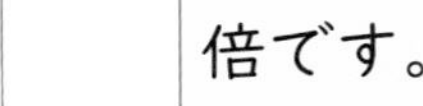
75÷25＝3 より、

□倍です。

たいせつ
もとにする量（りょう）を 1 とみたとき、もう一方の量がどれだけにあたるかを表した数を、**割合（わりあい）**といいます。

ほうれん草

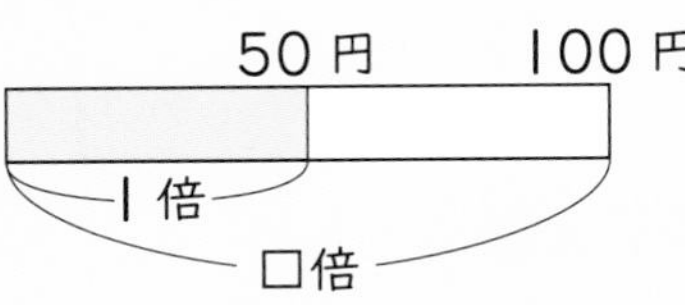

□÷□＝□より、

□倍です。

答え ❶ □　❷ にんじん…□倍　ほうれん草…□倍

3 きほん 3 のとき、にんじんとほうれん草では、どちらのほうが値上がりしたといえるでしょうか。 教科書 43ページ 3

「もとのねだん」と「値上がり後のねだん」の差は同じだけど、「もとのねだん」がちがうから、割合（倍）を使ってくらべればいいね。

（　　　　　）

きほん 3 のように、にんじんとほうれん草のねだんをくらべるとき、もとのねだんと値上がり後のねだんの差が同じでも、上がり方は同じとはいえないので、何倍になっているか（割合）を考えましょう。

勉強した日　月　日

練習のワーク

教科書 ㊦38～46ページ　答え 14ページ

できた数　/5問中

おわったらシールをはろう

1 割合　赤、青、黄の３本のゴムひもをいっぱいまでのばした長さは、下の表のとおりです。

	もとの長さ(cm)	いっぱいまでのばした長さ(cm)
赤	13	39
青	14	28
黄	16	32

❶ 同じのび方をしているのは、どのゴムひもとどのゴムひもでしょうか。割合(わりあい)を使ってくらべましょう。

(　　　　)

❷ 赤のゴムひもと同じゴムひもを、10cmの長さに切り取りました。いっぱいまでのばすと、何cmになるでしょうか。

(　　　　)

2 くらべ方　ある遊園地と動物園の、1970年と2020年の子ども１人の入場料は、下の表のとおりです。

	1970年	2020年
遊園地	200円	800円
動物園	150円	750円

❶ それぞれ、1970年の入場料を１とみたとき、2020年の入場料はいくつにあたるでしょうか。

遊園地(　　　　)

動物園(　　　　)

❷ どちらの入場料のほうが値上(ねあ)がりしたといえるでしょうか。

(　　　　)

1 割合

❶いっぱいまでのばしたとき、それぞれのゴムひもが、もとの長さの何倍にのびているかを計算してくらべます。

たいせつ

割合…もとにする量(りょう)を１とみたとき、もう一方の量がどれだけにあたるかを表した数。

❷赤のゴムひもは、もとの長さの何倍にのびるかを考えます。

2 くらべ方

❷もとにする量を１とみたとき、もう一方の量がどれだけにあたるかを表す数(割合)が大きいのはどちらかを考えます。

できるナビ　もとにする量を１とみたとき、もう一方の量がどれだけにあたるかを考えてくらべましょう。

まとめのテスト

教科書 ㊦ 38〜46ページ　答え 15ページ

1 ある店では、りんごとももののねだんが次のように値上がりしました。　1つ10〔50点〕

	もとのねだん(円)	値上がり後のねだん(円)
りんご	120	360
もも	240	480

❶ りんごの「値上がり後のねだん」は「もとのねだん」の何倍になっていますか。

式

答え（　　　　）

❷ ももの「値上がり後のねだん」は「もとのねだん」の何倍になっていますか。

式

答え（　　　　）

❸ りんごとももでは、どちらのほうが値上がりしたといえるでしょうか。

（　　　　）

2 東スーパーと西スーパーで、ピーマン１ふくろのねだんを調べたら、次のように値上がりしていました。東スーパーと西スーパーでは、どちらのほうが値上がりしたといえるでしょうか。　〔25点〕

	もとのねだん(円)	値上がり後のねだん(円)
東スーパー	60	180
西スーパー	40	160

（　　　　）

3 のび方のちがう平たいゴム㋐とゴム㋑があります。ゴム㋐を15cm、ゴム㋑を5cm切り取って、いっぱいまでのばしたら、それぞれ30cmと20cmになりました。どちらがよくのびるゴムといえるでしょうか。　〔25点〕

（　　　　）

□もとにする量を１とみて、もう一方の量の割合を求めることができたかな？
□数量の関係を割合でくらべることができたかな？

勉強した日　月　日

小数のしくみとたし算、ひき算［その1］

きほんのワーク

学習の目標
0.1 より小さい数、0.01 より小さい数の表し方を理かいしよう。

おわったらシールをはろう

教科書 ㊦ 48～52ページ　答え 15ページ

きほん1 「0.1 より小さい数の表し方」がわかりますか。

☆下の図に表した水のかさは、何Lでしょうか。

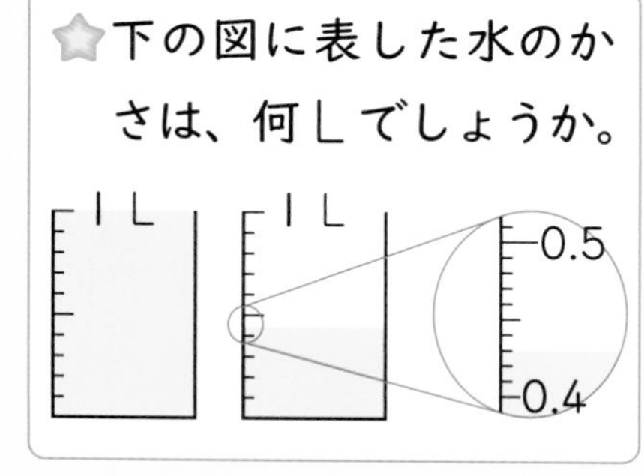

1Lの$\frac{1}{10}$……0.1L
0.1Lの$\frac{1}{10}$……0.01L

とき方　1Lの$\frac{1}{10}$は0.1Lです。0.1Lの$\frac{1}{10}$は0.1Lを10等分した1つ分で、0.01Lと書いて、「れい点(てん)れい一(いち)リットル」とよみます。

水のかさは、
1Lが　1こ…1　L
0.1Lが　4こ…□　L
0.01Lが3こ…□　L
あわせて　□　L

1.43は「一点四三(いちてんよんさん)」とよむよ。

答え　□　L

1 次のかさは、何Lでしょうか。　教科書 49ページ 1

❶ 0.1Lを2こと、0.01Lを5こあわせたかさ　（　　）

❷ 1Lを5こと、0.1Lを2こと、0.01Lを7こあわせたかさ　（　　）

❸ 1Lを12こと、0.01Lを6こあわせたかさ　（　　）

きほん2 「0.01 より小さい数の表し方」がわかりますか。

☆426mは何kmでしょうか。

1kmの$\frac{1}{10}$(100m)…0.1km
0.1kmの$\frac{1}{10}$(10m)…0.01km
0.01kmの$\frac{1}{10}$(1m)…0.001km

とき方　426mを400m、20m、6mに分けて考えます。
400m → 0.1kmが　4こ…0.4　km
20m → 0.01kmが　2こ…□　km
6m → 0.001kmが6こ…□　km
あわせて　□　km

0.001kmは、「れい点(てん)れいれい一(いち)キロメートル」とよむよ。

答え　□　km

さんすうはかせ　1の$\frac{1}{10}$は0.1、0.1の$\frac{1}{10}$は0.01、0.01の$\frac{1}{10}$は0.001、0.001の$\frac{1}{10}$は0.0001、……となるよ。$\frac{1}{10}$にすると、小数点と1の間に0が1つふえるんだ。

2 次の重さや長さを〔　〕の中の単位で表しましょう。　教科書 51ページ 2

❶ 782g〔kg〕　（　　　）　❷ 1403m〔km〕　（　　　）

3 次の長さと重さを書きましょう。　教科書 51ページ 2

❶ 1kmを5こと、0.01kmを7こと、0.001kmを4こあわせた長さは、何kmでしょうか。　（　　　）

❷ 0.1kgを9こと、0.001kgを8こあわせた重さは、何kgでしょうか。　（　　　）

4 下のあからうのめもりが表す長さは何kmでしょうか。　教科書 51ページ 2

680m　690m　700m　710m

あ　い　う

あ（　　　）　い（　　　）　う（　　　）

きほん3 「1、0.1、0.01、0.001の関係」がわかりますか。

☆次の問題に答えましょう。

❶ 0.01は1の何分の一でしょうか。

❷ 0.1は0.001の何倍でしょうか。

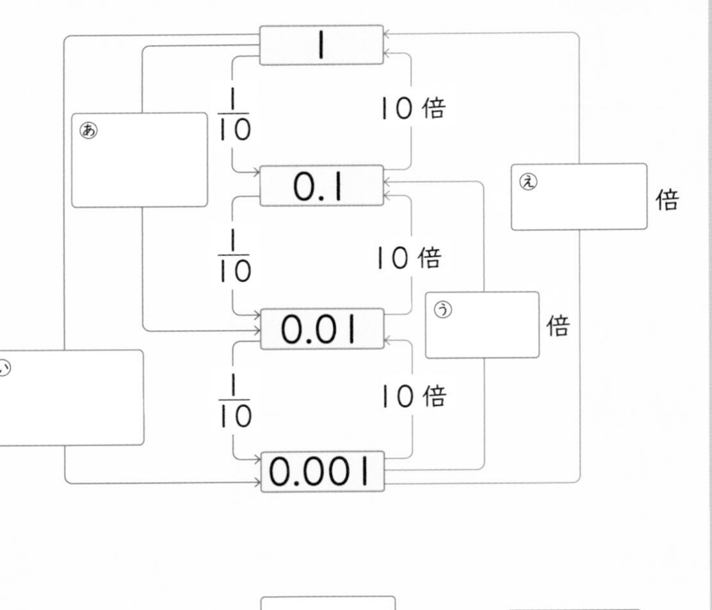

とき方 1、0.1、0.01、0.001の大きさの関係は、右のようになります。

❶ 0.01は1の$\frac{1}{10}$のさらに$\frac{1}{10}$です。

❷ 0.1は0.001の10倍のさらに10倍です。

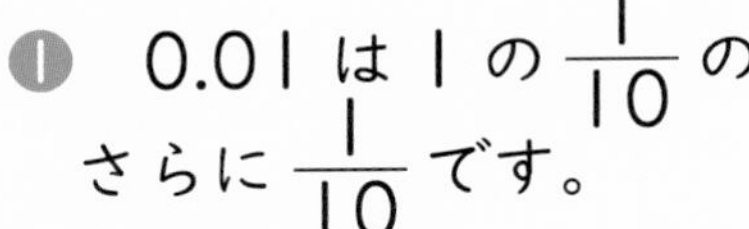

答え ❶ □　❷ □倍

5 次の数を書きましょう。　教科書 52ページ 3

❶ 0.1の$\frac{1}{10}$の数（　　　）　❷ 0.01の$\frac{1}{10}$の数（　　　）

❸ 0.001の10倍の数（　　　）　❹ 0.1の100倍の数（　　　）

ポイント 10倍の10倍は100倍、100倍の10倍は1000倍になります。また、$\frac{1}{10}$の$\frac{1}{10}$は$\frac{1}{100}$、$\frac{1}{100}$の$\frac{1}{10}$は$\frac{1}{1000}$になります。

勉強した日　月　日

小数のしくみとたし算、ひき算 [その2]

きほんのワーク

学習の目標
小数のしくみの理かいを深め、問題がとけるようになろう。

おわったらシールをはろう

教科書 ㊦ 53～55ページ　答え 15ページ

きほん1 「$\frac{1}{100}$の位や、$\frac{1}{1000}$の位」がわかりますか。

☆6.375 は、1、0.1、0.01、0.001 をそれぞれ何こあつめた数でしょうか。

とき方　小数の位（くらい）は、右のようになっています。
6.375 は、6 と 0.3 と 0.07 と 0.005 をあわせた数です。
6 は 1 を □ こ、0.3 は 0.1 を □ こ、0.07 は 0.01 を □ こ、0.005 は 0.001 を □ こあつめた数です。

答え　1 □ こ　0.1 □ こ
0.01 □ こ　0.001 □ こ

小数のしくみ
6…一の位
.…小数点
3…$\frac{1}{10}$の位（小数第一位）
7…$\frac{1}{100}$の位（小数第二位）
5…$\frac{1}{1000}$の位（小数第三位）

たいせつ
$\frac{1}{10}$、$\frac{1}{100}$、$\frac{1}{1000}$の位の数字は、それぞれ 0.1、0.01、0.001 のこ数を表しています。

1 □にあてはまる数を書きましょう。　教科書 53ページ 4

❶ 2.635 の 3 は、□ の位で、小数第 □ 位の数字です。

❷ 0.456 の 6 は □ の位の数字で、$\frac{1}{100}$の位の数字は □ です。

❸ 82.589 の十の位の 8 が表す大きさは、$\frac{1}{100}$の位の 8 が表す大きさの □ 倍です。

2 下の数直線で、㋐と㋑を表すめもりに↓をかきましょう。　教科書 54ページ 5

0　　1

㋐ 0.58　　㋑ 1.24

3 次の数は、0.01 を何こあつめた数でしょうか。　教科書 54ページ 5

❶ 1.74　(　　)
❷ 0.56　(　　)
❸ 0.8　(　　)

さんすうはかせ
整数や小数は、0、1、2、3、4、5、6、7、8、9 の 10 この数字と小数点を使うと、どんな大きな数でも、どんな小さな数でも表すことができるよ。

きほん2 「小数の大小」がわかりますか。

☆数の大小をくらべて、□に不等号を書きましょう。　0.82 □ 0.809

とき方 上の位の数字からくらべていきます。

$\frac{1}{100}$の位の数字のちがいから、数の大小がわかります。

$\frac{1}{100}$の位の数字は 2 と 0 です。□ ＞ □ だから、

□ のほうが □ より大きくなります。

0	8	2	
0	8	0	9

↑ $\frac{1}{10}$の位　↑ $\frac{1}{100}$の位

答え 上の問題中に記入

数直線では、右にある数ほど大きいよ。
数直線を使っても、
0.82 ＞ 0.809
となることがわかるね。

0.8　0.81　0.82
0.809　0.82

4 数の大小をくらべて、□に不等号を書きましょう。　教科書 54ページ 6

❶ 2.759 □ 2.761　❷ 4.56 □ 4.562

❸ 0.38 □ 0.308　❹ 3.191 □ 3.189

きほん3 「10倍、$\frac{1}{10}$にした大きさ」がわかりますか。

☆4.8 の 10 倍の数、$\frac{1}{10}$の数を答えましょう。

とき方 小数も整数と同じように、10 倍すると位が □ けた上がります。

また、$\frac{1}{10}$にすると位が □ けた下がります。

百の位	十の位	一の位	$\frac{1}{10}$の位	$\frac{1}{100}$の位	$\frac{1}{1000}$の位
	4	8			
		4.	8		
		0.	4	8	

10倍（上向き）、$\frac{1}{10}$（下向き）

小数も、となりの位との間は 10 倍、$\frac{1}{10}$の関係だね。

答え 10 倍 □　$\frac{1}{10}$ □

5 3.19 の 10 倍、100 倍の数、$\frac{1}{10}$の数を書きましょう。　教科書 55ページ 7

10倍（　　　　）　100倍（　　　　）　$\frac{1}{10}$（　　　　）

小数の大小をくらべるときも、小数の 10 倍の数、$\frac{1}{10}$の数を求めるときも、整数のときと同じように考えることができます。

勉強した日　月　日

小数のしくみとたし算、ひき算［その3］

きほんのワーク

学習の目標
$\frac{1}{1000}$の位までの小数のたし算ができるようにしよう。

おわったらシールをはろう

教科書 下 56～58ページ　答え 16ページ

ふくしゅう できるかな？

例 0.3＋0.4 を計算しましょう。

考え方 小数のたし算は、0.1 が何こ分かを考えると、整数のたし算と同じように計算できます。
0.3 は 0.1 が 3 こ、0.4 は 0.1 が 4 こ、あわせて 0.1 が 7 こだから、
0.3＋0.4＝[0.7]

問題 計算をしましょう。
❶ 0.5＋0.4　❷ 1.8＋0.5

きほん 1 「$\frac{1}{100}$の位や$\frac{1}{1000}$の位までの小数のたし算」ができますか。

☆重さが 0.35kg のかごに、みかんを 2.86kg 入れます。全体の重さは何kg になるでしょうか。

とき方 式は、0.35＋[　　] です。
小数のたし算は、次のように考えます。

《1》0.01 をもとにして考えると、

0.35 ⟶ 0.01 が [　　] こ
2.86 ⟶ 0.01 が [　　] こ
あわせて　0.01 が [　　] こ

《2》位(くらい)ごとに分けて考えると、

0.35 ⟶ 0　と　0.3　と　0.05
2.86 ⟶ 2　と [　　] と [　　]
あわせて [　　] と [　　] と [　　]

《3》筆算すると、

```
  0.3 5        0.3 5        0.3 5
+ 2.8 6  ➡  + 2.8 6  ➡  + 2.8 6
              □ □ □        □.□ □
```

位をそろえて書く。

整数のたし算と同じように計算する。

上の小数点の位置(いち)にそろえて、答えの小数点をうつ。

小数点をうつのをわすれないでね。

答え [　　] kg

【1より小さい数（1）】17世紀(せいき)に吉田光由(よしだみつよし)という人が書いた「塵劫記(じんこうき)」という本では、小数を位ごとに名前をつけてよんでいるよ。

1 学校から図書館までの道のりは 0.96km、図書館から家までの道のりは 1.32km です。学校から図書館を通って家まで帰るときの道のりは何km でしょうか。 教科書 56ページ 8

式

答え（　　　　　）

2 計算をしましょう。 教科書 57ページ 9

❶ 5.4＋2.18　　❷ 3.24＋0.62　　❸ 14.16＋12.73

❹ 7.86＋8.07　　❺ 3.385＋4.263

❻ 17.54＋15.478　　❼ 62.163＋19.978

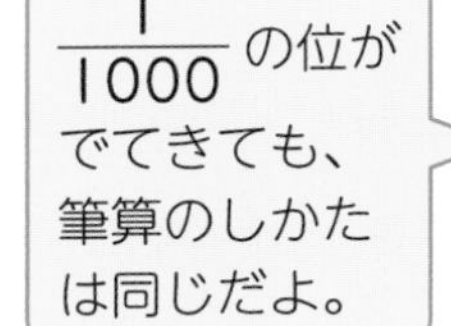

$\frac{1}{1000}$ の位が
でてきても、
筆算のしかた
は同じだよ。

きほん 2 「いろいろな小数のたし算」ができますか。

☆計算をしましょう。　❶ 0.384＋0.416　　❷ 2＋6.43

とき方 ❶ 下のように、答えの小数点以下（いか）の下の位の 0 は消（け）します。

$$\begin{array}{r} 0.384 \\ +\,0.416 \\ \hline 0.\square 00 \end{array}$$

0.800 は □ と同じ大きさです。

❷ たされる数とたす数の位をそろえて筆算をします。

$$\begin{array}{r} 2.00 \\ +\,6.43 \\ \hline \square.\square\square \end{array}$$

← 2 を 2.00 とみて、位をそろえます。

答え ❶ □　❷ □

3 計算をしましょう。 教科書 58ページ 10

❶ 5.73＋3.47　　❷ 0.16＋36.84　　❸ 7.302＋2.978

4 計算をしましょう。 教科書 58ページ 11

❶ 2＋3.51　　❷ 1.458＋13　　❸ 16＋0.089

ポイント 0.1 や 0.01、0.001 が何こ分と考えると、整数のたし算と同じように計算できます。筆算のときは小数点をそろえて書くことに注意しましょう。

勉強した日　月　日

小数のしくみとたし算、ひき算 [その4]

きほんのワーク

学習の目標
$\frac{1}{1000}$の位までの小数のひき算ができるようにしよう。

おわったらシールをはろう

教科書 下 59~61ページ　答え 16ページ

ふくしゅう

できるかな？

例　1.2−0.5 を計算しましょう。

考え方　小数のひき算も、0.1 が何こ分かを考えると、整数のひき算と同じように計算できます。
1.2 は 0.1 が 12 こ、0.5 は 0.1 が 5 こ、ちがいは 0.1 が 7 こだから、
1.2−0.5＝0.7

問題　計算をしましょう。
❶ 0.9−0.2　❷ 1.3−0.7

きほん1 「$\frac{1}{100}$の位や$\frac{1}{1000}$の位までの小数のひき算」ができますか。

☆いずみさんの家から駅まで 1.97km あります。家から駅に向かって 0.65km 歩きました。残(のこ)りは何km でしょうか。

とき方　式は、1.97−［　　］です。
小数のひき算は、次のように考えます。

《1》0.01 をもとにして考えると、

1.97 ⟶ 0.01 が［　　］こ
0.65 ⟶ 0.01 が［　　］こ
残りは　0.01 が［　　］こ

《2》位(くらい)ごとに分けて考えると、

1.97 ⟶ 1　と［　　］と［　　］
0.65 ⟶ 0　と　0.6　と　0.05
残りは［　　］と［　　］と［　　］

《3》筆算ですると、

```
  1.97        1.97        1.97
 −0.65   ➡  −0.65   ➡  −0.65
            [ ][ ][ ]    [ ].[ ][ ]
```

位をそろえて書く。

整数のひき算と同じように計算する。

上の小数点の位置(いち)にそろえて、答えの小数点をうつ。

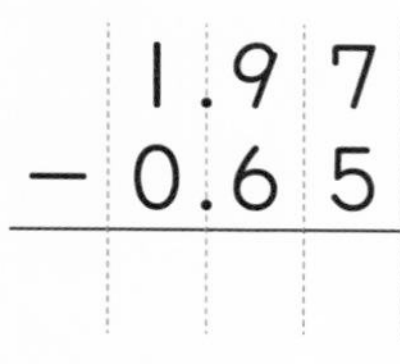

ちゅうい
位をそろえるときは、小数点もそろえるようにします。

答え［　　］km

はってん さんすうはかせ
【1より小さい数（2）】一の位の下の位ごとの名前は、「分(ぶ)、厘(りん)、毛(もう)、糸(し)、忽(こつ)、微(び)、繊(せん)、沙(しゃ)、塵(じん)、埃(あい)、渺(びょう)、漠(ばく)、模糊(もこ)、逡巡(しゅんじゅん)、須臾(しゅゆ)、瞬息(しゅんそく)、弾指(だんし)、刹那(せつな)、六徳(りくとく)、虚空(こくう)、清浄(せいじょう)」となるよ。

1 5.25mのひもがあります。このひもから3.38mを切り取って使うと、残りは何mになるでしょうか。

教科書 59ページ 12

式

答え（　　　　）

2 計算をしましょう。

教科書 59ページ 12

❶ 4.73－3.22　❷ 19.85－13.34

❸ 4.842－2.148　❹ 0.527－0.067

❹答えの小数点以下の下の位の終わりの0は消すんだね。

3 計算をしましょう。

教科書 59ページ 13 60ページ 14

❶ 5.2－3.29　❷ 0.9－0.54

❸ 4－1.25　❹ 7－3.928

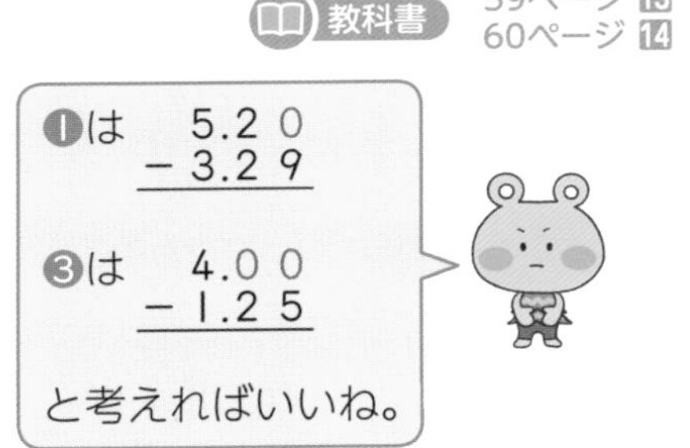

❶は 5.20 －3.29
❸は 4.00 －1.25
と考えればいいね。

きほん2 計算のきまりを利用して、くふうして計算ができますか。

☆くふうして計算しましょう。

❶ 4.6＋2.8＋3.2　❷ 1.73＋4.65＋2.27

とき方　計算のきまりをうまく使います。

❶ 4.6＋2.8＋3.2＝4.6＋(2.8＋3.2)

＝4.6＋□＝□

❷ 1.73＋4.65＋2.27

＝4.65＋(1.73＋2.27)

＝4.65＋□＝□

答え ❶ □　❷ □

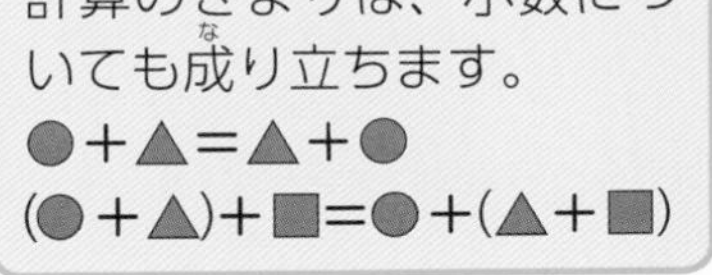

計算のきまりは、小数についても成り立ちます。

●＋▲＝▲＋●

(●＋▲)＋■＝●＋(▲＋■)

4 くふうして計算しましょう。

教科書 61ページ 15・16

❶ 7.8＋5.3＋4.7　❷ 3.485＋5.56＋4.515

ポイント　小数のひき算も、小数のたし算と同じように、0.1や0.01、0.001が何こ分と考えて計算できます。

勉強した日 月 日

練習のワーク

教科書 下 48～63、146、147ページ　答え 16ページ

できた数 /13問中

おわったら シールを はろう

1 小数のしくみ　次の数を書きましょう。

❶ 0.01 を 18 こあつめた数 (　　)

❷ 0.1を 8こと 0.001を 45こあわせた数 (　　)

❸ 4.207 の 10 倍の数 (　　)

❹ 53.18 の $\frac{1}{10}$ の数 (　　)

2 小数の表し方　下のあ、いのめもりが表す数を書きましょう。

0　あ　0.01　0.02　い

あ (　　)

い (　　)

3 小数のたし算・ひき算　計算をしましょう。❺はくふうして計算しましょう。

❶ 5.98＋3.46

❷ 3＋5.68

❸ 5.21－0.39

❹ 6.37－6.237

❺ 2.46＋3.08＋0.92

4 小数の筆算　正しい筆算となるように、□にあてはまる数を書きましょう。

❶
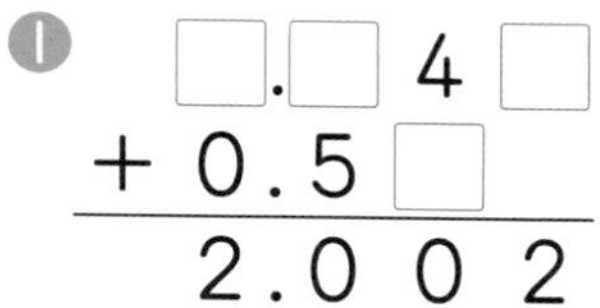

❷
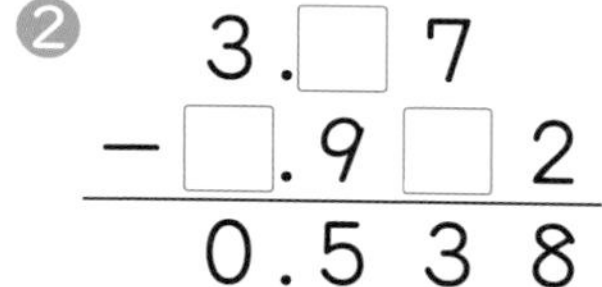

てびき

1 小数のしくみ

たいせつ
小数点は、10 倍すると右へ 1 けたうつり、$\frac{1}{10}$にすると左へ 1 けたうつります。

2 いちばん小さい 1 めもりは、0.01 を 10 等分した大きさの 0.001 です。あは、0 から 6 つめのめもりです。

3 小数のたし算・ひき算

ちゅうい
筆算をするときは、位(くらい)をそろえて書くことに注意します。

4 小数の筆算
❶のたす数を
0.5□0
❷のひかれる数を
3.□70
と考えて計算します。

できるナビ
$\frac{1}{10}$ の位、$\frac{1}{100}$ の位、……と次々と 10 等分して新しい単位(たんい)をつくって表すという小数のしくみを理かいして、たし算やひき算ができるようにしましょう。

まとめのテスト

とく点　/100点

おわったら シールを はろう

教科書 ㊦ 48〜63、146ページ　答え 16ページ

1 □にあてはまる数を書きましょう。 1つ5〔20点〕

❶ 0.276 は 0.001 を □ こあつめた数です。

❷ 1.724 の $\frac{1}{100}$ の位の数字は □ です。

❸ 0.14 の 10 倍の数は □ です。

❹ 0.84 を $\frac{1}{10}$ にした数は □ です。

2 よく出る 計算をしましょう。 1つ6〔48点〕

❶ 4.38+0.92

❷ 1.209+0.997

❸ 19.3+2.98

❹ 7.02−5.68

❺ 3.456−2.121

❻ 23−3.78

❼ 5.7+2.9+7.1

❽ 2.93+5.88+1.07

3 右の□に、0、1、2、3、4 の数字を 1 つずつあてはめます。300 にいちばん近い数はいくつですか。〔6点〕

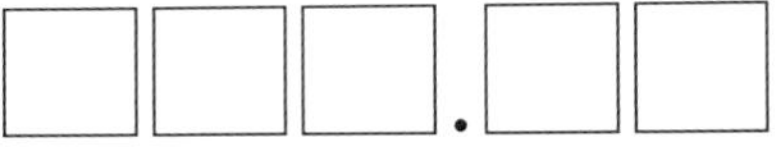

(　　　　)

4 ジュースがペットボトルに 1.35 L、びんに 0.76 L 入っています。あわせて何 L あるでしょうか。 1つ6〔12点〕

式

答え (　　　　)

5 7 m の紙テープがあります。けんじさんは 0.85 m 使いました。残(のこ)りは何 m でしょうか。 1つ7〔14点〕

式

答え (　　　　)

ふろくの「計算練習ノート」16〜18ページをやろう！

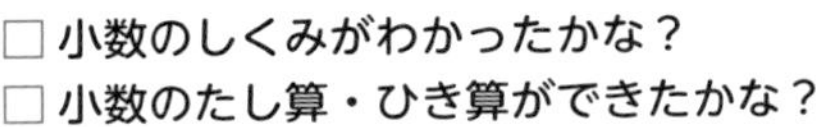

□ 小数のしくみがわかったかな？
□ 小数のたし算・ひき算ができたかな？

勉強した日　月　日

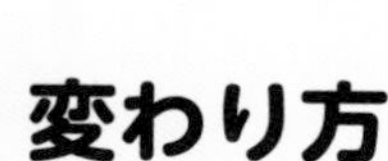

変わり方
きほんのワーク

学習の目標
2つの量の関係を表や式に表したり、グラフに表したりしよう。

おわったらシールをはろう

教科書 ㊦ 64～70ページ　答え 16ページ

きほん1 2つの量の関係を式に表すことができますか。

☆8このおはじきを、ひろしさんとさやかさんの2人で分けます。

❶ ひろしさんのおはじきの数が1こ、2こ、……とふえると、さやかさんのおはじきの数はどのように変わるでしょうか。

❷ ひろしさんのおはじきの数を○こ、さやかさんのおはじきの数を△こととして、○と△の関係を式に表しましょう。

とき方 2人のおはじきの数を表に表して調べます。

1ふえる　1ふえる　1ふえる

ひろしさん(こ)	1	2	3	4	5	6	7
さやかさん(こ)	7	6					

1へる　1へる　□へる

表をたてに見ると、
1＋7＝8
2＋6＝8
⋮
⋮
となっているね。

❶ ひろしさんの数が1ふえると、さやかさんの数は1へります。

❷ ひろしさんの数＋さやかさんの数＝□となります。

答え ❶ 7こ、6こ、……と□。　❷ ○＋△＝□

1 周りの長さが14cmの長方形をかきます。

教科書 65ページ 1

❶ 横の長さとたての長さの関係を、下の表に整理しましょう。

横の長さ (cm)	1	2	3	4	5	6
たての長さ(cm)						

❷ 横の長さを○cm、たての長さを△cmとして、○と△の関係を、式に表しましょう。

(　　　　　)

❸ 横の長さを1cmから6cmまで変えたときの、横の長さとたての長さの関係をグラフに表しましょう。

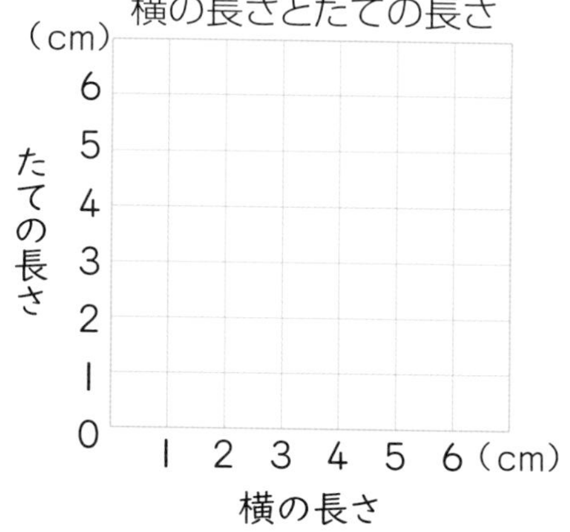

さんすうはかせ
2つの量があって、一方が変われば、もう一方も変わるようなとき、「ともなって変わる量」というよ。身のまわりにはいろいろあるからさがしてみよう。

きほん2　2つの量の変わり方を調べることができますか。

☆右の図のように、1辺(いっぺん)が1cmの正方形のあつ紙をならべていきます。

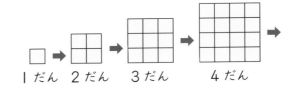

❶　だんの数を○だん、周りの長さを△cmとして、○と△の関係を式に表しましょう。

1だん　2だん　3だん　4だん

❷　だんの数が15だんのとき、周りの長さは何cmになるでしょうか。

❸　周りの長さが120cmになるのは、何だんのときでしょうか。

とき方　だんの数と周りの長さの関係は、右の表のようになります。

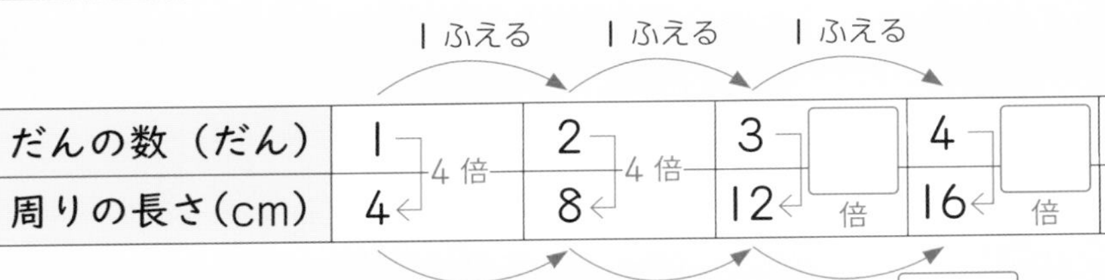

だんの数（だん）	1	2	3	4
周りの長さ(cm)	4	8	12	16

❶　[だんの数]×□＝[周りの長さ]

だから、○×□＝△です。

❷　❶でつくった式の○に15をあてはめて求(もと)めます。15×□＝□

❸　△に120をあてはめて、○×4＝120より、○＝120÷4＝□

答え  □　❷ □cm　❸ □だん

2　1こ60円のおかしを買います。

教科書　68ページ 2　70ページ 3

❶　おかしの数を○こ、その代金を△円として、○と△の関係を式に表しましょう。

（　　　　）

❷　おかしの数と代金を、右の表に整理しましょう。

おかしの数○(こ)	1	2	3	4
代金　△(円)	60			

❸　おかしの数が12このとき、代金は何円でしょうか。

（　　　　）

❹　代金が900円になるのは、おかしを何こ買ったときでしょうか。

（　　　　）

ポイント　2つの量の間にある関係を式に表すときには、言葉の式を書いてそれにあてはめてみたり、表の数の横やたての関係を考えてみることが大切です。

練習のワーク

教科書 下 64～71ページ　答え 17ページ

できた数 /6問中

おわったら シールを はろう

1 変わり方と表・式　|辺(いっぺん)が|cmの正三角形のあつ紙をならべて、右のような正三角形を作っていきます。

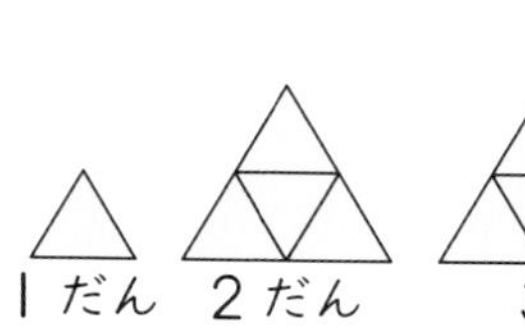
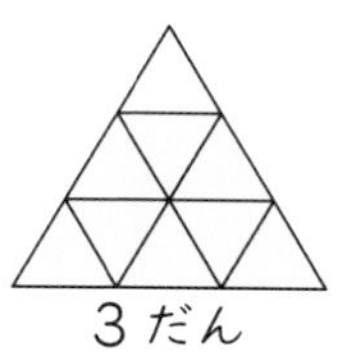

❶ だんの数と周(まわ)りの長さを調べて、下の表に整理しましょう。

だんの数（だん）	1	2	3	4	5
周りの長さ（cm）	3				

❷ だんの数を○だん、周りの長さを△cmとして、○と△の関係(かんけい)を式に表しましょう。

（　　　　　）

❸ 25だんのとき、周りの長さは何cmになるでしょうか。

（　　　　　）

❹ 周りの長さが90cmになるのは、何だんのときでしょうか。

（　　　　　）

2 変わり方と表・式　つるとかめが、あわせて10ぴきいます。下の表は、つるの数とかめの数の関係を表したものです。

つるの数　（ひき）	0	1	2	3	4	5	6
かめの数　（ひき）	10	9	8	7	6	5	4
足の数の合計（本）							

❶ つるの数を○ひき、かめの数を△ひきとして、○と△の関係を式に表しましょう。

（　　　　　）

❷ 足の数の合計が32本のとき、つるは何ひきいるでしょうか。

（　　　　　）

てびき

❶❷ 変わり方と表・式
2つの量(りょう)の関係は、表に整理すると、わかりやすくなります。

「和や差(さ)が決まった数になる」、「何倍の関係にある」など、いろいろな関係が考えられます。
まよったときは、**ことばの式**を書いてみましょう。

❷ つるは足が2本、かめは足が4本です。つるを|ぴきふやすと足の数の合計はどのように変(か)わるか考えます。

2つの量の関係を表に整理して、一方が|ふえると、もう一方はどのように変わるかを考えてみるといいよ。

できるナビ　ともなって変わる2つの量の関係を調べて、表に整理したり、式に表したりできるようにしましょう。

まとめのテスト

教科書 ㊦64～71ページ　答え 17ページ

1 よく出る 横の長さが、たての長さより3cm長い長方形をかきます。　1つ12〔24点〕

❶ たての長さと横の長さの関係を調べて、下の表に整理しましょう。

たての長さ(cm)	1	2	3	4	5	6	7
横の長さ　(cm)	4	5	6				

❷ たての長さを○cm、横の長さを△cmとして、○と△の関係を式に表しましょう。

(　　　　　　　)

2 たてが1cm、横が4cmの長方形があります。たての長さを2cm、3cm、……にのばすと、面積(めんせき)はどのように変わるか調べましょう。　1つ14〔28点〕

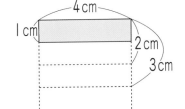

4cm
1cm
2cm
3cm
⋮

❶ たての長さと面積を、下の表に整理しましょう。

たての長さ(cm)	1	2	3	4	5
面積　(cm^2)	4	8			

❷ たての長さを○cm、面積を△cm^2として、○と△の関係を式に表しましょう。

(　　　　　　　)

チャレンジ! **3** 1こ150円のパンを何こかと、100円の飲み物を1本買いました。　1つ16〔48点〕

❶ パンの数を○こ、代金を△円として、○と△の関係を式に表しましょう。

(　　　　　　　)

❷ パンの数と代金の関係を調べて、下の表に整理しましょう。

パンの数　(こ)	1	2	3	4	5	6	7
代金　(円)	250						

❸ パンの数が1こふえると、代金はどのように変わるでしょうか。

(　　　　　　　)

□2つの量の変わり方を表に整理することができたかな？
□2つの量の関係を式に表すことができたかな？

勉強した日　月　日

そろばん
きほんのワーク

学習の目標
そろばんを使って、たし算やひき算ができるようになろう。

おわったらシールをはろう

教科書 ㊦ 72〜74ページ　答え 17ページ

きほん1 そろばんに入れた数をよめますか。

☆そろばんに入れた数をよみましょう。

❶ 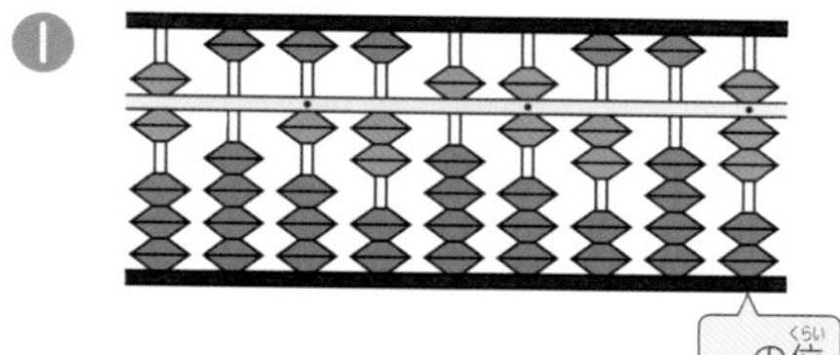

❷ 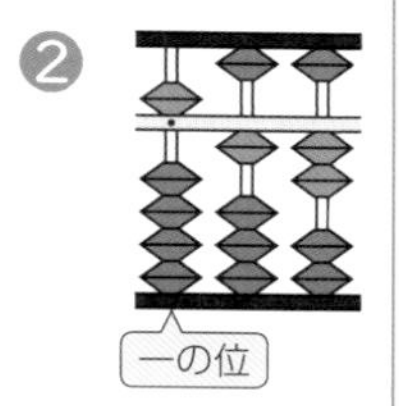

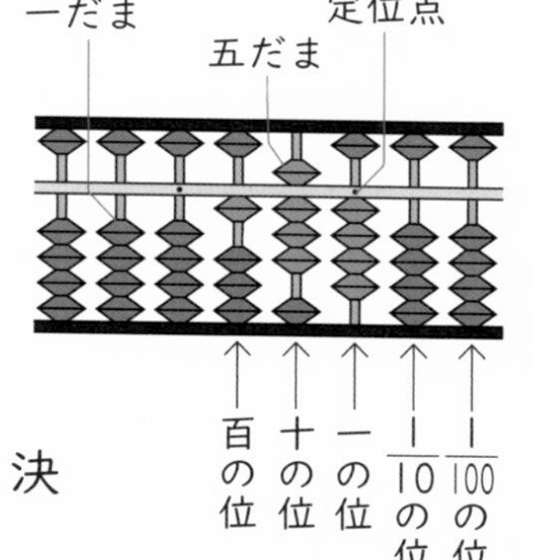

とき方 ❶ そろばんでは、定位点の1つを一の位と決めると、左へ順に十、百、千、…の位となります。
一億の位が6、千万の位が0、百万の位が□、十万の位が□、一万の位が5、千の位が□、百の位が2、十の位が□、一の位が7です。

❷ 一の位の右側を$\frac{1}{10}$の位、さらにその右側を$\frac{1}{100}$の位として、そろばんに小数を表すこともできます。
一の位が5、$\frac{1}{10}$の位が□、$\frac{1}{100}$の位が□です。

答え ❶ □　❷ □

1 そろばんに入れた数を数字で書きましょう。

教科書 72ページ 1

❶ 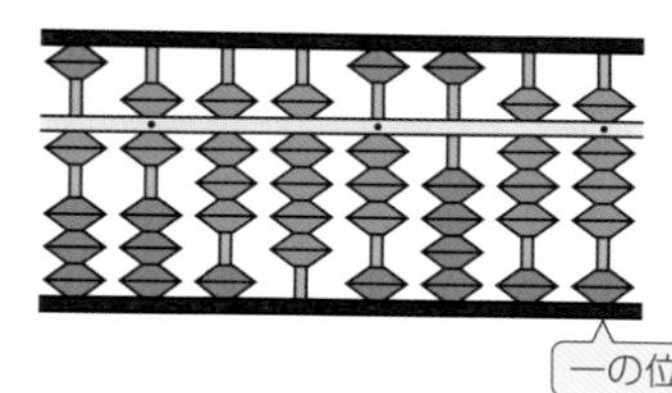

❷ 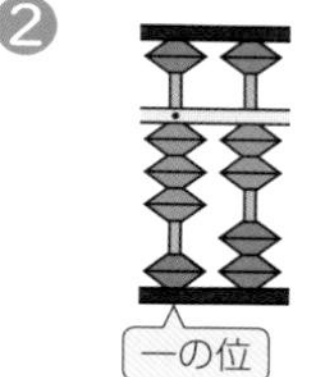

❸ 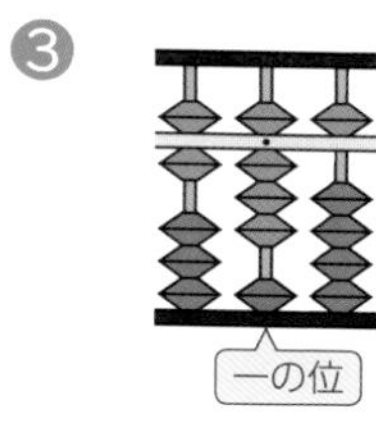

(　　　)　(　　　)　(　　　)

2 そろばんに、次の数を入れましょう。

教科書 72ページ 1 73ページ 2

❶ 十三億六百八十九万三千八十八　❷ 409800955654123

❸ 0.23　❹ 0.856 を 10 倍した数

さんすうはかせ　かけ算やわり算もそろばんを使って計算することができるよ。

きほん 2 そろばんを使って、たし算やひき算ができますか。

☆次の計算をそろばんでしましょう。 ❶ 78＋64 ❷ 52－18

とき方 ❶ まず、たされる数を、そろばんに入れます。

次に、大きい位からたしていきます。

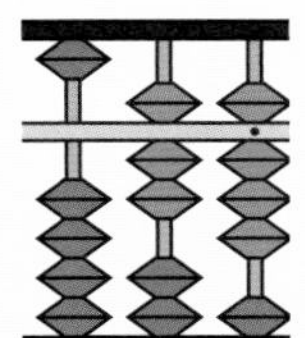
78 を入れる。

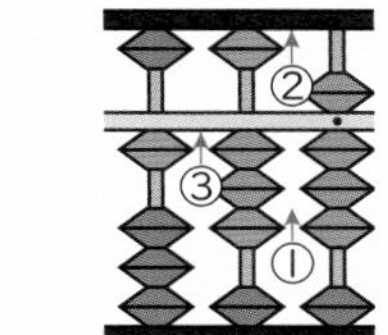

60 を五だまと一だまでは入れられないので、40 をとって、100 を入れる。40 をとるときは、10 を入れて 50 をとる。

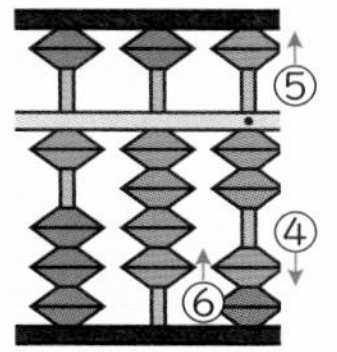

4 をたすには、6 をとって、10 を入れる。

❷ まず、ひかれる数を、そろばんに入れます。

次に、大きい位からひいていきます。

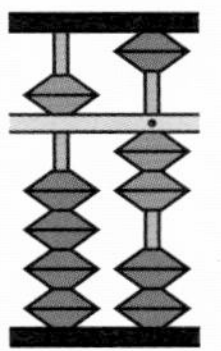
52 を入れる。

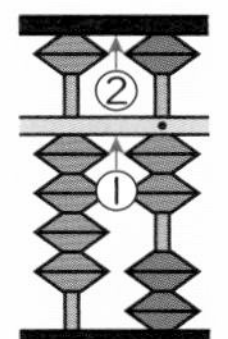

10 を一だまではとれないので、40 を入れて 50 をとる。

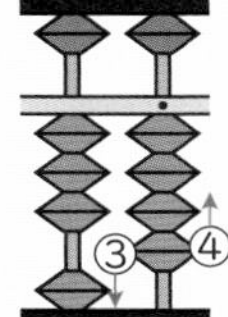

8 を五だまと一だまではとれないので、10 をとって、とりすぎた 2 を入れる。

答え ❶ ＿＿ ❷ ＿＿

3 次の計算をそろばんでしましょう。

教科書 73ページ 3・4

❶ 27＋38 ❷ 19＋86 ❸ 346＋154

❹ 95－73 ❺ 81－52 ❻ 573－349

4 次の計算をそろばんでしましょう。

教科書 74ページ 5

❶ 30 億＋90 億 ❷ 74 兆(ちょう)－31 兆

❸ 0.03＋0.71 ❹ 4.12＋0.08

❺ 0.7－0.28 ❻ 3.2－0.16

大きな数や小数のたし算・ひき算も、そろばんで計算できるね。

ポイント そろばんを使った計算は、数を十の位の数や一の位の数のように、それぞれの位で分けて考えます。

勉強した日　月　日

小数と整数のかけ算、わり算 [その1]

きほんのワーク

学習の目標：小数に整数をかける計算を考え、筆算ができるようになろう。

おわったらシールをはろう

教科書 ㊦77〜81ページ　答え 17ページ

きほん 1 「小数×整数の計算」のしかたがわかりますか。

☆さとうが 0.6kg 入ったふくろが 3 ふくろあります。さとうは、全部で何 kg あるでしょうか。

とき方　全部の重さは [　　] kg の 3 こ分だから、求める式は 0.6×3 となります。

計算は、0.1 をもとにして考えます。

0.6 は 0.1 の [　　] こ分です。

0.6×3 は、0.1 が(6×[　　])こ分で、

[　　] になります。

0
0.1
0.6
□ (kg)
0
1
2
3(ふくろ)
0.1 をもとにして、それが何こ分あるかを考えて計算するんだね。

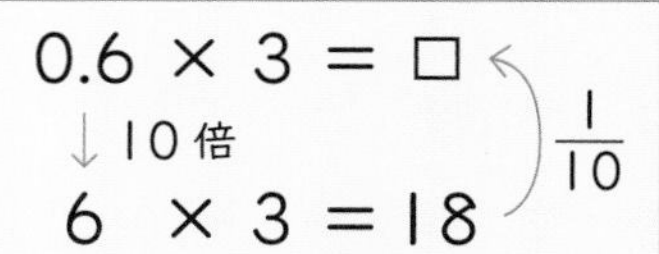

$0.6 \times 3 = □$
↓10倍　↑$\frac{1}{10}$
$6 \times 3 = 18$

答え [　　] kg

1 計算をしましょう。　教科書 77ページ 1

❶ 0.2×4　❷ 0.4×7　❸ 0.3×8　❹ 0.8×9

きほん 2 「小数×整数の筆算」ができますか。

☆1.6×7 を計算しましょう。

とき方　1.6×7 は、0.1 が([　　]×7)こ分で、

[　　] になります。

また、筆算は次のようにします。

```
  1.6        1.6        1.6
×   7  →  ×   7  →  ×   7
─────      ─────      ─────
           □□□       1 1.2
```

かけられる数とかける数を、右にそろえて書く。

小数点がないものとして、整数のかけ算と同じように計算する。

積の小数点は、積の小数部分のけた数が、かけられる数の小数部分のけた数と同じになるようにうつ。

$1.6 \times 7 = □$
↓10倍　↑$\frac{1}{10}$
$16 \times 7 = 112$

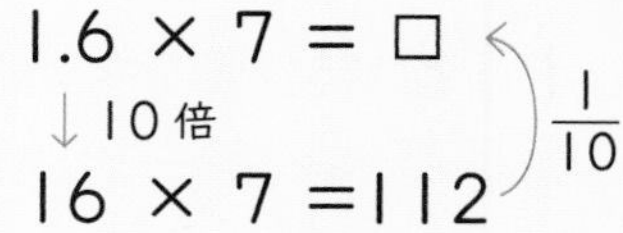
たいせつ

小数のかけ算の筆算は、小数点がないものとして、整数のかけ算と同じように計算します。

答え [　　]

さんすうはかせ

小数×整数の筆算は、小数点を考えないで整数の計算と同じようにするから、位をそろえるのではなく、右にそろえて書くんだよ。

2 計算をしましょう。　　📖教科書　79ページ **2**

❶ 6.7×8　　❷ 7.2×6　　❸ 5.3×9

❹ 0.9×6　　❺ 19.6×3　　❻ 28.8×4

きほん 3 「2 けたの整数をかける計算」ができますか。

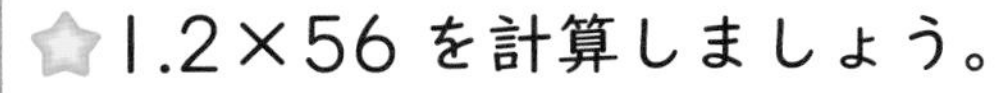

☆1.2×56 を計算しましょう。

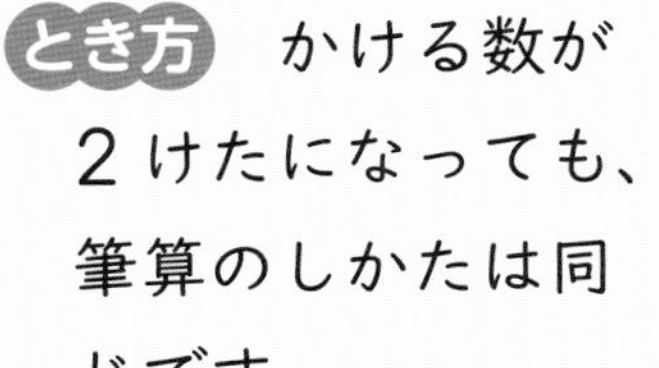

とき方　かける数が2けたになっても、筆算のしかたは同じです。

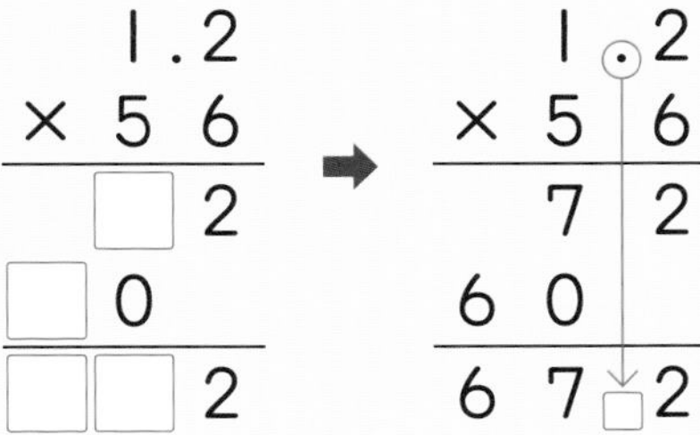

小数点をうちわすれないようにします。積の小数部分のけた数は、かけられる数の小数部分のけた数と同じです。

3 計算をしましょう。　　📖教科書　81ページ **3**

❶ 4.7×13　　❷ 1.9×68　　❸ 8.4×34

❹ 0.8×82　　❺ 0.7×53　　❻ 60.4×18

きほん 4 「$\frac{1}{100}$の位までの小数×整数の計算」ができますか。

☆1.18×2 を計算しましょう。

とき方　1.18 を□倍して、118×2 を計算し、その積を□にすると、1.18×2 の積が求められます。

答え □

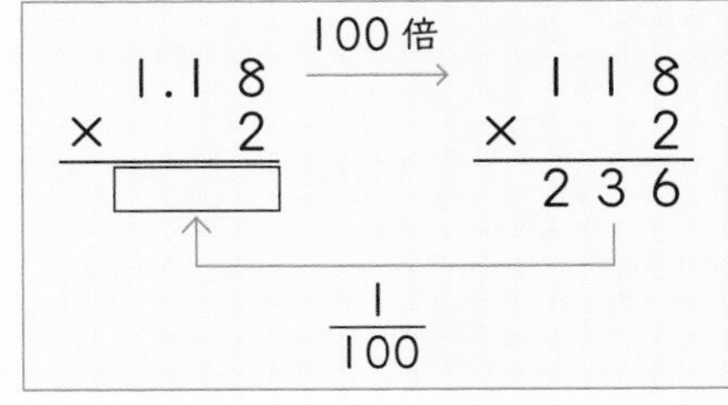

4 計算をしましょう。　　📖教科書　81ページ **4**

❶ 5.93×8　　❷ 0.46×6　　❸ 3.14×37

ポイント　かけられる数やかける数が何けたになっても、筆算のしかたは同じです。積の小数点をうつ位置(いち)に注意します。

勉強した日　月　日

小数と整数のかけ算、わり算 [その2]

きほんのワーク

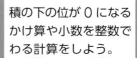

学習の目標
積の下の位が 0 になるかけ算や小数を整数でわる計算をしよう。

おわったらシールをはろう

教科書 ㊦ 82～85ページ　答え 18ページ

きほん 1 「積の下の位が 0 になるかけ算」ができますか。

☆1.84×5 を計算しましょう。

とき方　まず、184×5 を計算します。次に、積(せき)の小数点をうちます。

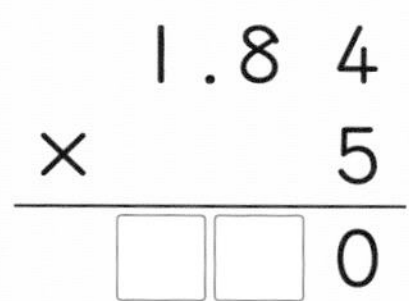

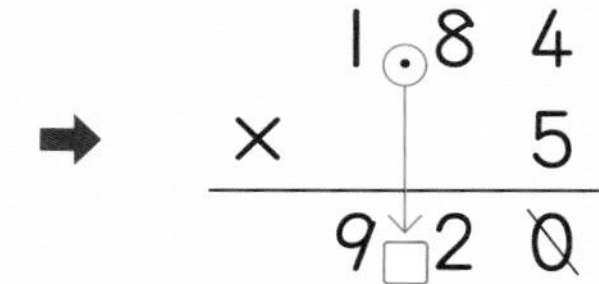

9.20 は「9.2」と同じ大きさだよ。小数点をうってから、積の下の位(くらい)が 0 のときは「0」とななめの線をひいて 0 を消そう。

答え □

1 計算をしましょう。　教科書 82ページ 5

❶ 0.85×6　❷ 6.2×5　❸ 3.75×4

2 計算をしましょう。　教科書 82ページ 6

❶ 3.257×5　❷ 0.208×27

かけられる数が $\frac{1}{1000}$ の位までの小数になっても、計算のしかたは同じだよ。

きほん 2 「小数÷整数の計算」のしかたがわかりますか。

☆4.8 m のリボンを 4 人で等分すると、1 人分は何 m になるでしょうか。

とき方　1 人分の長さは、4.8 m を 4 等分した 1 つ分だから、求(もと)める式は □ ÷4 となります。

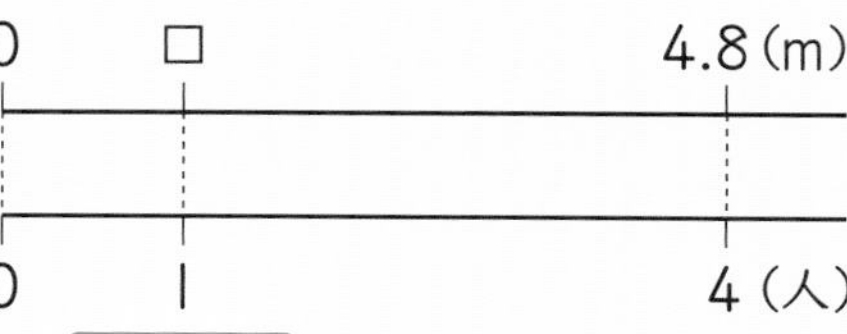

計算は、0.1 をもとにして考えます。4.8 は 0.1 が □ こ分です。

4.8÷4 は、0.1 が(□ ÷4)こ分で、48÷4＝12 より、

□ となります。

答え □ m

さんすうはかせ

小数には、0.28 などのようにどこかで終わる小数と、0.4545…などのようにどこまでいっても終わらない小数があるんだよ。

3 計算をしましょう。 教科書 83ページ 7

❶ 6.9÷3　❷ 2.6÷2　❸ 8.4÷4

わり算でも、
0.1 をもとに
して考えれば
いいんだね。

4 3.9dL のジュースを 3 このコップに等分します。 教科書 83ページ 7

1 こ分は何dL になるでしょうか。

式

答え（　　　）

きほん 3 「小数÷整数の筆算」ができますか。

☆5.4÷3 を計算しましょう。

とき方 整数部分の計算をしてから、わられる数の小数点にそろえて、商の小数点をうちます。あとは、整数のときと同じようにして計算します。

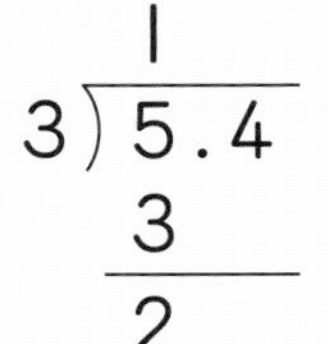

一の位の 5 を 3 でわる。

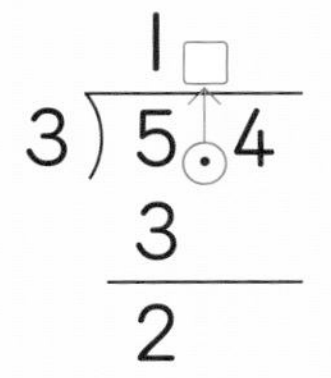

商の小数点を、わられる数の小数点にそろえてうつ。

小数点をう
つのをわす
れないよう
にしよう！

答え □

5 計算をしましょう。 教科書 85ページ 8

❶ 5)7.5　❷ 4)6.8　❸ 7)9.1

❹ 3)7.8　❺ 8)67.2　❻ 4)25.2

❼ 9)55.8　❽ 6)42.6　❾ 2)71.6

ポイント 小数×整数、小数÷整数は、右のように整数×整数、整数÷整数になおしてから、計算することができます。

0.8 × 6 = □ （10倍↓）8 × 6 = 48 （$\frac{1}{10}$）
1.6 ÷ 2 = □ （10倍↓）16 ÷ 2 = 8 （$\frac{1}{10}$）

勉強した日 月 日

小数と整数のかけ算、わり算 [その3]

学習の目標
$\frac{1}{1000}$の位までの小数を整数でわる筆算ができるようになろう。

おわったらシールをはろう

きほんのワーク

教科書 ㊦86～87ページ　答え 18ページ

きほん1 「商の一の位が0になるわり算」ができますか。

☆1.8Lの牛にゅうを9このコップに等分します。1こ分は何Lでしょうか。

とき方 コップ1こ分の量は、1.8Lを9等分した1つ分だから、求める式は □÷9 となります。

わられる数1.8の整数部分の1は、わる数の9より小さいので、右のように、商の一の位に □ を書いて、小数点をうってから計算します。

一の位の0や
小数点をわす
れずに書こう。

0.□
9)1.8
□□
□

答え □L

1 計算をしましょう。 教科書 86ページ 9

❶ 8)6.4　❷ 3)2.1　❸ 2)0.8

きほん2 「2けたの整数でわる計算」ができますか。

☆61.2÷18を計算しましょう。

とき方 わる数が2けたになっても、筆算のしかたは同じです。

3.
18)61.2
54
□

商の小数点を、わられる数の小数点にそろえてうつ。

→

3.□
18)61.2
54
72
□□
□

答え □

2 計算をしましょう。 教科書 86ページ 10

❶ 15)22.5　❷ 28)89.6　❸ 13)67.6

さんすうはかせ
小数はいくらでも細かく分けられる量である長さや重さなどを表すのによく使われるよ。例えば、五円玉のあつさは1.5mm、重さ3.75gだよ。

3 計算をしましょう。　教科書 86ページ 10

❶ $12\overline{)10.8}$

❷ $47\overline{)159.8}$

❸ $58\overline{)365.4}$

きほん3 「$\frac{1}{100}$の位までの小数÷整数の計算」ができますか。

☆7.44÷6 を計算しましょう。

とき方 0.01 をもとにして考えます。

7.44 は 0.01 の [　　] こ分です。

7.44÷6 は、0.01 が(744÷6)こ分で、

744÷6＝[　　] より、[　　] となります。

筆算は、右のようにします。

$$
\begin{array}{r}
1.24 \\
6\overline{)7.44} \\
6 \\
\hline
14 \\
12 \\
\hline
24 \\
24 \\
\hline
0
\end{array}
$$

←0.1 が 14 こあることを表す。

←0.01 が 24 こあることを表す。

答え [　　]

4 計算をしましょう。　教科書 87ページ 11

❶ $4\overline{)5.28}$

❷ $7\overline{)6.09}$

❸ $5\overline{)0.65}$

❹ $3\overline{)21.75}$

❺ $18\overline{)83.34}$

❻ $52\overline{)19.76}$

5 計算をしましょう。　教科書 87ページ 12

❶ $7\overline{)8.456}$

❷ $64\overline{)9.472}$

わられる数が $\frac{1}{1000}$ の位までの小数になっても、計算のしかたは同じだよ。

ポイント 商がたたない位には 0 を書くこと、商にも小数点をうつことなどをわすれないようにしましょう。

小数と整数のかけ算、わり算 [その4]

きほんのワーク

学習の目標
小数を整数でわる、いろいろな計算になれていこう。

おわったらシールをはろう

教科書 ㊦88～93ページ　答え 18ページ

きほん1 「わり進むわり算」ができますか。

☆2.8mのロープを8等分すると、1本分は何mになるでしょうか。

とき方　1本分の長さは、2.8mを8等分した1つ分だから、求める式は［　］÷8となります。
この計算では、わられる数の2.8を2.80とみると、まだわり算をつづけることができます。

```
     0.3                  0.3□
 8)2.8        ➡      8)2.8 0   ← 0をおろして、わり算をつづける。
   2 4                 2 4
     4                   4 0   ←0.01が40こ
                         4 0
                           0
```

答え［　］m

1 わりきれるまで計算しましょう。 教科書 88ページ 13・14

❶ $5\overline{)3.3}$

❷ $14\overline{)18.9}$

❸ $4\overline{)15}$

きほん2 「商をがい数で求めるわり算」ができますか。

☆18.6÷7の計算をし、商は四捨五入して、$\frac{1}{10}$の位までのがい数で求めましょう。

とき方　商を$\frac{1}{10}$の位までのがい数で求めるには、商を［　］の位まで計算して、$\frac{1}{100}$の位で四捨五入します。

```
      2.6                 2.6 5                 □
 7)1 8.6     ➡      7)1 8.6 0     ➡           2.6̸ 5̸
   1 4                 1 4                7)1 8.6 0
     4 6                 4 6                1 4
     □□                  4 2                  4 6
       □                   4□                 4 2
                          □□                    4 0
                            □                   3 5
                                                  5
```

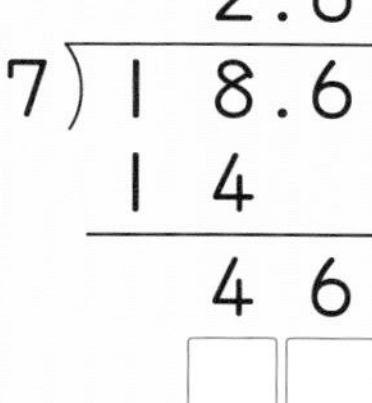

答え［　］

1÷7のわり算は、わりきれずに、0.142857142857142857……とどこまでもつづき、「142857」がくり返されるよ。

2 商は四捨五入して、$\frac{1}{10}$の位までのがい数で求めましょう。 教科書 89ページ 15

❶ 15÷9　❷ 13.4÷7　❸ 34.1÷12

きほん3 「あまりのあるわり算」がわかりますか。

☆59.3kgのねん土を3kgずつのかたまりに分けます。かたまりは何こできて、何kgあまるでしょうか。

とき方 答えを求める式は □÷□ とわり算になります。かたまりの数は整数だから、商は一の位まで求めます。筆算は右のようになり、あまりの小数点は、わられる数にそろえてうちます。

```
      1 □
  3)5 9.3
    3
    2 9
    2 7
      2.□
```

0.1が23こあることを表しているので、あまりは2.3になる。

答え □こできて、□kgあまる。

3 商は$\frac{1}{10}$の位まで求めて、あまりも求めましょう。 教科書 90ページ 16

❶ 10.6÷3　❷ 6.4÷7　❸ 90.2÷21

きほん4 「何倍かを表す小数」の意味がわかりますか。

☆900円の本のねだんは、200円のノートのねだんの何倍でしょうか。

とき方 何倍かを求めるときは、わり算で計算します。200円を1とみて考えるから、式は □÷□ となります。

0　200　900（円）
本
ノート
0　1　□（倍）

答え □倍

※200円を1とみると、900円は4.5にあたります。

何倍かを表す数が小数になることもあるんだ。

4 ゆうこさんの家から、学校までの道のりは300m、駅までの道のりは270mです。駅までの道のりは学校までの道のりの何倍でしょうか。 教科書 91ページ 17 92ページ 18

式

答え（　　　　）

ポイント あまりの小数点のうち方に注意しましょう。答えのたしかめをすると、あまりの大きさにまちがいがないかがわかります。

勉強した日　月　日

練習のワーク

教科書 ㊦77〜97ページ　答え 19ページ

できた数 /12問中

おわったらシールをはろう

1 小数×整数　計算をしましょう。

❶ 2.4×7　❷ 1.7×65

❸ 7.84×19　❹ 5.95×2

2 小数÷整数　わりきれるまで計算しましょう。

❶ 41.6÷16　❷ 10÷8

3 商の四捨五入　商は四捨五入(ししゃごにゅう)して、$\frac{1}{10}$の位(くらい)までのがい数で求(もと)めましょう。

❶ 8.5÷9　❷ 16÷11

4 あまりのあるわり算　商は$\frac{1}{10}$の位まで求めて、あまりも求めましょう。

❶ 4)9.3

❷ 27)88.1

5 小数×整数　あつさが2.8cmの本を15さつ積(つ)み上げました。高さは何cmになるでしょうか。

式

答え（　　　　）

6 小数で表す倍　たての長さが9m、横の長さが15.3mの長方形があります。横の長さは、たての長さの何倍でしょうか。

式

答え（　　　　）

1 **2** 小数×整数、小数÷整数
筆算は、小数点がないものとして、整数の計算と同じようにします。

たいせつ
積(せき)の小数点は、積の小数部分のけた数が、かけられる数の小数部分のけた数と同じになるようにうちます。
商の小数点は、わられる数の小数点にそろえてうちます。

3 $\frac{1}{100}$の位まで計算して、四捨五入します。

4 あまりのあるわり算

ちゅうい
あまりの小数点のうち方に注意します。
ここでのたしかめは、
商×わる数＋あまり
→わられる数
でします。

6 たての長さを1とみたとき、横の長さはいくつにあたるか考えます。

できるナビ　小数のかけ算・わり算は、整数の計算と同じようにできますが、積や商・あまりの小数点のうち方には注意が必要(ひつよう)です。

勉強した日　月　日

まとめのテスト

教科書 下 77〜97ページ　答え 19ページ

時間 20分

とく点 /100点

おわったら シールを はろう

1 よく出る 計算をしましょう。　1つ6〔24点〕

❶ $\begin{array}{r} 7.2 \\ \times\ \ 3 \\ \hline \end{array}$　❷ $\begin{array}{r} 0.7 \\ \times 45 \\ \hline \end{array}$　❸ $\begin{array}{r} 0.36 \\ \times\ \ 16 \\ \hline \end{array}$　❹ $\begin{array}{r} 1.385 \\ \times\ \ \ 64 \\ \hline \end{array}$

2 わりきれるまで計算しましょう。　1つ6〔24点〕

❶ $7\overline{)8.4}$　❷ $18\overline{)83.7}$　❸ $5\overline{)5.12}$　❹ $8\overline{)0.648}$

3 5円玉6まいの重さをはかったら、22.5gありました。　1つ6〔24点〕

❶ 5円玉1まいの重さは、何gでしょうか。

式

答え（　　　　　）

❷ 5円玉15まい分の重さは、何gでしょうか。

式

答え（　　　　　）

4 67.5cmのテープを4cmずつ切っていくと、4cmのテープは何本できて、何cmあまるでしょうか。　1つ7〔14点〕

式

答え（　　　　　）

5 はるみさんの体重は35kg、妹の体重は28kgです。妹の体重は、はるみさんの体重の何倍でしょうか。　1つ7〔14点〕

式

答え（　　　　　）

ふろくの「計算練習ノート」21〜24ページをやろう！

□小数×整数、小数÷整数の計算ができたかな？
□何倍かを表す数を小数で求めることができたかな？

勉強した日　月　日

立体 [その1]

きほんのワーク

学習の目標
直方体と立方体の特ちょうを覚え、面や辺の関係を理かいしよう。

おわったらシールをはろう

教科書 下 100～107ページ　答え 20ページ

きほん1 直方体や立方体がどんな形かわかりますか。

☆下の表は、直方体や立方体の面、辺、頂点の数について調べたものです。あいているところにあてはまる数を書きましょう。

	面	辺	頂点
直方体	あ	い	う
立方体	え	お	か

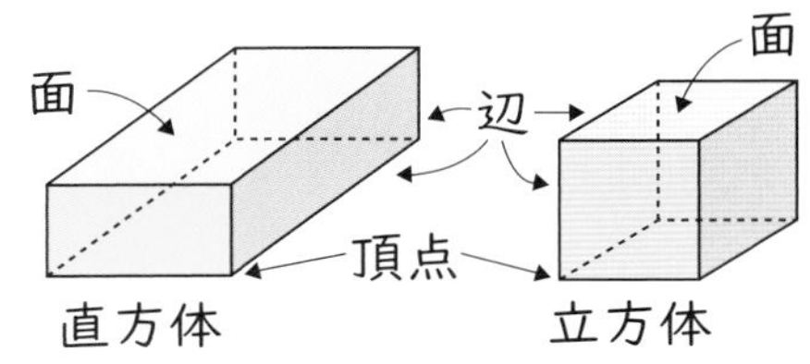

とき方　長方形だけでかこまれた形や、長方形と正方形でかこまれた形を［直方体］といい、正方形だけでかこまれた形を［立方体］といいます。

直方体、立方体どちらも面の数は［　］、辺の数は［　］、頂点の数は［　］で、同じです。

答え　上の表に記入

直方体や立方体の面のように、平らな面のことを「平面」というんだ。

たいせつ
直方体…面の形は長方形、または、長方形と正方形なので、長さの等しい辺が4本ずつ3組あるか、または、長さの等しい辺が4本と8本あります。
立方体…面の形がすべて正方形なので、すべての辺の長さが等しくなっています。

1 右の図のような直方体について調べましょう。教科書 104ページ 3

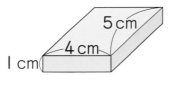

5cm　4cm　1cm

❶ 頂点はいくつあるでしょうか。

(　　　　)

❷ どんな形の面がいくつあるでしょうか。

(　　　　)

❸ どんな長さの辺がいくつあるでしょうか。

(　　　　)

直方体の大きさは、1つの頂点に集まっている「**たて**」、「**横**」、「**高さ**」の3つの辺の長さで決まるよ。

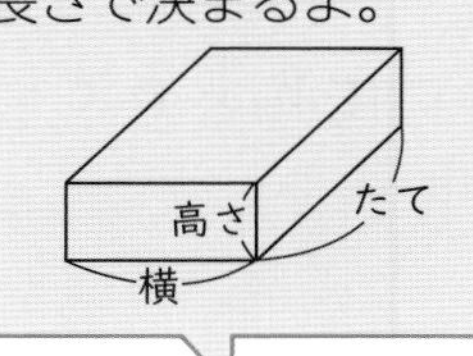

箱やつつのように、平らな面や曲がった面でかこまれた形を「立体」というよ。

きほん2 面と面、面と辺、辺と辺の垂直、平行がわかりますか。

☆右の直方体の図を見て、□にあてはまる言葉を書きましょう。

❶ 面㋔と面㋕は□です。

❷ 面㋕と面㋓は□です。

❸ 面㋕と辺アイは□です。　❹ 面㋒と辺イカは□です。

❺ 辺ウキと辺カキは□です。　❻ 辺イウと辺カキは□です。

とき方 ❶ 面㋔と面㋕は直方体の向かい合った面です。右の図のように、向かい合った面は交わりません。このような２つの面は［平行］であるといいます。

❷ 面㋕と面㋓は直方体のとなり合った面です。となりあった面は右の図のようになっています。このような２つの面は［垂直（すいちょく）］であるといいます。

❸ 右の図の❸のようにならぶ面と辺は□であるといいます。

❹ 右の図の❹のように交わる面と辺は□であるといいます。

❺❻ 右の図の❺のように交わる辺と辺は□で、図の❻のようにならぶ辺と辺は□です。

答え 上の問題中に記入

2 きほん2の直方体について、次の面や辺をすべて答えましょう。

教科書 105ページ 4　106～107ページ

❶ 面㋐と垂直な面　(　　　)

❷ 面㋑と平行な面　(　　　)

❸ 面㋕と垂直な辺　(　　　)

❹ 辺エクと平行な辺　(　　　)

直方体や立方体は、長方形や正方形でかこまれているので、直角があちこちにあります。その直角を利用（りよう）して、面や辺などの関係（かんけい）を考えます。

勉強した日　月　日

学習の目標
展開図や見取図を理かいし、これらの図がかけるようになろう。

おわったら シールを はろう

立体［その2］
きほんのワーク

教科書 ㊦ 108〜112ページ　答え 20ページ

きほん1 「展開図」をかくことができますか。

☆右の図のような直方体を辺（へん）にそって切り開いた形を、下の方眼（ほうがん）にかきましょう。

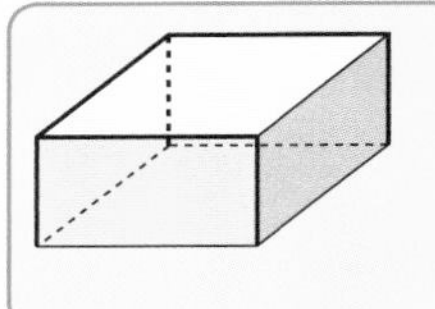

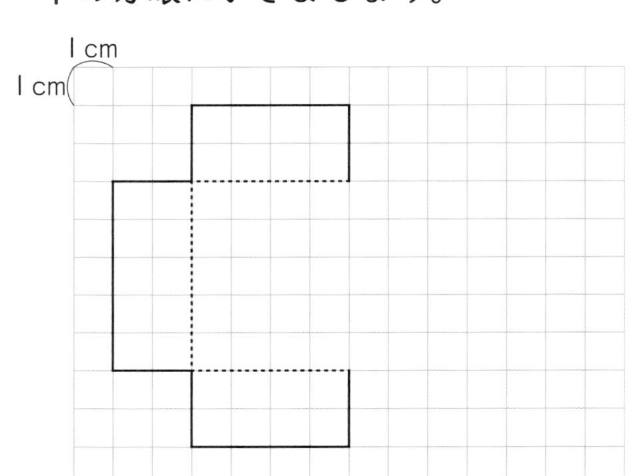

とき方　直方体や立方体などを辺にそって切り開いて、平面の上に広げた図を 展開図（てんかいず） といいます。切り開く辺によって、いろいろな展開図ができます。

答え　左の図に記入

太い辺で切り開いた展開図をかいてみよう。展開図では、切り開いた辺以外（いがい）は点線でかくよ。

1 下の図のような直方体の展開図を、右の方眼にかきましょう。　教科書 108ページ 7

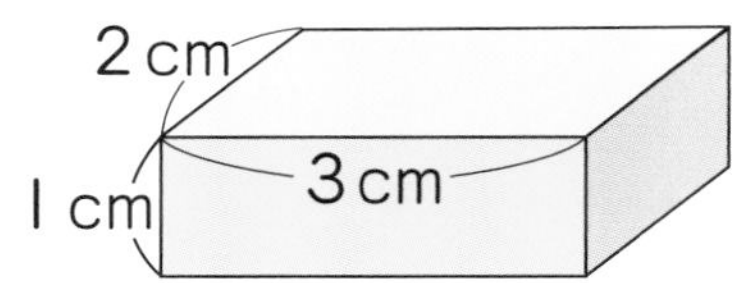

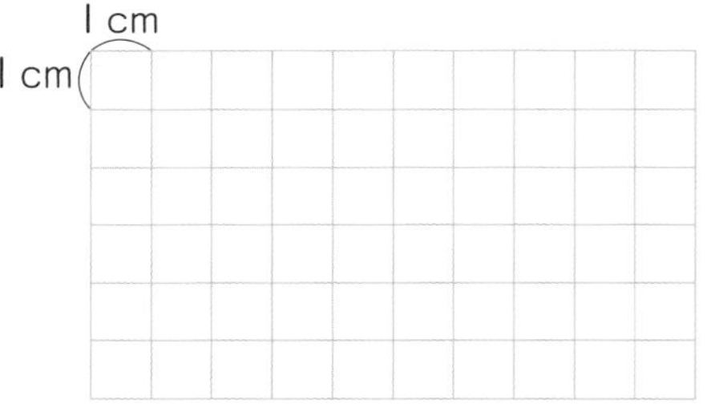

2 右の展開図を組み立ててできる立方体について、次の点や辺や面をすべて答えましょう。　教科書 109ページ 8

❶ 点オと重なる点　（　　　）

❷ 辺ケクと重なる辺　（　　　）

❸ 面㋒と平行になる面　（　　　）

❹ 面㋔と垂直（すいちょく）になる面　（　　　）

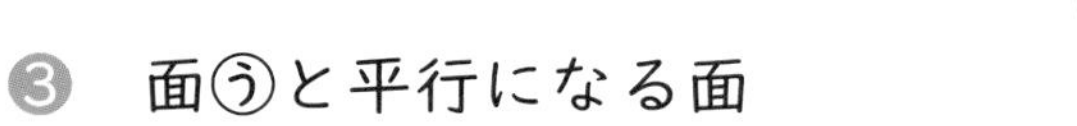

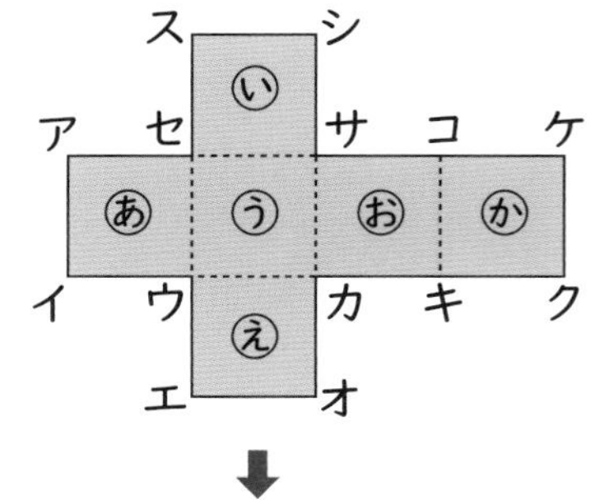

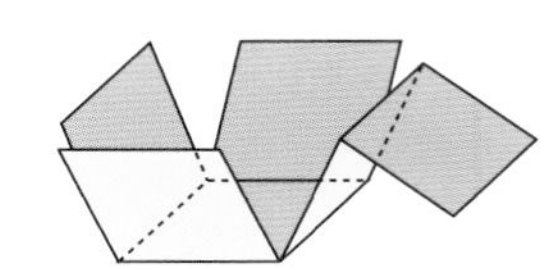

同じ立体でも、切り開く辺によって、展開図はいろいろできるよ。例（たと）えば、立方体には11種類（しゅるい）の展開図があるんだよ。

きほん2 「見取図」をかくことができますか。

☆下の図のつづきをかいて、直方体の見取図(みとりず)を完成(かんせい)させましょう。

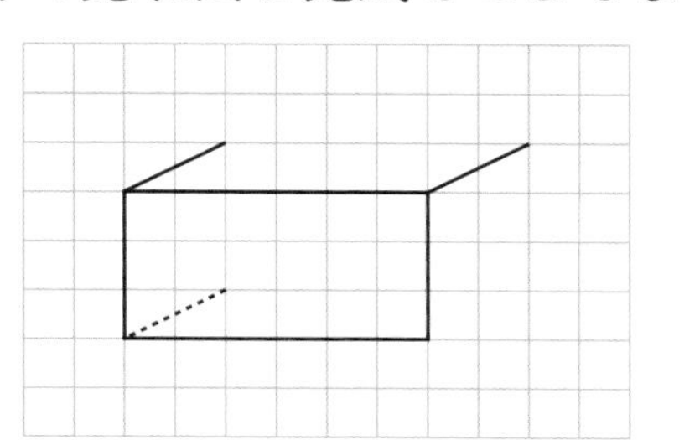

とき方 見ただけで全体のおよその形がわかる図を、見取図といいます。
見取図は次のようにかきます。

1 正面の正方形か長方形をかく。

2 見えている辺をかく。

3 見えない辺を点線でかく。

見取図は、たての辺をななめに少しちぢめてかくと、見た感じに近くなるね。また、平行な辺は平行になるようにかくよ。

答え 左の図に記入

3 右の図は、立方体の見取図をかきかけたものです。平行な辺どうしが、同じ長さになるようにして、つづきをかいて、見取図を完成させましょう。 教科書 110ページ 9

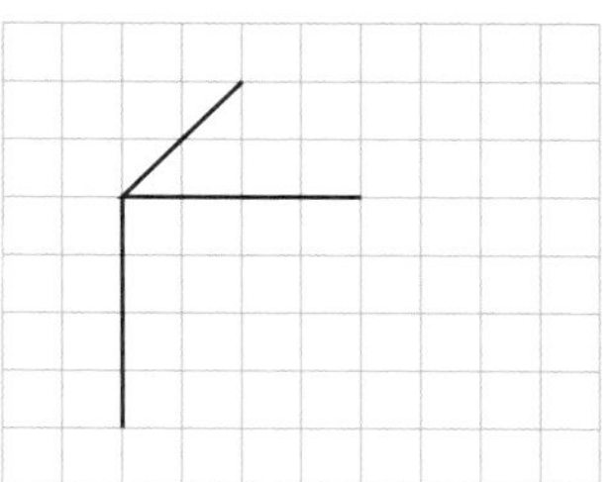

きほん3 「位置の表し方」がわかりますか。

☆下の図で、点アの位置(いち)をもとにすると、点イの位置は(横 1cm たて 2cm)と表せます。点イと同じように、点ウの位置を表しましょう。

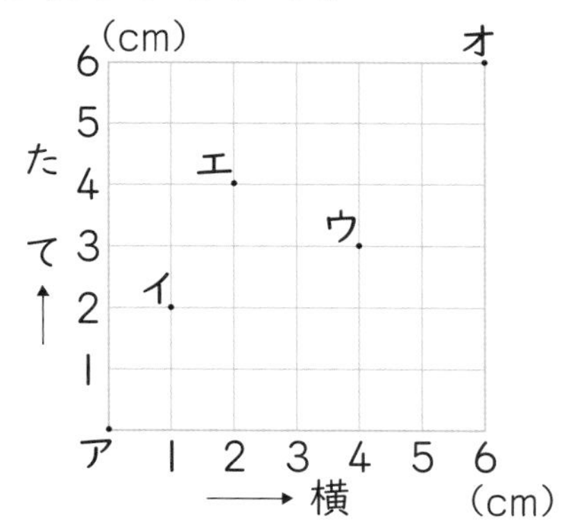

とき方 平面上の点の位置は、もとになる点からの2つの長さの組で表すことができます。
点ウは、
横に4cm、
たてに □ cm
のところにあります。

答え (横 □ cm たて □ cm)

4 きほん3の図を見て、点イと同じように、次の点の位置を表しましょう。

教科書 111ページ 10

1 点エ (　　　　　)　　2 点オ (　　　　　)

ポイント 見取図は、全体の形を見やすくかいた図なので、立体のおよその形がわかります。また、平行や垂直がわかりやすくなります。

練習のワーク

勉強した日 月 日

教科書 ㊦ 100～115ページ　答え 20ページ

できた数 /6問中

1 直方体と立方体　次の□にあてはまる言葉を書きましょう。

長方形だけでかこまれた形や、長方形と正方形でかこまれた形を□といい、正方形だけでかこまれた形を□といいます。

2 直方体の展開図　下の図のような直方体の展開図を、右の方眼にかきましょう。

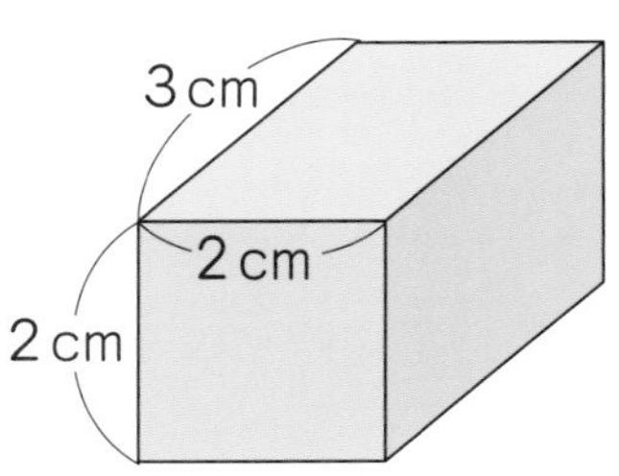

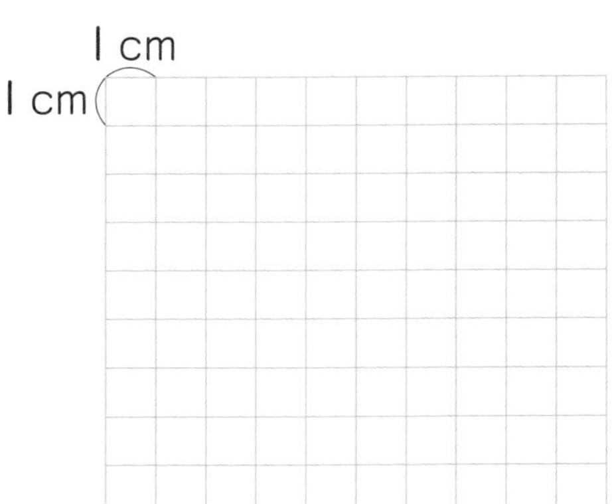

3 直方体　右のような長方形のあつ紙㋐と㋑がそれぞれ2まいずつあります。㋐と㋑を面として使って直方体を作るには、あと2まいどんな大きさのあつ紙があればよいでしょうか。

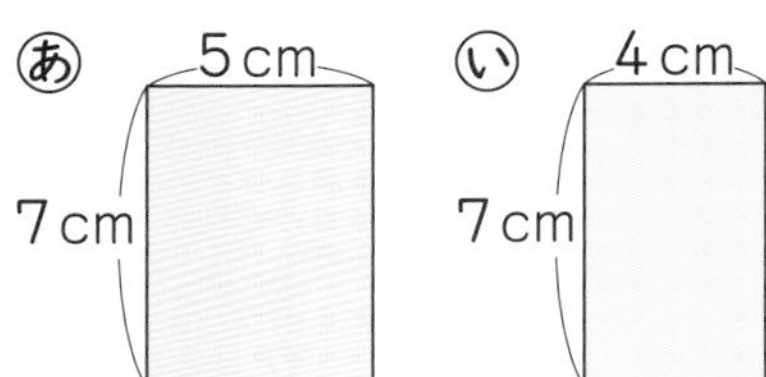

(　　　　)

4 位置の表し方　右のような直方体で、頂点アをもとにすると、頂点カの位置は次のように表すことができます。

(横3cm　たて0cm　高さ5cm)

同じようにして、次の頂点の位置を表しましょう。

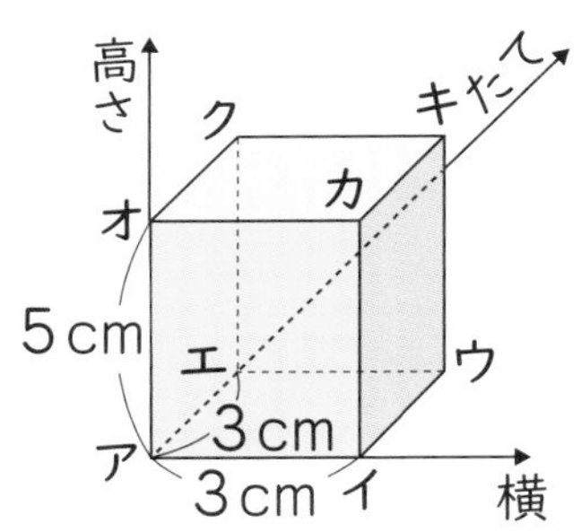

❶ 頂点ウ (　　　　)

❷ 頂点キ (　　　　)

1 直方体と立方体

たいせつ

直方体⇒6つの長方形や、4つの長方形と2つの正方形でかこまれた立体

立方体⇒6つの正方形でかこまれた立体

2 直方体の展開図

展開図のかき方

1 重なる辺は同じ長さになるようにかく。

2 切り開いた辺以外は点線でかく。

3 直方体

㋐の面と㋑の面はとなり合った面になります。また、向かい合った面は同じ形で同じ大きさのあつ紙になります。

4 位置の表し方

空間にある点の位置は、3つの長さの組で表すことができます。もとになる点からの横、たて、高さを考えます。

頂点ウは、頂点アから横に3cm、たてに3cm進んだところ(高さは0cm)にあります。

できるナビ　平面上の点の位置は2つの長さの組で表すことができ、空間にある点の位置は3つの長さの組で表すことができます。

まとめのテスト

教科書 ㊦ 100〜115ページ　答え 20ページ

1 右のような直方体があります。 1つ10〔50点〕

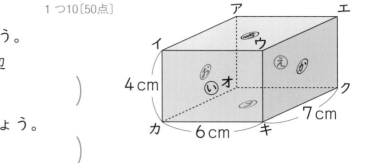

❶ 面、頂点、辺の数を答えましょう。

面（　　　）　頂点（　　　）　辺（　　　）

❷ 面㋐と垂直(すいちょく)な辺を全部書きましょう。

（　　　　　　　　）

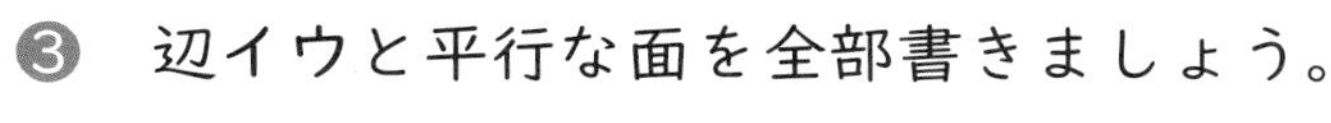

❸ 辺イウと平行な面を全部書きましょう。（　　　　　　　　）

❹ 辺イウと垂直な辺を全部書きましょう。（　　　　　　　　）

❺ 面㋓は何という四角形で、たてと横の長さは何cmでしょうか。

（　　　　　　　　）

2 よく出る 右の展開図を組み立ててできる立方体について、次の点や辺や面をすべて答えましょう。 1つ8〔32点〕

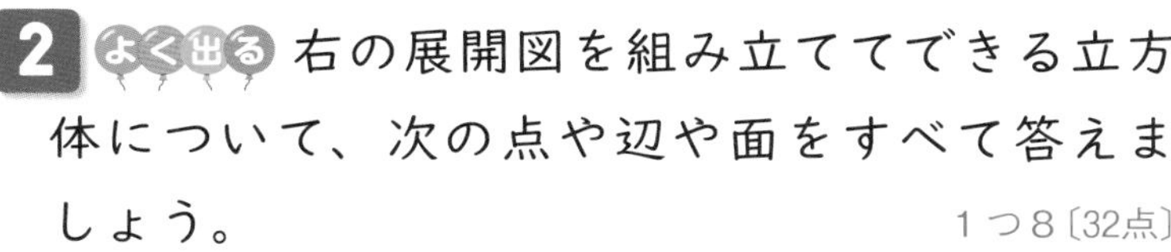

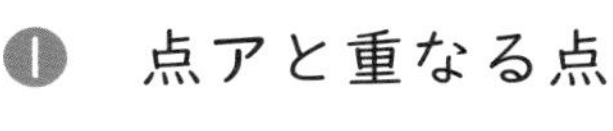

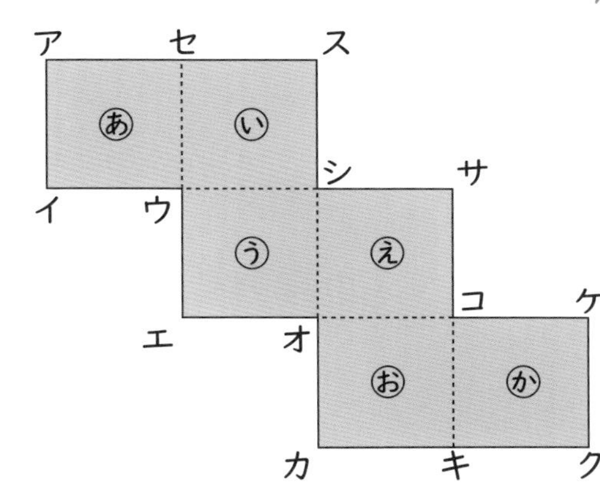

❶ 点アと重なる点

（　　　　　　　　）

❷ 辺カキと重なる辺

（　　　　　　　　）

❸ 面㋑と平行になる面

（　　　　　　　　）

❹ 面㋑と垂直になる面

（　　　　　　　　）

3 直方体の形をした箱に、右の図のようにリボンをかけます。 1つ6〔18点〕

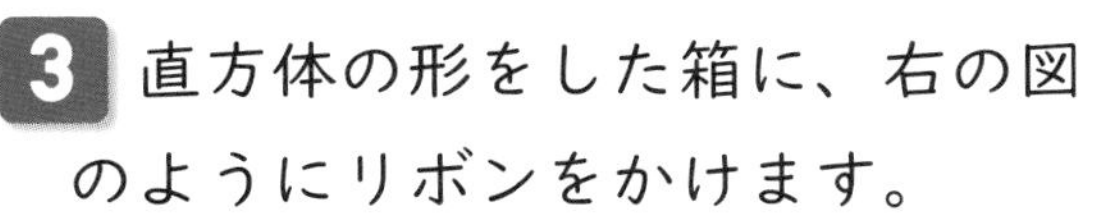

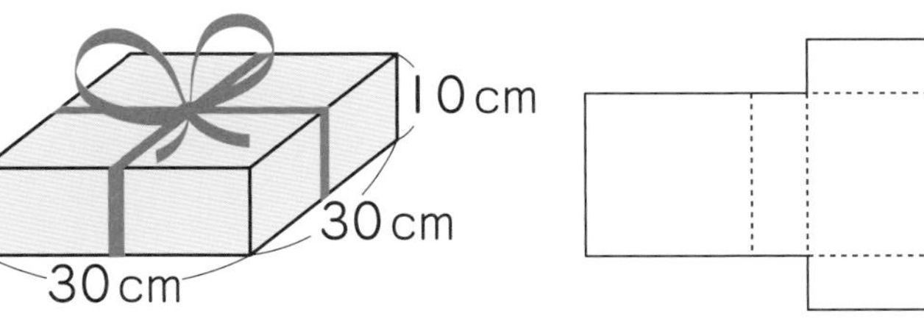

❶ リボンが通る直線を、右の展開図にかき入れましょう。

❷ ちょう結(むす)びの部分に50cm使うとすると、リボンは何cm必要(ひつよう)でしょうか。

式

答え（　　　　　　　　）

チェック
□ 直方体と立方体の面と辺のならび方や交わり方がわかったかな？
□ 展開図を組み立ててできる立体について正しく答えることができたかな？

勉強した日　月　日

分数の大きさとたし算、ひき算 ［その1］

きほんのワーク

学習の目標
分数の表し方になれ、大小をくらべられるようになろう。

おわったらシールをはろう

教科書 下 116〜121ページ　答え 21ページ

ふくしゅう　できるかな？

例 $\frac{3}{5}$mは1mを何等分した何こ分の長さでしょうか。

考え方 分数は1を●等分した1こ分である「●分の1」が何こあるかを考えていきます。$\frac{3}{5}$mは1mを[5]等分した[3]こ分の長さです。

問題 □にあてはまる数を書きましょう。

❶ $\frac{1}{5}$mの□こ分が1mです。

❷ $\frac{1}{5}$mの8こ分が□mです。

きほん1　「真分数、仮分数、帯分数」がわかりますか。

☆右のテープの長さを仮分数（かぶんすう）と帯分数（たいぶんすう）で表しましょう。

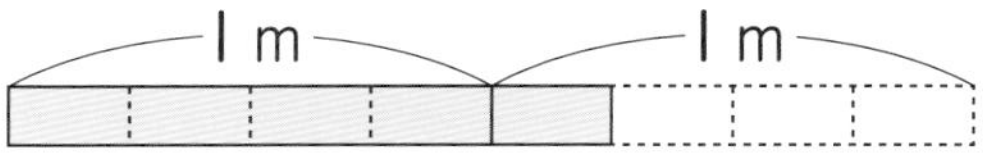

（図：1m　1m のテープ）

とき方 テープは$\frac{1}{4}$mの5こ分で□mです。
これは1mとあと$\frac{1}{4}$mと考えられるので、
□mとも表せます。
→「一と四分の一」とよむ。

$\frac{1}{4}$mの何こ分になるかで考えればいいね。

答え 仮分数□m　帯分数□m

たいせつ
$\frac{1}{4}$や$\frac{3}{4}$のように、分子が分母より小さい分数（1より小さい分数）を**真分数**（しんぶんすう）といいます。
$\frac{4}{4}$や$\frac{5}{4}$のように、分子と分母が等しいか、分子が分母より大きい分数（1と等しいか、1より大きい分数）を**仮分数**といいます。
$1\frac{1}{4}$や$2\frac{3}{4}$のように、整数と真分数の和で表されている分数を**帯分数**といいます。

1 下のテープの長さを仮分数と帯分数で表しましょう。　教科書 117ページ 1

❶ （図：1m　1m のテープ）

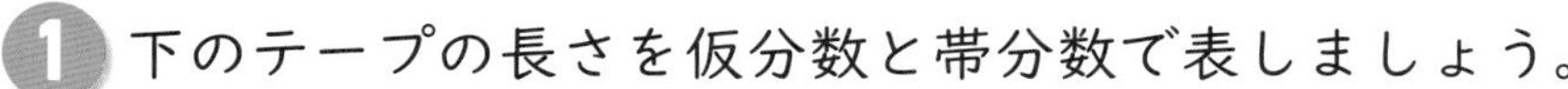

仮分数（　　）
帯分数（　　）

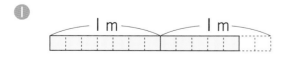

❷ （図：1m　1m　1m のテープ）

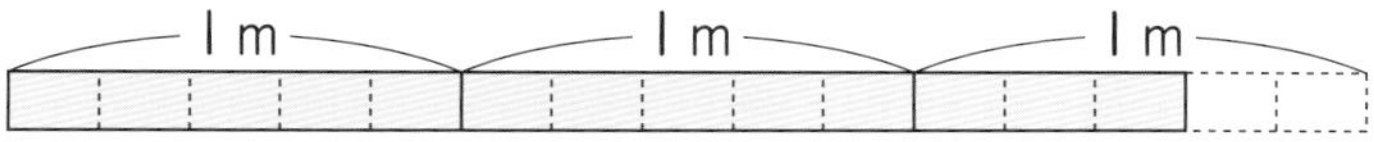

仮分数（　　）
帯分数（　　）

$\frac{3}{3}$や$\frac{4}{4}$のように分子と分母が同じ数のときは1になるけど、$\frac{0}{0}$は考えないよ。これは0の0等分という意味がはっきりしないからだよ。

2 数の大小をくらべて、□に不等号（ふとうごう）を書きましょう。 教科書 119ページ 2

❶ $\frac{11}{7}$ □ $\frac{9}{7}$　❷ $\frac{11}{6}$ □ $\frac{13}{6}$

❸ $2\frac{3}{5}$ □ $2\frac{4}{5}$　❹ $7\frac{4}{9}$ □ $4\frac{7}{9}$

❶❷は分子の大きさでくらべよう。❸❹の帯分数は、まず整数の部分に注目だね。

きほん 2 「仮分数と帯分数の関係」がわかりますか。

☆数の大小をくらべて、□に不等号を書きましょう。　$2\frac{2}{5}$ □ $\frac{14}{5}$

とき方 仮分数か帯分数になおして、くらべます。

《1》$2\frac{2}{5}$ を仮分数で表す ➡ $2\frac{2}{5}$ は $\frac{1}{5}$ が(5×2＋2)こ分だから、$2\frac{2}{5}$＝□

《2》$\frac{14}{5}$ を帯分数で表す ➡ 14÷5＝2 あまり 4 より、

$\frac{14}{5}$ の中には、1 $\left(=\frac{5}{5}\right)$ が □ こと、$\frac{1}{5}$ が □ こあるから、$\frac{14}{5}$＝□

仮分数か帯分数のどちらかにそろえると、大きさがくらべやすいんだね。

たいせつ

帯分数→仮分数

5×2＋2＝●　$2\frac{2}{5}=\frac{●}{5}$

仮分数→帯分数

14÷5＝■ あまり ●　$\frac{14}{5}$＝■$\frac{●}{5}$

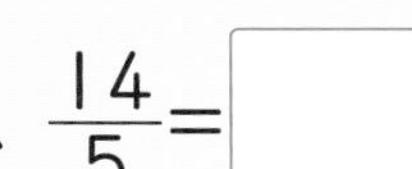

答え 上の問題中に記入

3 次の帯分数を仮分数で表しましょう。 教科書 120ページ 3

❶ $2\frac{1}{3}$　(　　)　❷ $6\frac{3}{4}$　(　　)　❸ $5\frac{7}{12}$　(　　)

4 次の仮分数を帯分数か整数で表しましょう。 教科書 120ページ 4

❶ $\frac{8}{5}$　(　　)　❷ $\frac{15}{2}$　(　　)　❸ $\frac{28}{7}$　(　　)

5 次の分数の大小を、不等号を使って書きましょう。 教科書 121ページ 5

❶ $2\frac{5}{8}$、$\frac{25}{8}$　(　　)　❷ $\frac{13}{5}$、3　(　　)

❸ $4\frac{1}{6}$、$\frac{23}{6}$　(　　)　❹ $\frac{7}{3}$、$2\frac{2}{3}$　(　　)

ポイント 分数の表し方を覚（おぼ）えよう。仮分数と帯分数の大きさは、仮分数か帯分数のどちらかにそろえるとくらべやすくなります。

勉強した日　月　日

分数の大きさとたし算、ひき算 [その2]

学習の目標 いろいろな分数のたし算やひき算ができるようになろう。

おわったらシールをはろう

教科書 ㊦ 122〜127ページ　答え 21ページ

きほん1 「大きさの等しい分数」がわかりますか。

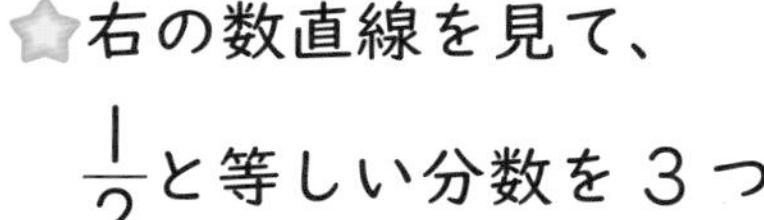

☆右の数直線を見て、$\frac{1}{2}$と等しい分数を３つさがしましょう。

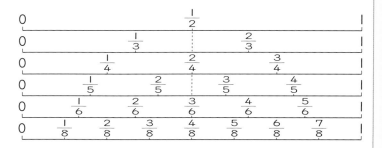

とき方 上の図で、$\frac{1}{2}$の下を見ます。$\frac{1}{2}=\square=\square=\frac{4}{8}$です。

分母も分子も２倍、分母も分子も３倍、…となっている分数は、大きさの等しい分数だよ。

答え □

1 数の大小をくらべて、□に不等号を書きましょう。

教科書 122ページ 7

❶ $\frac{3}{5}\ \square\ \frac{3}{8}$　❷ $\frac{2}{9}\ \square\ \frac{2}{6}$

分子が同じ分数では、分母の大きいほうが分数の大きさは小さいね。

きほん2 「分数のたし算」のしかたがわかりますか。

☆$\frac{3}{6}+\frac{4}{6}$を計算しましょう。

分母が同じ分数のたし算では、分母はそのままにして、分子だけたせばいいんだね。

とき方 $\frac{1}{6}$の何こ分になるかを考えます。

$\frac{3}{6}+\frac{4}{6}=\square\ (\square)$

$\frac{1}{6}$が３こ ＋ $\frac{1}{6}$が４こ ＝ $\frac{1}{6}$が７こ

答え □

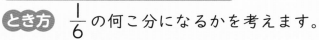

さんこう 答えが仮分数になったときは、そのまま答えてもかまいませんが、帯分数になおすと、大きさがわかりやすくなります。

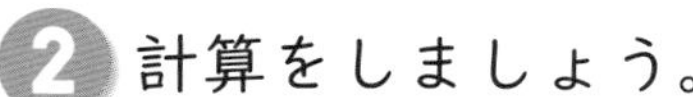

2 計算をしましょう。

教科書 124ページ 8

❶ $\frac{2}{8}+\frac{7}{8}$　❷ $\frac{5}{9}+\frac{11}{9}$　❸ $\frac{8}{7}+\frac{20}{7}$　❹ $\frac{21}{6}+\frac{14}{6}$

さんすうはかせ　分数は分子が１の単位分数の和で表すことができるよ。例えば、$\frac{5}{6}$は、$\frac{5}{6}=\frac{3}{6}+\frac{2}{6}=\frac{1}{2}+\frac{1}{3}$のようにできるんだよ。

きほん3 「帯分数のたし算」のしかたがわかりますか。

☆ $2\frac{4}{5}+1\frac{3}{5}$ を計算しましょう。

とき方　帯分数のたし算は、整数と真分数に分けて計算します。

$2\frac{4}{5}+1\frac{3}{5}=3\frac{7}{5}=$ □

$\frac{7}{5}$ は $1\frac{2}{5}$ と同じです。

答え □

仮分数になおして、$\frac{14}{5}+\frac{8}{5}=\frac{22}{5}$ のように、計算することもできるよ。

3 計算をしましょう。　教科書 125ページ 9・10

❶ $1\frac{1}{4}+3\frac{2}{4}$　❷ $1\frac{2}{7}+\frac{3}{7}$　❸ $2\frac{3}{6}+3\frac{4}{6}$

❹ $\frac{5}{9}+3\frac{8}{9}$　❺ $1\frac{3}{5}+2\frac{2}{5}$　❻ $\frac{9}{10}+2\frac{1}{10}$

きほん4 「分数のひき算」のしかたがわかりますか。

☆ $3\frac{5}{8}-1\frac{6}{8}$ を計算しましょう。

仮分数になおして、$\frac{29}{8}-\frac{14}{8}=\frac{15}{8}$ のように、計算することもできるんだ。

とき方　分数のひき算も、分母が同じときは、分母はそのままにして、分子だけをひきます。帯分数のひき算では、整数と真分数に分けて計算します。ひく数の分数部分が大きくて、分数どうしのひき算ができないときは、ひかれる帯分数の整数部分から１くり下げて、分数部分を仮分数にして計算します。

$3\frac{5}{8}-1\frac{6}{8}=2\frac{13}{8}-1\frac{6}{8}=$ □

答え □

4 計算をしましょう。　教科書 126ページ 11

❶ $\frac{8}{7}-\frac{6}{7}$　❷ $\frac{19}{9}-\frac{5}{9}$　❸ $\frac{14}{3}-\frac{8}{3}$

5 計算をしましょう。　教科書 127ページ 12・13

❶ $4\frac{3}{5}-1\frac{2}{5}$　❷ $3\frac{6}{7}-\frac{5}{7}$　❸ $2\frac{2}{9}-\frac{2}{9}$

❹ $4\frac{3}{7}-2\frac{6}{7}$　❺ $6\frac{3}{11}-5\frac{9}{11}$　❻ $3-1\frac{1}{6}$

ポイント　分母が同じ分数のたし算やひき算は、分子で考えます。また、帯分数のある計算では、整数と真分数に分けて考えたり、仮分数になおして考えたりします。

勉強した日　月　日

練習のワーク

教科書 ㊦ 116～130、152ページ　答え 21ページ

できた数　/20問中

おわったら シールを はろう

1 仮分数と帯分数　次の仮分数を帯分数か整数で、帯分数を仮分数で表しましょう。

❶ $\frac{11}{7}$ (　　)　❷ $\frac{18}{3}$ (　　)

❸ $5\frac{3}{8}$ (　　)　❹ $1\frac{7}{9}$ (　　)

2 分数の大小　数の大小をくらべて、□に不等号を書きましょう。

❶ $\frac{9}{8}$ □ $\frac{7}{8}$　❷ $3\frac{1}{7}$ □ $\frac{18}{7}$

❸ $\frac{50}{9}$ □ $5\frac{7}{9}$　❹ $\frac{11}{6}$ □ $\frac{11}{8}$

3 分数のたし算　計算をしましょう。

❶ $\frac{8}{9}+\frac{2}{9}$　❷ $\frac{6}{4}+\frac{9}{4}$

❸ $3\frac{2}{8}+2\frac{5}{8}$　❹ $1\frac{2}{6}+\frac{5}{6}$

❺ $1\frac{4}{7}+3\frac{6}{7}$　❻ $2\frac{3}{5}+1\frac{2}{5}$

4 分数のひき算　計算をしましょう。

❶ $\frac{13}{8}-\frac{10}{8}$　❷ $\frac{7}{4}-\frac{2}{4}$

❸ $3\frac{6}{9}-1\frac{2}{9}$　❹ $1\frac{4}{5}-\frac{4}{5}$

❺ $2\frac{4}{7}-\frac{6}{7}$　❻ $4-2\frac{7}{10}$

てびき

1 仮分数と帯分数
仮分数を帯分数になおすときは、
分子÷分母
の計算をします。
わりきれるときは、整数です。

2 分数の大小
たいせつ
仮分数か帯分数のどちらかにそろえて、大きさをくらべます。
分母が同じ分数では、**分子が大きいほど、分数の大きさは大きく**なります。
分子が同じ分数では、**分母が大きいほど、分数の大きさは小さく**なります。

3 分数のたし算
帯分数のあるたし算では、整数と真分数に分けて考えましょう。

4 分数のひき算
帯分数のあるひき算で、分数部分がひけないときは、整数部分から1くり下げ、分数部分を仮分数にして考えます。

できるナビ　帯分数や仮分数へのなおし方をしっかり覚えて、大きさをくらべたり、たし算やひき算に利用したりしましょう。

まとめのテスト

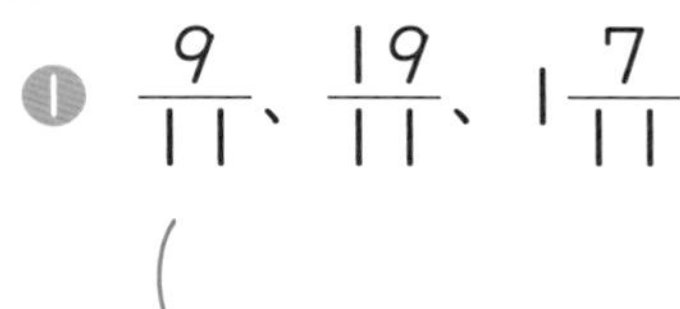

教科書 ㊦ 116〜130ページ　答え 21ページ

時間 20分　とく点 /100点　おわったらシールをはろう

1 次の数を大きい順にならべて書きましょう。　1つ5〔10点〕

❶ $\frac{9}{11}$、$\frac{19}{11}$、$1\frac{7}{11}$　（　　　）

❷ $2\frac{3}{8}$、$2\frac{3}{5}$、$2\frac{3}{7}$　（　　　）

2 □にあてはまる１けたの数をすべて書きましょう。　1つ5〔15点〕

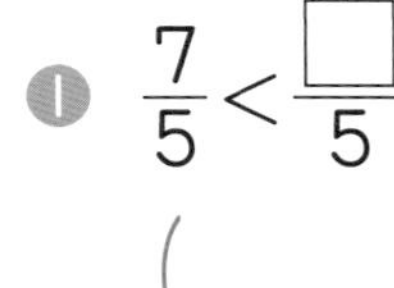

❶ $\frac{7}{5}<\frac{\square}{5}$　（　　　）

❷ $2\frac{3}{4}>2\frac{\square}{4}$　（　　　）

❸ $\frac{45}{7}<\square\frac{1}{7}$　（　　　）

3 よく出る 計算をしましょう。　1つ5〔40点〕

❶ $\frac{10}{7}+\frac{15}{7}$

❷ $1\frac{1}{5}+2\frac{3}{5}$

❸ $1\frac{3}{6}+\frac{4}{6}$

❹ $2\frac{7}{12}+1\frac{5}{12}$

❺ $\frac{16}{9}-\frac{2}{9}$

❻ $2\frac{4}{5}-\frac{3}{5}$

❼ $3\frac{1}{4}-1\frac{2}{4}$

❽ $6-4\frac{1}{6}$

4 $1\frac{3}{7}$ L のジュースと $\frac{6}{7}$ L のジュースがあります。　1つ5〔20点〕

❶ ２つのジュースの合計は何Ｌになるでしょうか。

式

答え（　　　）

❷ ２つのジュースの量のちがいは何Ｌでしょうか。

式

答え（　　　）

ふろくの「計算練習ノート」25〜27ページをやろう！

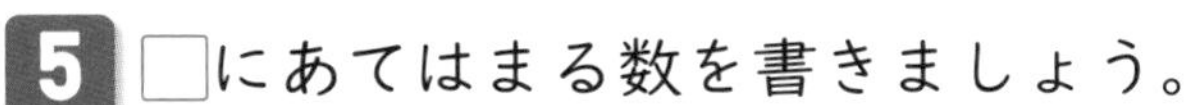

はってん **5** □にあてはまる数を書きましょう。　1つ5〔15点〕

$20分=\frac{\square}{60}時間=\frac{\square}{12}時間=\frac{1}{\square}時間$

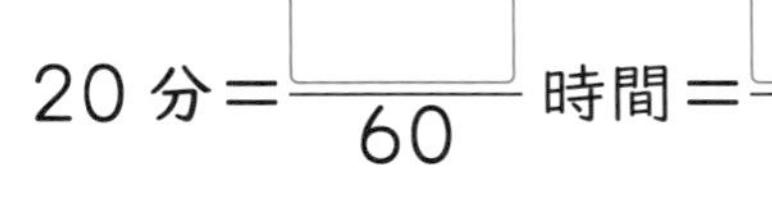

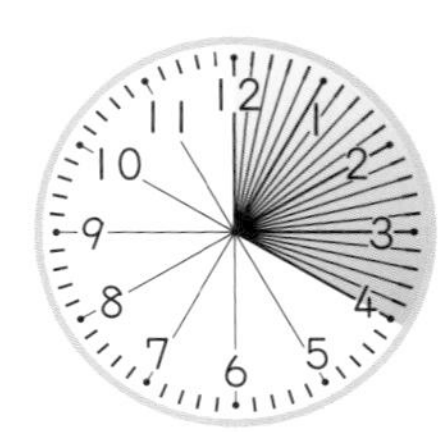

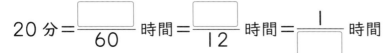

チェック

□ 分数の大小がわかったかな？

□ 分数のたし算・ひき算ができたかな？

勉強した日　月　日

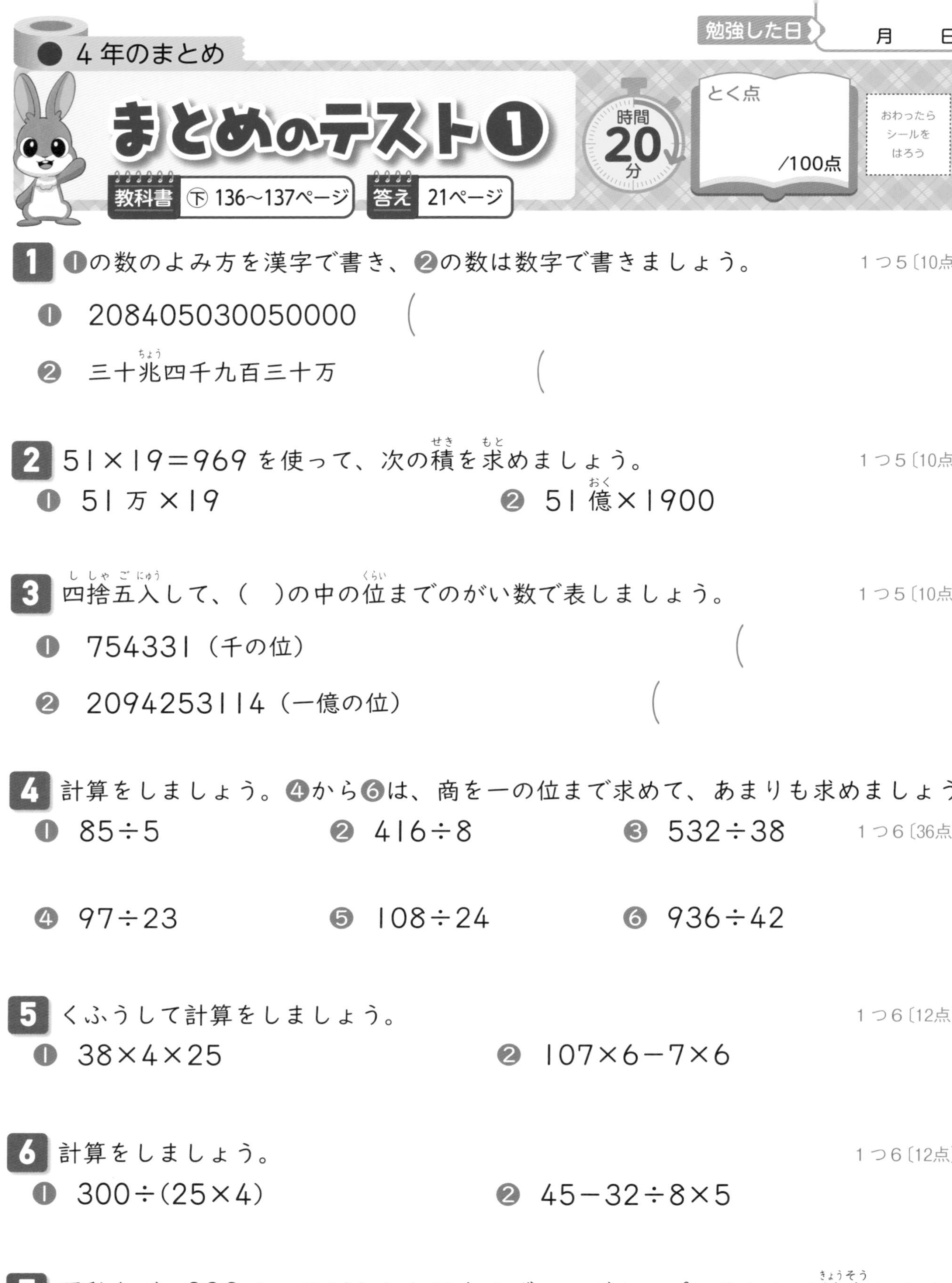

まとめのテスト①

教科書 ㊦136～137ページ　答え 21ページ

時間20分　とく点　/100点　おわったらシールをはろう

1 ❶の数のよみ方を漢字で書き、❷の数は数字で書きましょう。　1つ5〔10点〕

❶ 208405030050000　(　　　)

❷ 三十兆四千九百三十万　(　　　)

2 51×19＝969 を使って、次の積を求めましょう。　1つ5〔10点〕

❶ 51万×19　　❷ 51億×1900

3 四捨五入して、(　)の中の位までのがい数で表しましょう。　1つ5〔10点〕

❶ 754331（千の位）　(　　　)

❷ 2094253114（一億の位）　(　　　)

4 計算をしましょう。❹から❻は、商を一の位まで求めて、あまりも求めましょう。　1つ6〔36点〕

❶ 85÷5　　❷ 416÷8　　❸ 532÷38

❹ 97÷23　　❺ 108÷24　　❻ 936÷42

5 くふうして計算をしましょう。　1つ6〔12点〕

❶ 38×4×25　　❷ 107×6－7×6

6 計算をしましょう。　1つ6〔12点〕

❶ 300÷(25×4)　　❷ 45－32÷8×5

7 運動会で、282人の子どもたちが6人ずつのグループに分かれて競走します。何グループできるでしょうか。　1つ5〔10点〕

式

答え (　　　)

チェック✓
□四捨五入して、がい数を正しく求めることができたかな？
□計算のきまりを使って、くふうして計算ができたかな？

勉強した日　月　日

まとめのテスト②

教科書 ㊦137〜138ページ　答え 22ページ

時間20分　とく点　/100点　おわったらシールをはろう

1 計算をしましょう。　1つ4〔16点〕

❶ $1.44+2.38$　❷ $4.2+6.835$

❸ $5.338-2.18$　❹ $7-3.536$

2 計算をしましょう。わり算は、わりきれるまで計算しましょう。　1つ5〔30点〕

❶ 29.3×6　❷ 1.7×24　❸ 0.476×35

❹ $7.28\div4$　❺ $4.2\div12$　❻ $18\div75$

3 商は四捨五入して、$\frac{1}{10}$の位までのがい数で求めましょう。　1つ4〔8点〕

❶ $19.8\div7$　❷ $63.5\div27$

4 次の帯分数(たいぶんすう)を仮分数(かぶんすう)で、仮分数を帯分数か整数で表しましょう。　1つ4〔12点〕

❶ $2\frac{4}{5}$　❷ $\frac{27}{8}$　❸ $\frac{72}{9}$

(　　　)　(　　　)　(　　　)

5 計算をしましょう。　1つ4〔24点〕

❶ $\frac{3}{6}+\frac{8}{6}$　❷ $1\frac{2}{5}+\frac{4}{5}$　❸ $\frac{5}{7}+2\frac{2}{7}$

❹ $\frac{8}{3}-\frac{5}{3}$　❺ $4\frac{7}{9}-3\frac{2}{9}$　❻ $3\frac{2}{10}-\frac{5}{10}$

6 えみさんの家から図書館までの道のりは$\frac{7}{8}$km、図書館から学校までの道のりは$\frac{5}{8}$kmです。えみさんの家から図書館の前を通って学校まで行くときの道のりは何kmでしょうか。　1つ5〔10点〕

式

答え(　　　)

□ 小数の和・差(さ)・積・商を求めることができたかな？
□ 分数の和と差を求めることができたかな？

勉強した日 月 日

まとめのテスト③

教科書 下 138～139ページ　答え 22ページ

時間20分

とく点 /100点

おわったらシールをはろう

1 右の図を見て、答えましょう。 1つ7〔14点〕

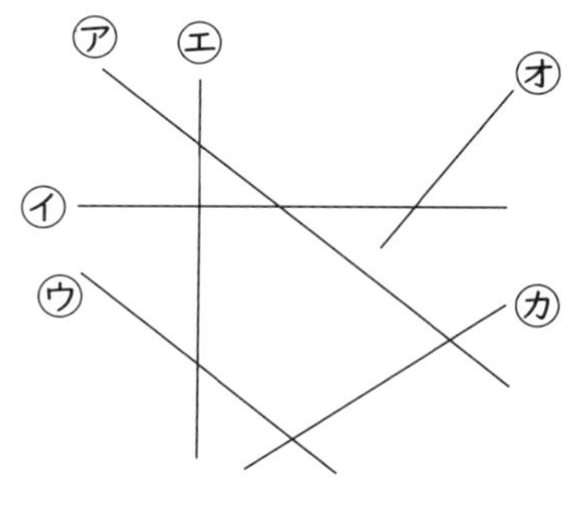

❶ 直線㋐に垂直(すいちょく)な直線は、どれでしょうか。

(　　　　)

❷ 直線㋐に平行な直線は、どれでしょうか。

(　　　　)

2 次の❶から❹にあてはまる四角形の名前をすべて書きましょう。 1つ9〔36点〕

❶ 向かい合った１組の辺(へん)だけが平行な四角形 (　　　　)

❷ ４つの辺の長さがすべて等しく、４つの角がすべて直角である四角形

(　　　　)

❸ ４つの辺の長さがすべて等しく、２本の対角線の長さが等しい四角形

(　　　　)

❹ ４つの辺の長さがすべて等しく、２本の対角線が垂直に交わる四角形

(　　　　)

3 右の展開図(てんかいず)を組み立ててできる直方体について、次の点や辺や面をすべて答えましょう。 1つ10〔50点〕

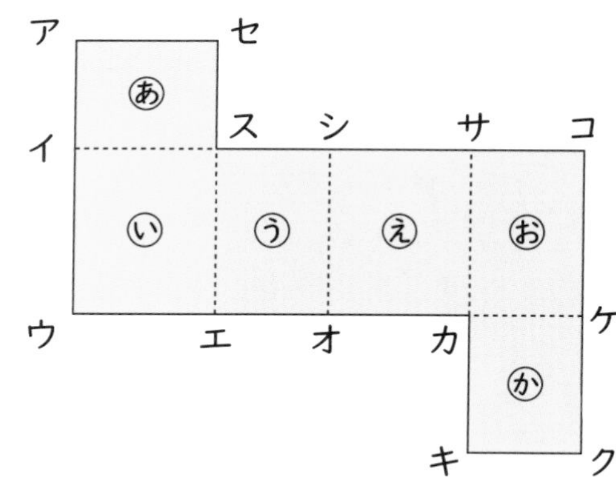

❶ 点セと重なる点

(　　　　)

❷ 辺ウエと重なる辺

(　　　　)

❸ 面㋑に平行な面

(　　　　)

❹ 辺アイに垂直な面

(　　　　)

❺ 辺ウエ、辺エオ、辺オカ、辺カケ、辺コサ、辺サシ、辺シス、辺スイのうち、辺アセに平行な辺

(　　　　)

□ いろいろな四角形の特ちょうがわかったかな？
□ 直方体の展開図で頂点(ちょうてん)・辺・面の関係(かんけい)がわかったかな？

勉強した日　月　日

まとめのテスト⑤

教科書 ㊦140ページ　答え 22ページ

時間20分　とく点 /100点　おわったらシールをはろう

1 まわりの長さが22cmになる長方形をかきます。ここで、たての長さを○cm、横の長さを△cmとして、○と△の関係を調べます。　1つ8〔24点〕

○	1	2	3	4	5
△	10	9	㋐	7	㋑

❶ 上の表の㋐、㋑にあてはまる数を求めましょう。

㋐（　　）　㋑（　　）

❷ ○と△の関係を式に表しましょう。

（　　）

2 長さが6cmのゴムひもをいっぱいまでのばしたところ、24cmまでのびました。同じゴムひもを10cm切り取って、いっぱいまでのばすと、何cmになるでしょうか。　〔20点〕

（　　）

3 下の表と右の折れ線グラフは、ある都市の気温の変化を表したものです。1つ10〔20点〕

気温調べ

月	4	5	6	7	8	9	10
気温(度)	18	㋐	25	29	31	27	22

❶ 表の㋐にあてはまる数はいくつですか。

（　　）

❷ 折れ線グラフのつづきをかきましょう。

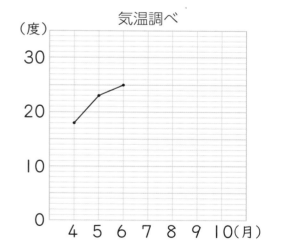

気温調べ

(度) 30 20 10 0

4 5 6 7 8 9 10(月)

4 ペットショップにいる動物の種類を調べました。下の表の㋐から㋘にあてはまる数を書いて、表を完成させましょう。　1つ4〔36点〕

ペットショップにいる動物調べ　(ひき)

店＼動物	犬	ねこ	小鳥	ハムスター	金魚	合計
東店	1	0	㋐	6	12	㋑
西店	㋒	1	12	㋓	0	24
北店	1	㋔	5	4	15	26
合計	2	㋕	26	㋖	㋗	㋘

チェック
□ 変わり方を式に表すことができたかな？
□ グラフや表を正しくよみとることができたかな？

ふろくの「計算練習ノート」28～29ページをやろう！

1 次の面積を〔　〕の単位で求めましょう。　1つ8〔32点〕

❶ 1辺が60mの正方形の形をした花だんの面積　〔a〕

式

答え（　　　　）

❷ たて5500m、横4000mの長方形の形をしたぶどう園の面積　〔km^2〕

式

答え（　　　　）

2 次の図形の面積を求めましょう。　1つ8〔48点〕

❶

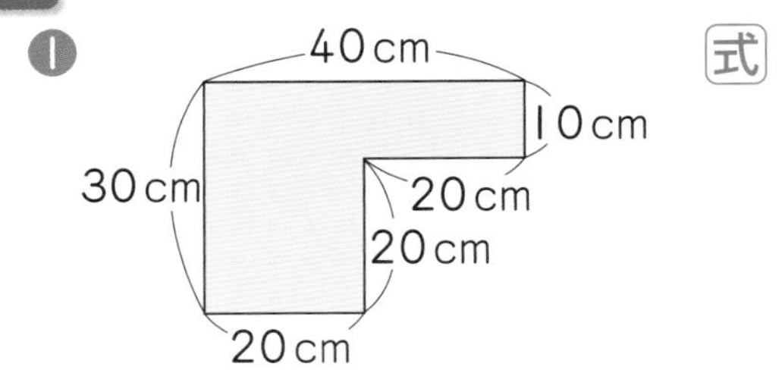

式

答え（　　　　）

❷

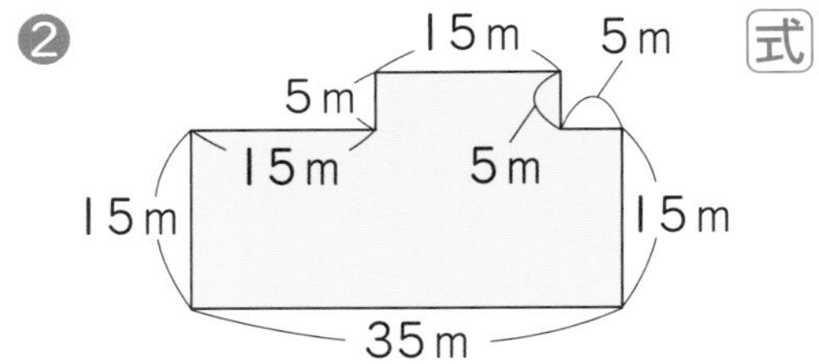

式

答え（　　　　）

❸

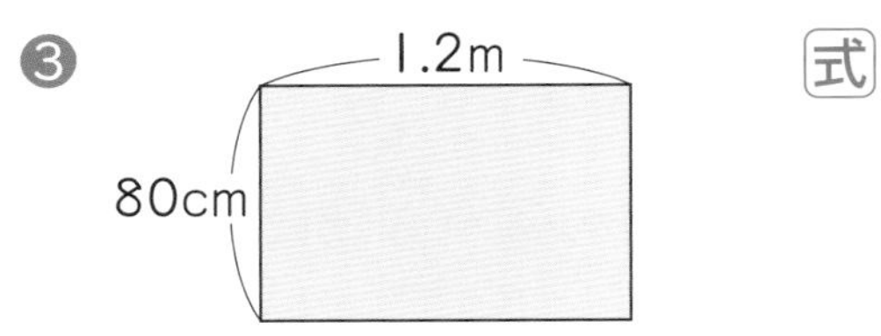

式

答え（　　　　）

3 次の大きさの角をかきましょう。　1つ10〔20点〕

❶ 80°

❷ 215°

チェック
□いろいろな図形の面積を、公式を使って求めることができたかな？
□正しい大きさの角をかくことができたかな？

●勉強した日　　月　　日

実力判定テスト

夏休みのテスト②

時間30分

名前　　とく点　　／100点

おわったらシールをはろう

教科書　㊤11〜109ページ　答え　23ページ

1 次の数を数字で書きましょう。　1つ5〔15点〕

❶ 7000億の10倍の数

（　　　　　　）

❷ 100億を140こあつめた数

（　　　　　　）

❸ 1兆を5こと、100億を3こと、100万を4こあわせた数

（　　　　　　）

2 計算をしましょう。　1つ5〔20点〕

❶ 78÷4　　❷ 960÷4

（　　　）（　　　）

❸ 762÷3　　❹ 544÷6

（　　　）（　　　）

3 右の折れ線グラフは、ある町の1年間の気温の変化を表しています。　1つ5〔15点〕

1年間の気温調べ

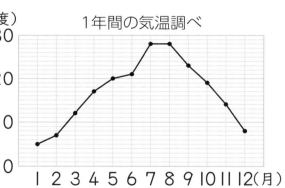

（度）30　20　10　0

1 2 3 4 5 6 7 8 9 10 11 12（月）

❶ いちばん気温が低かったのは何度で、それは何月でしょうか。

気温（　　　）　月（　　　）

❷ 気温が1度上がっていたのは、何月から何月の間でしょうか。

（　　　　　　）

4 次のような三角形をかきましょう。　1つ5〔10点〕

❶

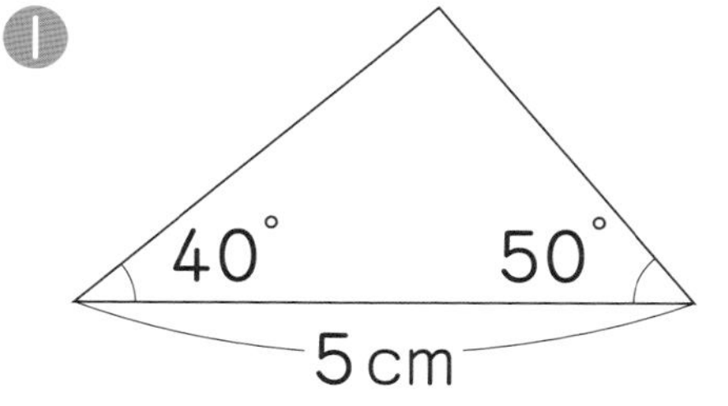

❷

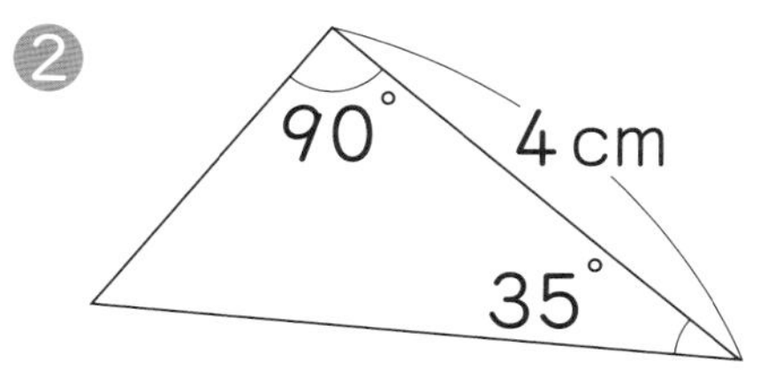

5 計算をしましょう。　1つ5〔20点〕

❶ 398÷28　　❷ 623÷43

（　　　）（　　　）

❸ 792÷78　　❹ 4863÷36

（　　　）（　　　）

6 くふうして計算しましょう。　1つ5〔10点〕

❶ 6000÷50　　❷ 48万÷6万

（　　　）（　　　）

7 ある店のおにぎり1この重さは115gです。このおにぎり284この重さは約何kgでしょうか。四捨五入して上から1けたのがい数にして、答えを見積もりましょう。　〔10点〕

（　　　）

夏休みのテスト①

●勉強した日　月　日

時間30分　名前　とく点　/100点　おわったらシールをはろう

教科書 ㊤11～109ページ　答え 23ページ

1 次の数のよみ方を漢字で書きましょう。1つ4〔8点〕

❶ 6182570947

(　　　　)

❷ 3743111052000 0

(　　　　)

2 計算をしましょう。1つ4〔24点〕

❶ 95÷5　(　　)
❷ 69÷4　(　　)
❸ 87÷7　(　　)
❹ 360÷6　(　　)
❺ 805÷8　(　　)
❻ 457÷9　(　　)

3 右の折れ線グラフは、4年1組の教室の気温の変化を表しています。1つ4〔16点〕

❶ いちばん気温が高かったのは、何度で、それは何時でしょうか。

気温(　　)　時こく(　　)

❷ 1時間の気温の上がり方がいちばん大きかったのは、何時から何時の間でしょうか。

(　　)

❸ 1時間の気温が変わっていなかったのは、何時から何時の間でしょうか。

(　　)

4 花の種が114こあります。3クラスで種を同じ数ずつ分けて植えるとき、1クラスは何この種を植えることになるでしょうか。1つ5〔10点〕

式

答え(　　)

5 次の角度は何度でしょうか。1つ4〔12点〕

❶ (　　)

❷ (　　)

❸ (　　)

6 計算をしましょう。1つ5〔20点〕

❶ 48÷16　(　　)
❷ 854÷32　(　　)
❸ 165÷29　(　　)
❹ 810÷90　(　　)

7 四捨五入して上から1けたのがい数にして、答えを見積もりましょう。1つ5〔10点〕

❶ 493×711

(　　)

❷ 18963÷387

(　　)

●勉強した日　月　日

冬休みのテスト②

時間 30分　名前　とく点 /100点　おわったらシールをはろう

教科書 上110～144ページ、下4～76ページ　答え 23ページ

1 右の図の中にあるいろいろな四角形を見つけましょう。1つ6〔18点〕

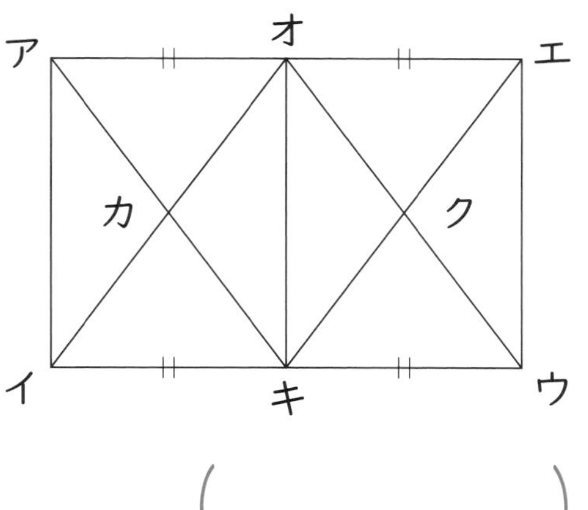

❶ 長方形は何こあるでしょうか。

(　　　)

❷ ひし形は何こあるでしょうか。

(　　　)

❸ 台形は何こあるでしょうか。

(　　　)

2 計算をしましょう。❸、❹はくふうして計算しましょう。1つ6〔24点〕

❶ 42－63÷7

(　　　)

❷ 14×8－(54－28)

(　　　)

❸ 102×56

(　　　)

❹ 25×124

(　　　)

3 右のような図形の面積(めんせき)を求(もと)めましょう。

式　1つ5〔10点〕

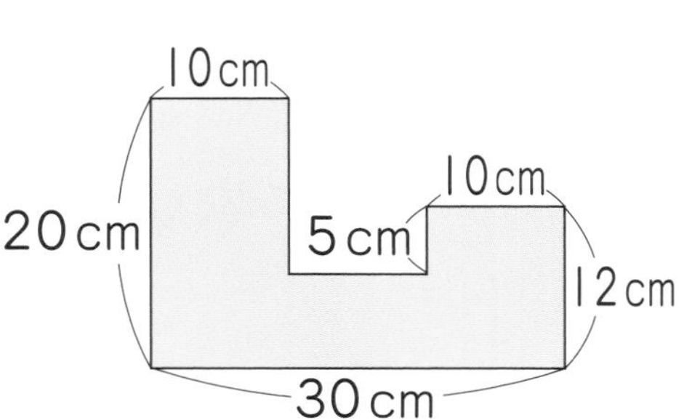

答え (　　　)

4 4年3組の26人について、クロールと平泳ぎができるかできないかを調べました。右の表のあいているところにあてはまる数を書きましょう。〔8点〕

クロールと平泳ぎ調べ　(人)

		平泳ぎ できる	平泳ぎ できない	合計
クロール	できる	あ	い	う
クロール	できない	え	3	10
合計		16	お	か

5 計算をしましょう。1つ5〔20点〕

❶ 4.67＋2.83　(　　　)

❷ 0.517＋3.49　(　　　)

❸ 4.232－3.65　(　　　)

❹ 4－0.017　(　　　)

6 正三角形の1辺(へん)の長さと、周(まわ)りの長さの関係(かんけい)について調べます。1つ5〔20点〕

❶ 1辺の長さが、1cm、2cm、3cm、4cm、5cmのときの周りの長さを調べて、下の表に整理しましょう。

1辺の長さ　(cm)	1	2	3	4	5
周りの長さ　(cm)					

❷ 1辺の長さを○cm、周りの長さを△cmとして、○と△の関係を式に表しましょう。

(　　　)

❸ 1辺の長さが12cmのとき、周りの長さは何cmになるでしょうか。

(　　　)

❹ 周りの長さが144cmになるのは、1辺の長さが何cmのときでしょうか。

(　　　)

冬休みのテスト①

時間 30分　名前　とく点　／100点　おわったらシールをはろう

教科書 上110〜144ページ、下4〜76ページ　答え 23ページ

1 右の図で、直線㋓と㋔、直線㋕と㋖は、それぞれ平行です。㋐から㋒の角度は、それぞれ何度でしょうか。　1つ5〔15点〕

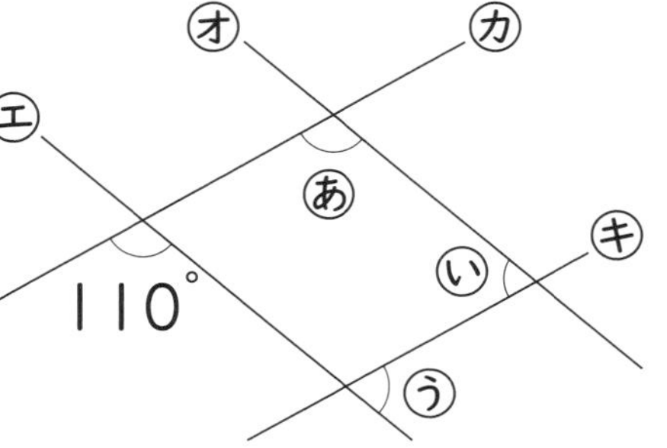

㋐（　　　）　㋑（　　　）
㋒（　　　）

2 1こ150円のりんごと30円の箱があります。150×4＋30はどんな買い物をするときの代金を求める式か書きましょう。　〔10点〕

（　　　　　　　）

3 たてが36m、横が50mの長方形の形をした公園の面積は何m^2でしょうか。　1つ5〔10点〕

式

答え（　　　）

4 4年生84人について、持ち物調べの結果を右の表に整理しました。　1つ5〔10点〕

持ち物調べ　（人）

		ハンカチ ある	ハンカチ ない	合計
ティッシュ	ある	㋐	㋑	46
ティッシュ	ない	㋒	14	㋓
合計		52	㋔	㋕

❶ 表のあいているところに、あてはまる数を書きましょう。

❷ 両方ともある人と、両方ともない人とでは、どちらが何人多いでしょうか。

（　　　）

5 スーパー㋐とスーパー㋑で、りんご1このねだんを調べたら、右のように値上がりしていました。スーパー㋐とスーパー㋑では、どちらのほうが値上がりしたといえるでしょうか。

	もとのねだん(円)	値上がり後のねだん(円)
スーパー㋐	120	240
スーパー㋑	60	180

〔10点〕

（　　　）

6 計算をしましょう。　1つ5〔30点〕

❶ 1.42＋2.3　（　　　）
❷ 2.67＋3.23　（　　　）
❸ 24.6＋6.38　（　　　）
❹ 5.37−2.16　（　　　）
❺ 3.952−1.78　（　　　）
❻ 7−0.359　（　　　）

7 1こ120円のなしを買うとき、買う数を1こ、2こ、…と変えていきます。買う数と代金の関係を調べましょう。　1つ5〔15点〕

❶ 下の表を完成させましょう。

買う数(こ)	1	2	3	4	5
代金　(円)					

❷ 買う数を○こ、代金を△円として、○と△の関係を式に表しましょう。

（　　　）

❸ なしを12こ買ったときの代金はいくらでしょうか。

（　　　）

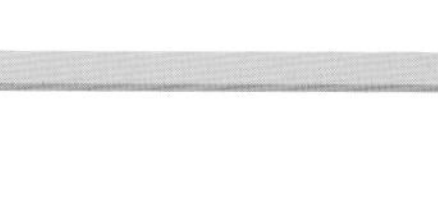

●勉強した日　月　日

実力判定テスト

学年末のテスト②

時間 30分

名前　とく点　/100点

おわったらシールをはろう

教科書 上11〜144ページ、下4〜140ページ　答え 24ページ

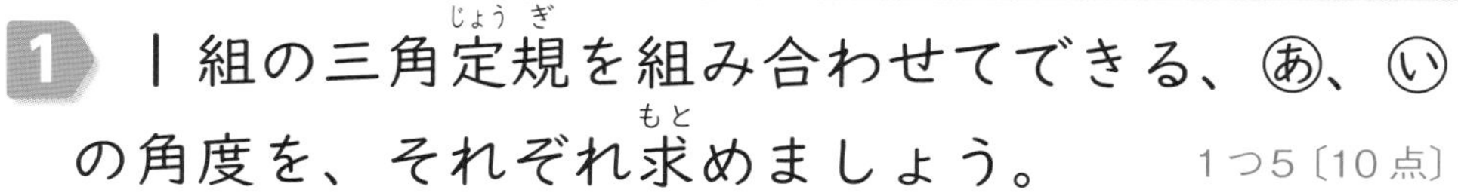

1 Ⅰ組の三角定規を組み合わせてできる、あ、いの角度を、それぞれ求めましょう。　1つ5〔10点〕

❶

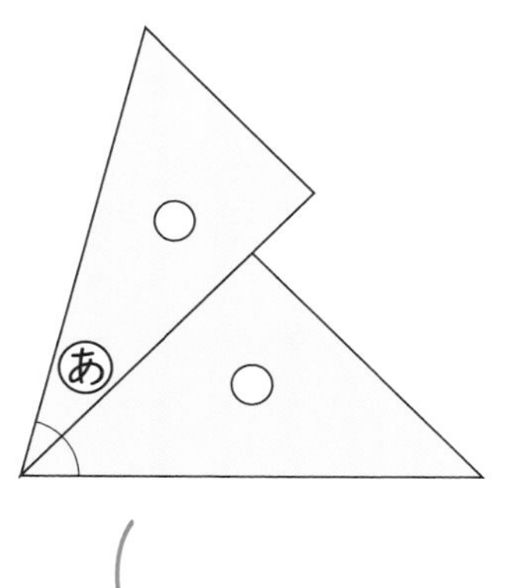

❷

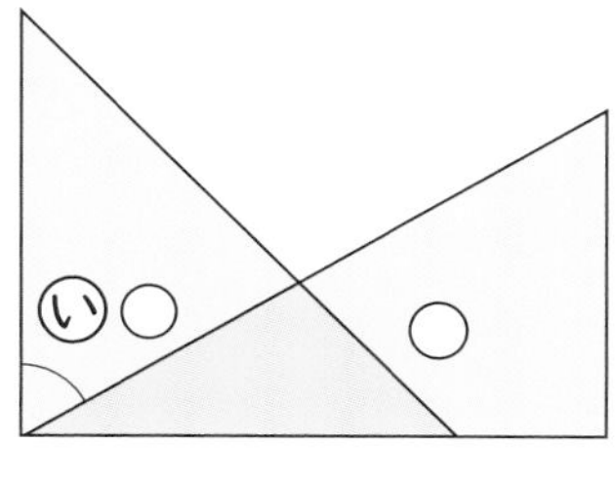

（　　　　）　（　　　　）

2 四捨五入して百の位までのがい数にして、答えを見積もりましょう。　1つ5〔10点〕

❶ 489＋119

（　　　　）

❷ 885−287−512

（　　　　）

3 下の図のような平行四辺形をかきましょう。　〔10点〕

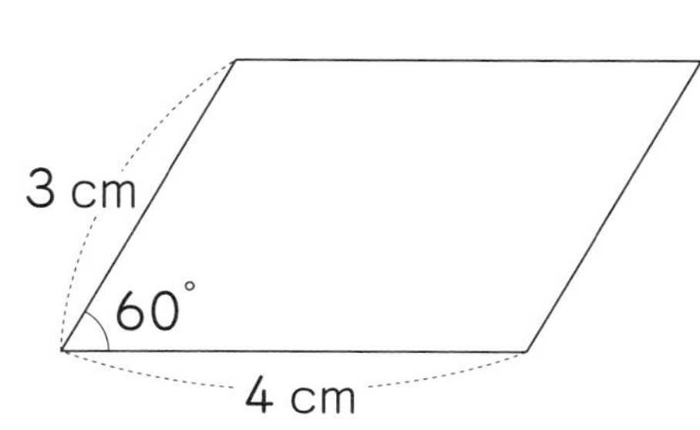

4 計算をしましょう。　1つ5〔10点〕

❶ (58−26)×4

（　　　　）

❷ 500−(65−37)÷7

（　　　　）

5 右のような図形の面積を求めましょう。

式　1つ5〔10点〕

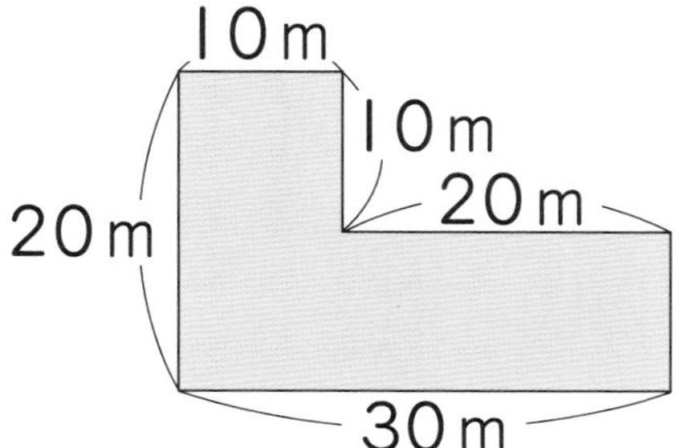

答え（　　　　）

6 米が17.5kgあります。この米を3kgずつふくろにつめると、3kgのふくろは何ふくろできて何kgあまるでしょうか。　1つ5〔10点〕

式

答え（　　　　）

7 たて2cm、横3cm、高さⅠcmの直方体の展開図をかきましょう。ただし、Ⅰつの方眼はⅠ辺がⅠcmの正方形です。　〔10点〕

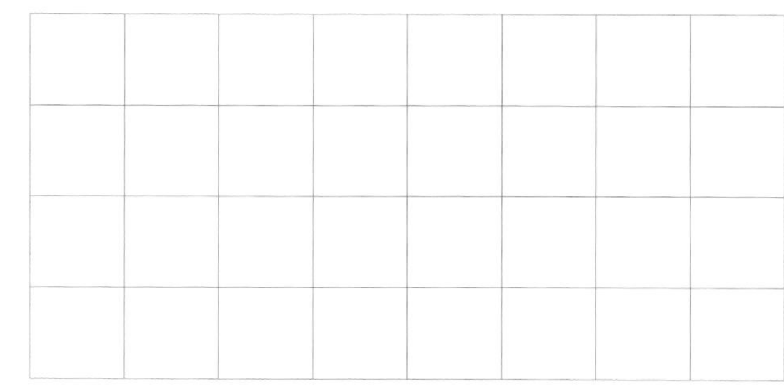

8 計算をしましょう。　1つ5〔20点〕

❶ $\frac{4}{5}+\frac{6}{5}$　（　　　　）

❷ $1\frac{3}{4}+3\frac{2}{4}$　（　　　　）

❸ $\frac{9}{8}-\frac{5}{8}$　（　　　　）

❹ $2\frac{1}{7}-\frac{5}{7}$　（　　　　）

9 入れ物に、さとうが$\frac{3}{8}$kg入っています。この入れ物に、さらにさとうを入れたところ、全体の重さは$\frac{11}{8}$kgになりました。入れたさとうの重さは何kgでしょうか。　1つ5〔10点〕

式

答え（　　　　）

●勉強した日　月　日

時間 30分

名前　とく点 ／100点

おわったらシールをはろう

教科書 ㊤11〜144ページ、㊦4〜140ページ　答え 24ページ

1 0 から 9 までの 10 まいの数字カードを使って、次の 10 けたの数をつくりました。 1つ4〔12点〕

4	2	5	0	3	6	1	8	7	9

❶ いちばん左の数字は何の位（くらい）でしょうか。

（　　　）

❷ 2は、何が2こあることを表しているでしょうか。

（　　　）

❸ この数を四捨五入（ししゃごにゅう）して、上から2けたのがい数で表しましょう。

（　　　）

2 色紙をあきらさんは108まい、ちかさんは36まい持っています。あきらさんは、ちかさんの何倍の色紙を持っているでしょうか。 1つ4〔8点〕

式

答え（　　　）

3 次のような直線をひきましょう。 1つ4〔8点〕

❶ 点アを通って、直線㋑に垂直（すいちょく）な直線

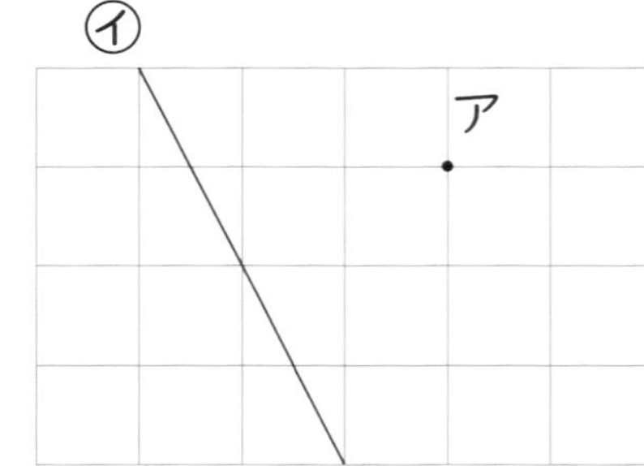

❷ 点アを通って、直線㋑に平行な直線

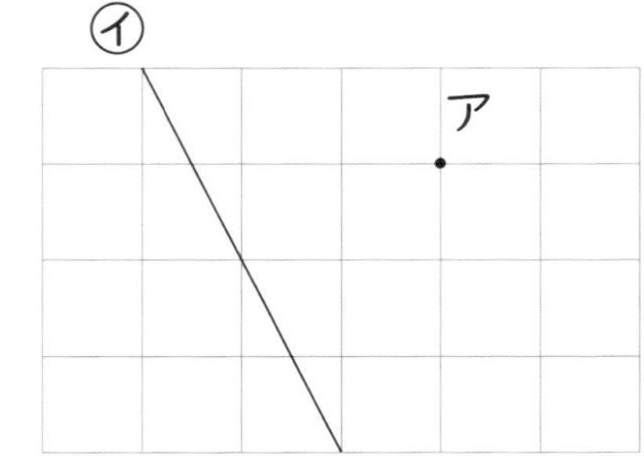

4 計算をしましょう。 1つ5〔20点〕

❶ 5.68＋1.45　（　　　）

❷ 0.697＋0.363　（　　　）

❸ 6.24−0.98　（　　　）

❹ 9−3.43　（　　　）

5 計算をしましょう。わり算はわりきれるまでしましょう。 1つ4〔24点〕

❶ 4.3×6　（　　　）

❷ 3.14×8　（　　　）

❸ 62.54×40　（　　　）

❹ 14.8÷8　（　　　）

❺ 83.2÷32　（　　　）

❻ 4.98÷6　（　　　）

6 右の直方体を見て、答えましょう。 1つ4〔8点〕

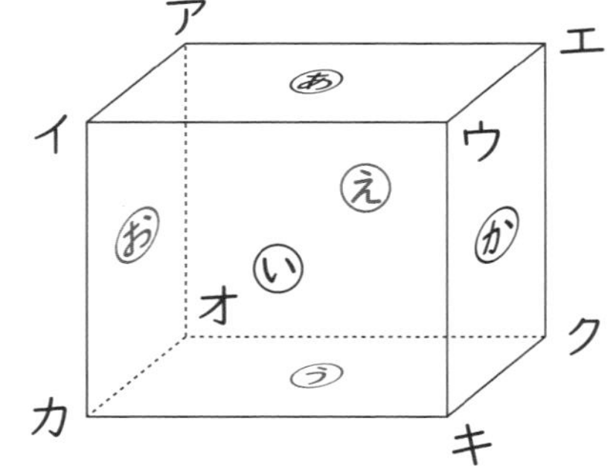

❶ 面あと平行な面はどれでしょうか。

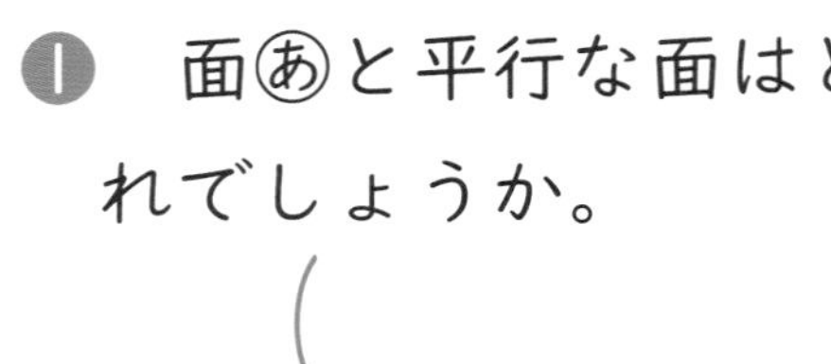

（　　　）

❷ 頂点（ちょうてん）イを通って、辺イウと垂直な辺（へん）はどれでしょうか。

（　　　）

7 計算をしましょう。 1つ5〔20点〕

❶ $\frac{2}{9}+\frac{11}{9}$　（　　　）

❷ $\frac{4}{8}+2\frac{6}{8}$　（　　　）

❸ $3\frac{3}{5}-1\frac{4}{5}$　（　　　）

❹ $3-\frac{7}{8}$　（　　　）

●勉強した日　　月　　日

実力判定テスト

まるごと

文章題テスト②

時間30分

名前　　とく点　　／100点

おわったらシールをはろう

いろいろな文章題にチャレンジしよう！

答え　24ページ

1 276cm のはり金を、8cm ずつ切ると、8cm のはり金は何本できて、何cm あまるでしょうか。

式　　1つ5〔10点〕

答え（　　　）

2 色紙が 735 まいあります。けんたさんのクラスの 36 人で同じ数ずつ分けると、1人分は何まいになって、何まいあまるでしょうか。

式　　1つ5〔10点〕

答え（　　　）

3 1こ 182 円のアイスクリームを 29 こ買うと、代金は約何円になるでしょうか。四捨五入して上から1けたのがい数にして、答えを見積もりましょう。　〔10点〕

（　　　）

4 みかさんのたん生日に、1こ 670 円のケーキと1こ 260 円のおかしをそれぞれ1こずつ買うことにしました。友だち3人で代金を等分すると、1人分は何円になるでしょうか。（　）を使って、1つの式に表して、答えを求めましょう。

1つ5〔10点〕

（式…　　　答え…　　　）

5 1辺が 300m の正方形の形をした公園の面積は何a でしょうか。また、何ha でしょうか。

式　　1つ5〔10点〕

答え（　　　、　　　）

6 ゆみさんの体重は 30kg、弟の体重は 24kg です。ゆみさんの体重は、弟の体重の何倍でしょうか。

1つ5〔10点〕

式

答え（　　　）

7 長さが 40cm のゴムひもあをいっぱいまでのばしたら 120cm までのび、長さが 20cm のゴムひもいをいっぱいまでのばしたら 100cm までのびました。ゴムひもあとゴムひもいでは、どちらがよくのびるといえるでしょうか。　〔10点〕

（　　　）

8 重さ 640g の箱に、3.52kg のりんごを入れると、全体の重さは何kg になるでしょうか。

式　　1つ5〔10点〕

答え（　　　）

9 5.2L のオレンジジュースを 24 人で等分すると、1人分は約何L になるでしょうか。商は四捨五入して、$\frac{1}{100}$ の位までのがい数で求めましょう。

1つ5〔10点〕

式

答え（　　　）

10 家から図書館までは 4km あります。$\frac{2}{3}$km は歩き、残りは電車に乗ります。電車に乗るのは何km でしょうか。

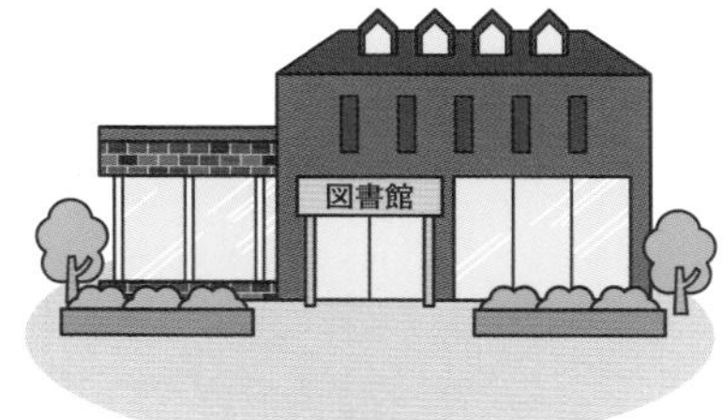

1つ5〔10点〕

式

答え（　　　）

時間30分

名前　　　とく点　　　/100点

おわったらシールをはろう

いろいろな文章題にチャレンジしよう！

答え　24ページ

1 0、2、4、5、9 の 5 この数字を 1 回ずつ使ってできる 5 けたの整数のうち、3 番目に小さい数をつくり数字で答えましょう。〔10点〕

(　　　　　)

2 4 年生は 137 人います。6 人ずつ長いすにすわっていくと、全員がすわるには、長いすは何こいるでしょうか。

式　　1つ5〔10点〕

答え(　　　　　)

3 折り紙が 481 まいあります。この折り紙を 13 人で同じ数ずつ分けると、1 人分は何まいになるでしょうか。1つ5〔10点〕

式

答え(　　　　　)

4 水が 5.4 L 入ったバケツと、2.28 L 入った花びんがあります。1つ5〔20点〕

❶ 水はあわせて、何 L あるでしょうか。

式

答え(　　　　　)

❷ 水のかさのちがいは、何 L でしょうか。

式

答え(　　　　　)

5 面積が 128m^2 で、横の長さが 16 m の長方形の形をした畑があります。たての長さは何 m でしょうか。1つ5〔10点〕

式

答え(　　　　　)

6 シールをかいとさんは 14 まい、弟は 7 まい持っています。弟のまい数は、かいとさんのまい数の何倍でしょうか。1つ5〔10点〕

式

答え(　　　　　)

7 同じコイン 9 まいの重さをはかったら、47.7 g ありました。1つ5〔20点〕

❶ コイン 1 まいの重さは、何 g でしょうか。

式

答え(　　　　　)

❷ コイン 16 まい分の重さは、何 g でしょうか。

式

答え(　　　　　)

8 $2\frac{5}{7}$ L のジュースがあります。そこへ $\frac{3}{7}$ L のジュースをたすと、ジュースは全部で何 L になるでしょうか。1つ5〔10点〕

式

答え(　　　　　)

教科書ワーク
答えとてびき

「答えとてびき」は、
とりはずすことが
できます。

教育出版版

算数 4 年

使い方

まちがえた問題は、もういちどよく読んで、なぜまちがえたのかを考えましょう。正しい答えを知るだけでなく、なぜそうなるかを考えることが大切です。

① 大きな数

2・3ページ きほんのワーク

きほん1 一億、一、千

答え 一億二千六百五十三万三千四百六

① ❶ 四億三千百八十一万五千百七十六

❷ 八千二百六十五億四千三百万七千

きほん2 千億、一兆　答え 七十五兆三千八十四億

② ❶ 六十四兆千三百億五百二十万

❷ 百五十四兆二千三百八十億六十万二千二百

③ ❶ 5863000000000

❷ 12303900000000

きほん3 10、430、4、3、10、430　答え 430

④ ❶ 50000204000000

❷ 5400000000

❸ 82000000000000

❹ 60007300000000

たしかめよう!

大きな数は、右から4けたごとに区切ると、考えやすくなります。数直線のめもりが表す数は、いちばん小さい1めもりの大きさから考えます。

4・5ページ きほんのワーク

きほん1 64、23、87、41　答え 87、41

① ❶ 和…237億　差…47億

❷ 和…1490兆　差…370兆

きほん2 答え 4、6000、460

② 10倍の数…7300億

100倍の数…7兆3000億

$\frac{1}{10}$の数…73億

③ あ 1兆4800億

い 1兆5600億

きほん3 答え 987654321000、100023456789

④ ❶ 2987654310

❷ 3012456789

てびき

① 1億や1兆をもとにして計算します。数字の部分を計算し、その答えに億や兆をつけます。

② 10倍、100倍、$\frac{1}{10}$にしたときの位の変わり方に注意しましょう。

③ いちばん小さい1めもりの大きさは、100億を表しています。

④ ❶ 30億より小さい数のうち、いちばん大きい数なので、十億の位の数字は2、あとは大きい数字の順にならべます。

❷ 30億より大きい数のうち、いちばん小さい数なので、十億の位の数字は3、あとは小さい数字の順にならべます。

6・7ページ きほんのワーク

きほん1 ×、8、2　答え 94080

```
    735
  × 128
   5880
  1470
  735
  94080
```

① ❶
```
    164
  × 196
    984
  1476
  164
  32144
```
❷
```
    352
  × 273
   1056
  2464
  704
  96096
```
❸
```
    684
  × 786
   4104
  5472
  4788
  537624
```
❹
```
    429
  × 208
   3432
  858
  89232
```
❺
```
    293
  × 706
   1758
  2051
  206858
```

きほん2 100、10、1000　9、8　答え 98000

❷ ❶
```
  23|00
×  4|0
 920|00
```
❷
```
   57|0
×  30|0
  171|000
```
❸
```
    84|00
   ×27|0
   588|
  168  |
  2268|000
```
❹
```
  28|000
×  8|00
 224|00000
```

きほん3 12、40、480、480　答え 480

❸ ❶ 120 億　❷ 860 億　❸ 3800 億
❹ 270 兆　❺ 3600 兆　❻ 9200 兆

てびき ❷ ❷ 570×300=(57×3)×1000
❸ 8400×270=(84×27)×1000
❹ 28000×800=(28×8)×100000
❸ ❶ 3 億×40=(1 億×3)×40
=1 億×(3×40)=1 億×120
❷ 43 億×20=(1 億×43)×20
=1 億×(43×20)=1 億×860
❹ 9 兆×30=(1 兆×9)×30
=1 兆×(9×30)=1 兆×270
❻ 23 兆×400=(1 兆×23)×400
=1 兆×(23×400)=1 兆×9200

8 ページ 練習のワーク

❶ ❶ 7、2、6　❷ 1230
❷ ❶ 1000 億
❷ あ 5 兆 9000 億　い 6 兆 7000 億
❸ ❶ 和…120 億　差…48 億
❷ 和…419 兆　差…79 兆
❹ ❶ 317534　❷ 398604
❺ ❶ 23940000　❷ 25200000
❸ 840 億　❹ 6400 兆

てびき ❷ ❷ あは、6 兆より 1000 億小さいので、5 兆 9000 億です。
いは、6 兆より 7000 億大きいので、6 兆 7000 億です。

❹ ❶
```
     613
    ×518
    4904
    613
  3065
  317534
```
❷
```
     563
    ×708
    4504
  3941
  398604
```
❺ ❶
```
     63|00
    ×38|00
    504|
   189  |
   2394|0000
```
❷
```
     35|0
   ×72|000
     70|
   245  |
   2520|0000
```
❸ 14 億×60=(1 億×14)×60
=1 億×(14×60)=1 億×840=840 億
❹ 32 兆×200=(1 兆×32)×200
=1 兆×(32×200)=1 兆×6400=6400 兆

9 ページ まとめのテスト

❶ ❶ 200570500000
❷ 804000000
❸ 2000500080000
❹ 108000000000000
❺ 3600000000000
❷ ❶ 1000 倍　❷ 100000 倍
❸ ❶ 6 兆　❷ 2800 億
❹ 100011333666
❺ ❶ 232872　❷ 1620000
❸ 9000 兆
❻ 式 168×136=22848　答え 22848 円

てびき ❹ いちばん上の位に 0 を使うことはできないことに注意しましょう。

❺ ❶
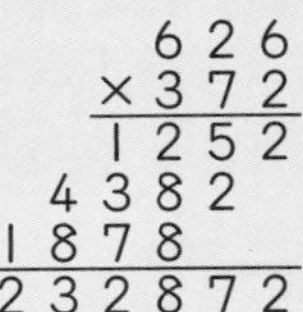
```
     626
    ×372
    1252
   4382
  1878
  232872
```
❷
```
    45|00
   ×36|0
   270|
  135  |
  1620|000
```
❸ 18 兆×500=(1 兆×18)×500
=1 兆×(18×500)
=1 兆×9000=9000 兆

❷ わり算の筆算

10・11 ページ きほんのワーク

きほん1 2、6 ➡ 1、8 ➡ 6、1、8 ➡ 0　答え 26

❶ ❶
```
    18
 4)72
   4
   32
   32
    0
```
❷
```
    27
 2)54
   4
   14
   14
    0
```
❸
```
    13
 7)91
   7
   21
   21
    0
```
❹
```
    13
 6)78
   6
   18
   18
    0
```
❺
```
    28
 3)84
   6
   24
   24
    0
```
❻
```
    18
 5)90
   5
   40
   40
    0
```
❼
```
    23
 4)92
   8
   12
   12
    0
```

きほん2 2、8 ➡ 1、5 ➡ 3、3　答え 23、3

❷ ❶
```
    29
 2)59
   4
   19
   18
    1
```
たしかめ 2×29+1=59

❷
```
    18
 5)93
   5
   43
   40
    3
```
たしかめ 5×18+3=93

❸
```
    16
 3)50
   3
   20
   18
    2
```
たしかめ 3×16+2=50

❸ ❶
```
    32
 2)64
   6
    4
    4
    0
```
❷
```
     4
 7)32
   28
    4
```
❸
```
    20
 4)81
   8
    1
```

てびき ❸ ❶ 十の位がわりきれるので、十の位の計算はひいて0になります。
この0は書かずに一の位の数をおろして、計算を進めます。
❷ わられる数の十の位の数字より、わる数が大きいので、商は一の位からたちます。
❸ 一の位の計算で、わられる数がわる数より小さいので、一の位に0をたてます。

12・13ページ きほんのワーク

きほん1 1➡4➡8、3　答え 148 あまり 3

1 ❶ 5)785 商157：5、28、25、35、35、0
❷ 3)567 商189：3、26、24、27、27、0
❸ 2)750 商375：6、15、14、10、10、0
❹ 7)816 商116：7、11、7、46、42、4
❺ 6)679 商113：6、7、6、19、18、1
❻ 3)817 商272：6、21、21、7、6、1

きほん2 1➡0、0、2➡7、1　答え 107 あまり 1

2 ❶ 3)361 商120：3、6、6、1
❷ 5)503 商100：5、3
❸ 7)754 商107：7、54、49、5
❹ 3)512 商170：3、21、21、2
❺ 4)816 商204：8、16、16、0
❻ 4)830 商207：8、30、28、2

てびき ❶ 筆算のとちゅう、ひいて0になるときは、その0は書かずにとなりの数をおろして計算を進めます。
❷ 商に0がたつときは、0を書きわすれないように注意しましょう。
特に❶で、商の一の位に0を書きわすれないようにしましょう。

14・15ページ きほんのワーク

きほん1 6➡9、3　答え 69 あまり 3

1 ❶ 2)134 商67：12、14、14、0
❷ 3)291 商97：27、21、21、0
❸ 7)378 商54：35、28、28、0
❹ 4)328 商82：32、8、8、0
❺ 3)279 商93：27、9、9、0
❻ 8)400 商50：40、0

2 ❶ 4)310 商77：28、30、28、2
❷ 8)713 商89：64、73、72、1
❸ 6)245 商40：24、5

きほん2 20、9、29　答え 29

3 ❶ 42　❷ 12　❸ 23
❹ 11　❺ 17　❻ 14
❼ 16　❽ 14　❾ 12

16ページ 練習のワーク

1 ❶ 4)52 商13：4、12、12、0
❷ 5)79 商15：5、29、25、4
❸ 3)61 商20：6、1
❹ 7)932 商133：7、23、21、22、21、1
❺ 4)820 商205：8、20、20、0
❻ 6)248 商41：24、8、6、2

2 式 144÷3=48　答え 48人

3 ❶ 2、4、9、1、6
❷ 7、9、6、1、6、3、7

4 ❶ 23　❷ 26　❸ 17
❹ 18　❺ 15　❻ 11

てびき ❸ ❷ □×6=54 より、わる数は9です。また、□□−54=7 より、わられる数の上から2けたの数は、61です。
9)610 を計算すれば、残りの□にあてはまる数も求められます。

17ページ まとめのテスト

1 ❶ 22　❷ 147 あまり 4
❸ 114 あまり 1　❹ 200 あまり 1

2 ❶ 55　❷ 103

3 式 157÷9=17 あまり 4
答え 17本とれて、4cm あまる。

4 式 93÷4=23 あまり 1
答え 23ふくろできて、1こあまる。

5 式 115÷5=23　答え 23こ

てびき 2 ❶ 4×13+3=55
❷ 7×14+5=103

③ 折れ線グラフ

18・19ページ　きほんのワーク

きほん1　17、14、21、16、19、13、14
答え 17、14、16、2、13、14

❶ ❶ 10時
❷ 8時から14時まで、8度
❸ 16時から18時の間

きほん2　気温、直線

答え

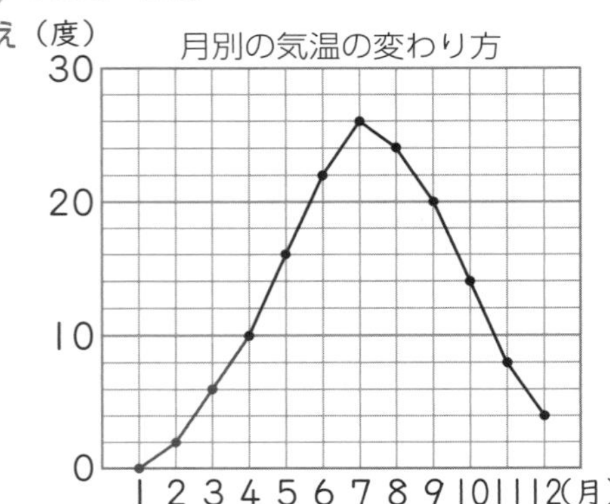

❷

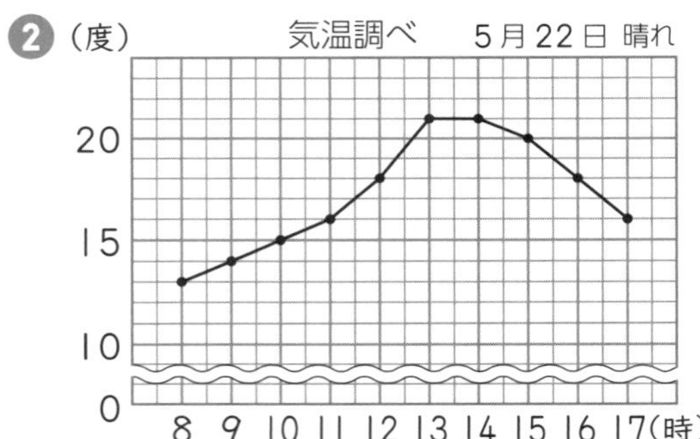

てびき　❷ 10度より低い気温がないので、10度より小さいめもりを省くことができます。

20ページ　練習のワーク

❶ ㋐、㋒

❷ ❶ 横じく
…時こく
たてじく
…気温
❷ 右のグラフ
❸ 16時から
18時の間
❹ 23度ぐらい

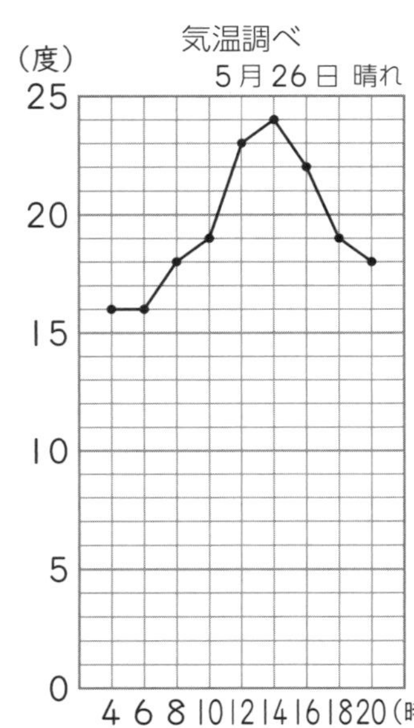

てびき　❶ ㋑は、ぼうグラフにすると、くらべやすくなります。㋓は、いろいろな場所の気温なので、折れ線グラフには合いません。

21ページ　まとめのテスト

1

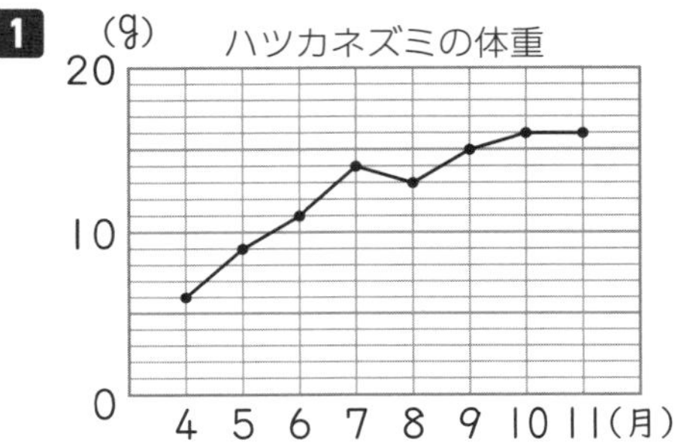

2 ❶ 月…8月　　気温…32度
❷ 月…12月　降水量…40mm

3 ❶ ㋒　　❷ ㋐

てびき　**2** 折れ線グラフとぼうグラフが1つになったグラフで、左側のたてじくのめもりは気温を表し、右側のたてじくのめもりは降水量を表しています。折れ線グラフとたてじくの左側のめもりから気温を、ぼうグラフとたてじくの右側のめもりから降水量をよみとります。

たしかめよう!
3 折れ線グラフでは、線のかたむきで変わり方の様子がわかります。線のかたむきが急なほど、変わり方が大きいことを表しています。

④ 角

22・23ページ　きほんのワーク

きほん1　分度器　　答え 60

❶ ❶ 65°　❷ 140°　❸ 25°
❹ 165°　❺ 30°

きほん2　2、4　　答え ㋓

❷ ❶ 180　❷ 270　❸ 360

きほん3　答え ㋐ 45　㋑ 180　㋒ 60　㋓ 30
㋔ 120

❸ ㋐ 式 90＋60＝150　　答え 150°
㋑ 式 180−45＝135　　答え 135°
㋒ 式 60−45＝15　　答え 15°

たしかめよう!
三角定規は、角度が90°、60°、30°の組み合わせの直角三角形と、90°、45°、45°の組み合わせの直角三角形で1組となっています。

24・25 ページ きほんのワーク

きほん1 50、50、230、230
130、130、230、230 答え 230

❶ ❶ 200° ❷ 300° ❸ 345°

きほん2 答え

❷ ❶

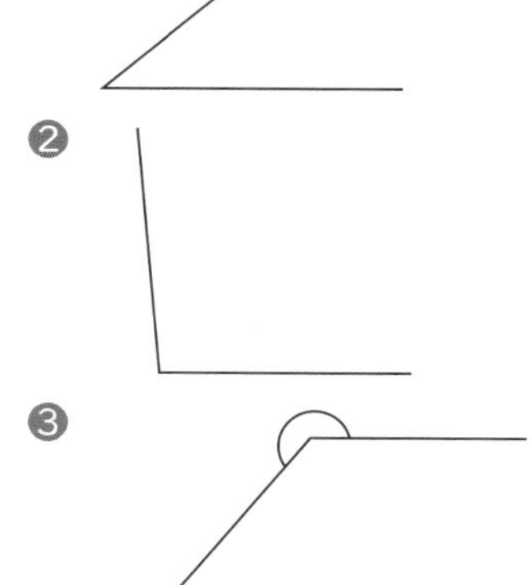

❷

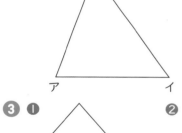

❸

きほん3 答え

ウ
ア
イ

❸ ❶ ❷

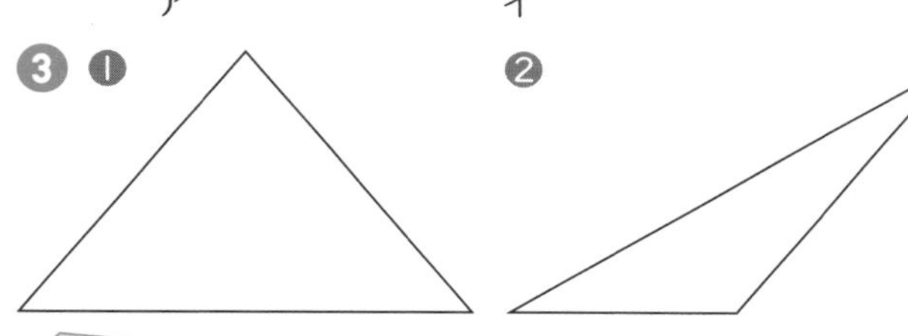

てびき ❶ 180°より大きい角度をはかるには、分度器ではかった角度を180°にたしたり、360°からひいたりして、計算で求めます。
❶ 180°より大きい角度をはかると20°なので、180+20=200より、200°
また、360°より小さい角度をはかると160°なので、360−160=200より、200°

26 ページ 練習のワーク

❶ ❶ 1 ❷ 270 ❸ 360、4
❹ 180、2

❷ ㋐ 130° ㋑ 50° ㋒ 130°

❸ ❶ ❷

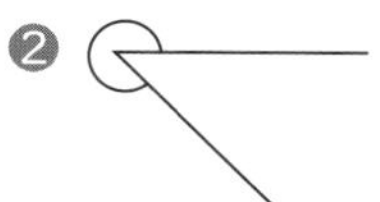

❹ 省略

てびき ❸ ❷ 180°より大きい角をかくには、180°より何度大きいのか、360°より何度小さいのか、を考えます。

27 ページ まとめのテスト

1 ❶ 50° ❷ 350° ❸ 260°

2 ❶

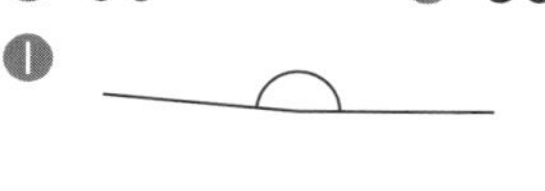

❷

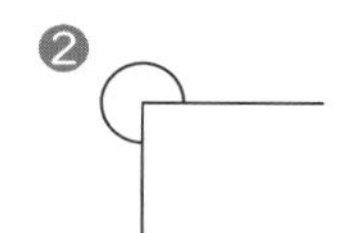

3 ❶ 式 45+30=75 答え 75°
❷ 式 45−30=15 答え 15°

4 省略

てびき **2** ❶ 180−175=5なので、180°より5°小さい角と考えてかくこともできます。

⑤ 2けたの数のわり算

28・29 ページ きほんのワーク

きほん1 ÷、20、3 答え 3

❶ ❶ 2 ❷ 3 ❸ 7

きほん2 4、20、4、20 答え 4あまり20

❷ ❶ 2あまり20 ❷ 5あまり10
❸ 4あまり30 ❹ 5あまり10
❺ 7あまり30 ❻ 8あまり60

きほん3 ÷、22 4➡8、8➡5 答え 4、5

❸
❶ 21)63 商 3
63
0

❷ 24)96 商 4
96
0

❸ 12)49 商 4
48
1

❹ 43)90 商 2
86
4

きほん4 9、2、1、6 答え 3あまり16

❹
❶ 23)66 商 2
46
20

❷ 31)90 商 2
62
28

❸ 14)56 商 4
56
0

❹ 13)81 商 6
78
3

てびき ❸ ❶ 21を20とみて商の見当をつけます。
❹ 43を40とみて商の見当をつけます。
あまり < わる数で、「わる数×商＋あまり」が「わられる数」に等しければ正しく計算できています。
❹ ❶ わる数の23を20とみると商が3と見当がつきますが、23×3=69と66より大きくなるので、商を3→2と小さくしていき

ます。
❷ わる数の 31 を 30 とみて商を 3 と見当をつけると、大きすぎるので、3 → 2 と小さくしていきます。
❸ わる数の 14 を 10 とみて商を 5 と見当をつけると、大きすぎるので、5 → 4 と小さくしていきます。
❹ わる数の 13 を 10 とみて商を 8 と見当をつけると、大きすぎるので、8 → 7 → 6 と小さくしていきます。

30・31 ページ　きほんのワーク

きほん1　2、2、4　　答え 4 あまり 5

❶ ❶
```
    3
18)55
   54
    1
```
❷
```
    2
37)74
   74
    0
```
❸
```
    3
29)89
   87
    2
```
❹
```
    6
16)99
   96
    3
```

きほん2　÷、48、50
7、3、3、6 ➡ 2、4　　答え 7、24

❷ ❶
```
     7
37)280
   259
    21
```
❷
```
     6
74)462
   444
    18
```
❸
```
     6
19)123
   114
     9
```
❹
```
     6
68)408
   408
     0
```
❺
```
     8
43)363
   344
    19
```
❻
```
     6
56)352
   336
    16
```

きほん3　3、9 ➡ 6 ➡ 4、4　　答え 34 あまり 4

❸ ❶
```
    21
38)825
   76
    65
    38
    27
```
❷
```
    34
29)990
   87
   120
   116
     4
```
❸
```
    18
42)796
   42
   376
   336
    40
```
❹
```
     55
52)2905
   260
    305
    260
     45
```
❺
```
    296
13)3856
   26
   125
   117
     86
     78
      8
```
❻
```
     60
37)2233
   222
     13
```
❼
```
    308
24)7408
   72
    208
    192
     16
```

てびき　❶ ❶ わる数の 18 を 20 とみると商が 2 と見当がつきますが、小さすぎるので、商を 2 → 3 と大きくしていきます。
❷ わる数の 37 を 40 とみて商を 1 と見当をつけると、小さすぎるので、1 → 2 と大きくしていきます。
❸ わる数の 29 を 30 とみて商を 2 と見当をつけると、小さすぎるので、2 → 3 と大きくしていきます。
❹ わる数の 16 を 20 とみて商を 4 と見当をつけると、小さすぎるので、4 → 5 → 6 と大きくしていきます。

たしかめよう!
わられる数が大きくなっても、大きい位から順に たてる → かける → ひく → おろす をくり返すという筆算のしかたは同じです。商のたつ位に気をつけて計算しましょう。

32・33 ページ　きほんのワーク

きほん1　12、4、4、1200、12、
6、2、2、42、6　　答え 12、6

❶ ❶ 30　❷ 12　❸ 800　❹ 5

❷ ㋑、㋒、㋓

きほん2　40、10、10、40　0、0
9、0　　答え 40、9

❸ ❶ 40　❷ 9　❸ 5　❹ 8 万
❺ 60 億　❻ 8

きほん3　400　　答え 4 あまり 400

❹ ❶ 12 あまり 300　❷ 16 あまり 20
❸ 19 あまり 1000

てびき　❹ あまりは消した 0 の分だけ、0 をつけたして答えます。例えば❶のあまりは 300 です。

❶
```
       12
600)7500
    6
    15
    12
     3
```
❷
```
      16
40)660
   4
   26
   24
    2
```
❸
```
          19
3000)58000
     3
     28
     27
      1
```

たしかめよう!
わり算では、わられる数とわる数に同じ数をかけても、同じ数でわっても、商は変わりません。これを利用すると、くふうして計算することができます。

34 ページ　練習のワーク❶

❶ ❶ 4　❷ 6 あまり 20

❷ ❶ 3　❷ 4 あまり 15
❸ 8 あまり 9　❹ 5 あまり 24
❺ 13 あまり 4　❻ 23
❼ 46 あまり 9　❽ 160 あまり 19

❸ 式　782÷23=34　　答え 34 まい

❹ 式　93÷12=7 あまり 9
7+1=8　　答え 8 ふくろ

5 ❶ 60　　❷ 12 あまり 300

2 ❶
3
31)93
93
0

❷
4
17)83
68
15

❸
8
18)153
144
9

❹
5
53)289
265
24

❺
13
25)329
25
79
75
4

❻
23
41)943
82
123
123
0

❼
46
89)4103
356
543
534
9

❽
160
24)3859
24
145
144
19

4 みかんが 12 こ入っているふくろに加えて、あまりのみかんを入れるふくろがもう 1 ふくろ必要です。

5 ❶
60
9~~0~~)540~~0~~
54
0

❷
12
5~~00~~)63~~00~~
5
13
10
3

35 ページ　練習のワーク❷

1 ❶ 5 あまり 11　❷ 8　❸ 7 あまり 18
❹ 9 あまり 5　❺ 28　❻ 20 あまり 21
❼ 57 あまり 4　❽ 192　❾ 80 あまり 33
❿ 309 あまり 7

2 ❶ 1、2、3　　❷ 6、7、8、9

3 式 2500÷200＝12 あまり 100
答え 12 本買えて、100 円あまる。

てびき

1 ❶
5
14)81
70
11

❷
8
12)96
96
0

❸
7
84)606
588
18

❹
9
47)428
423
5

❺
28
26)728
52
208
208
0

❻
20
33)681
66
21

❼
57
38)2170
190
270
266
4

❽
192
42)8064
42
386
378
84
84
0

❾
80
53)4273
424
33

❿
309
19)5878
57
178
171
7

3
12
2~~00~~)25~~00~~
2
5
4
1

あまりは、消した分だけ 0 をつけたします。

36 ページ　まとめのテスト❶

1 ❶ 3 あまり 8　❷ 7 あまり 4
❸ 5 あまり 15　❹ 41 あまり 3
❺ 237 あまり 23　❻ 70 あまり 45

2 ❶ 74　❷ 4 あまり 1600
❸ 8

3 式 25×5＋5＝130
130÷30＝4 あまり 10　答え 4 あまり 10

4 式 252÷36＝7　答え 7 まい

5 式 880÷32＝27 あまり 16
答え 27 人に分けられて、16cm あまる。

1 ❶
3
16)56
48
8

❷
7
12)88
84
4

❸
5
46)245
230
15

❹
41
21)864
84
24
21
3

❺
237
29)6896
58
109
87
226
203
23

❻
70
67)4735
469
45

2 ❶❷ 筆算は、次のようになります。

❶
74
5~~00~~)3700~~0~~
35
20
20
0

❷
4
17~~00~~)84~~00~~
68
16

❸ わられる数とわる数を 1 億でわって計算すると、16 億÷2 億＝16÷2＝8

3 ある数は、「わる数×商＋あまり」の式にあてはめて求めます。

4
7
36)252
252
0

37 ページ　まとめのテスト❷

1 ❶ 7　❷ 7 あまり 50
❸ 2 あまり 20

2 ❶ 3 あまり 8　❷ 3 あまり 18
❸ 8　❹ 18 あまり 24
❺ 509 あまり 8　❻ 83 あまり 19

3 ❶ 210、7　❷ 32、8

4 式 672÷12＝56　答え 56 まい

5 式 3375÷75＝45　答え 45 箱

6 式 208÷55＝3 あまり 43

3＋1＝4　答え 4 台

てびき

2 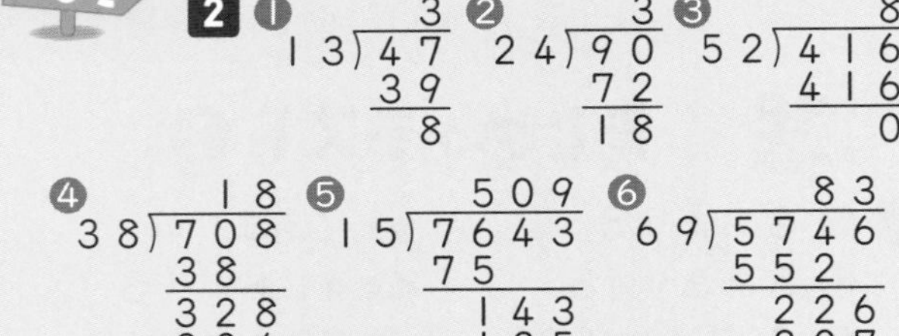

3 わり算では、わられる数とわる数に同じ数をかけても、同じ数でわっても、商は変わりません。

❶ わられる数とわる数に 2 をかけます。

❷ わられる数とわる数を 4 でわります。

6 がい数

38・39 ページ きほんのワーク

きほん1 3000、4000

答え 3000(3 千)、4000(4 千)

1 ❶ ㋐ 40000　㋓ 50000

❷ ㋐ 約 40000(約 4 万)

㋑ 約 40000(約 4 万)

㋒ 約 50000(約 5 万)

㋓ 約 50000(約 5 万)

㋔ 約 50000(約 5 万)

2 ❶ 千の位

❷ 東市…約 180000 人(約 18 万人)

西市…約 60000 人(約 6 万人)

南市…約 130000 人(約 13 万人)

北市…約 90000 人(約 9 万人)

きほん2 四捨五入、3、6　答え 286000、290000

3 ❶ 260000、260000

❷ 20000、16000

4 ❶ 700000　❷ 300000

❸ 30000　❹ 900000

てびき

1 ❷ 41500、43920 は 40000 に近い数で、45550、47260、48700 は 50000 に近い数です。

たしかめよう!

❸ 一万の位までのがい数で表すときは、千の位の数字を、上から 2 けたのがい数で表すときは、上から 3 けためのの数字を四捨五入します。

❹ 上から 1 けたのがい数で表すときは、上から 2 けためのの数字を四捨五入します。

40・41 ページ きほんのワーク

きほん1 2、3、250、349　答え 250、349

1 ❶ 2750 以上 2850 未満

❷ 45000 以上 55000 未満

2 ❶ 450 以上 550 以下

❷ 850 以上 950 未満

きほん2 200、100、700　答え 700

3 ぶた肉

きほん3 200、200、80000　答え 80000

4 約 14kg

5 約 250 円

てびき

1 ❶ その数をふくまない「未満」を使って表します。2849.9 なども求めるはんいに入ることに注意しましょう。

2 ❶ ●はその数が入ることを表しているので、以上と以下を使います。

❷ ○はその数が入らないことを表しているので、未満を使います。

3 四捨五入して百の位までのがい数にしてから、ねぎの代金とあわせた代金の合計が約 500 円になる肉をさがします。

4 上から 1 けたのがい数にして、積の見積もりをします。

200×70＝14000

5 上から 1 けたのがい数にして、商の見積もりをします。

20000÷80＝250

42・43 ページ きほんのワーク

きほん1 190、100、460、280、90、530

答え (500 円で)足りる

(500 円以上に)なる

1 足りる

2 買える

きほん2 10、540、390、200、460

答え

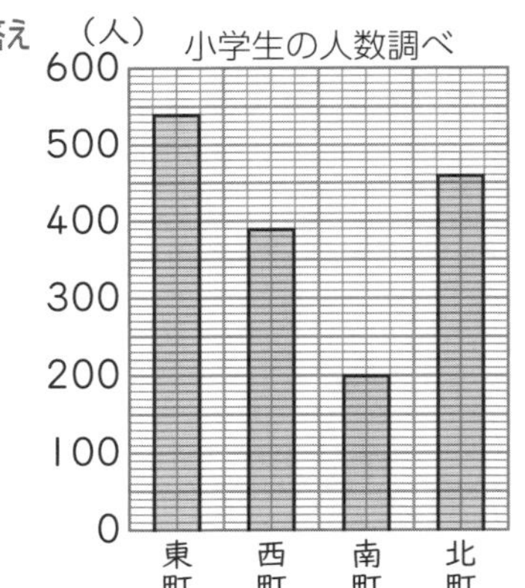

❸ ❶ ㋐ 3500　㋑ 4400　㋒ 2900
㋓ 1800

❷ (人) 園児、児童、生徒の人数調べ
5000
4000
3000
2000
1000
0
ようち園　小学校　中学校　高等学校

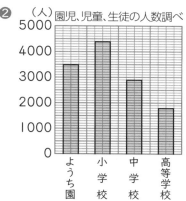

てびき ❶ 多めに考えて、600 円をこえなければよいので、切り上げて計算します。
190＋290＋100 →約 580
これより、600 円で足ります。
❷ 少なめに考えて、1000 円以上になればよいので、切り捨てて計算します。
400＋300＋300 →約 1000
これより、1000 円の本が買えます。
❸ たてのじくのいちばん小さい 1 めもりの大きさは 100 人なので、それぞれの人数を百の位までのがい数で表して、ぼうグラフに表します。

44ページ 練習のワーク

❶ ㋑、㋒
❷ ❶ 17000　❷ 760000
❸ 6950 以上 7050 未満
❹ ❶ 足りる　❷ こえる
❺ ❶ 千の位　❷

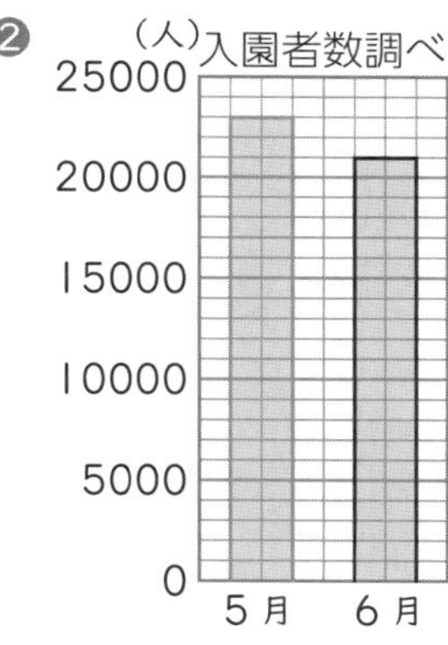

てびき ❶ ㋐は、正確な数で表す必要があるので、がい数で表すものではありません。
❸ 百の位までのがい数にするときは、十の位を四捨五入します。
❹ 百の位までのがい数にして見積もります。
❶ 多めに考えて、1000 円をこえなければよいので、切り上げて計算します。
500＋300＋200 →約 1000
これより、1000 円で足ります。
❷ 少なめに考えるので、切り捨てて計算します。400＋200＋100 →約 700
これより、700 円をこえます。

たしかめよう!
❶ がい数で表してよいものは、
・くわしい数がわかっていても、目的におうじて、およその数で表せばよいとき
・グラフ用紙のめもりの関係で、くわしい数をそのまま使えないとき
・ある時点の人口など、くわしい数をつきとめるのがむずかしいとき
などです。

45ページ まとめのテスト

1 ❶ 35000　❷ 9300
❸ 1800000　❹ 200
2 ㋑、㋒
3 ㋐、㋓
4 約 5700 m
5 もらえる
6 約 2000 円

てびき 2 ㋑と㋒はかけられる数とかける数の両方を切り捨てて、上から 1 けたのがい数にしてから積を求めても 3000 になるので、もとの 2 つの数の積は 3000 より大きいことがわかります。㋐は両方を切り上げて、㋓はかける数だけを切り上げて、上から 1 けたのがい数にしてから積を求めると 3000 になるので、もとの 2 つの数の積は 3000 より小さいことがわかります。
4 1400＋1200＋900＋900＋700＋600 →約 5700
5 切り捨てて上から 1 けたのがい数にして積を見積もると、70×30 →約 2100
これより、2000 円以上になります。
6 上から 1 けたのがい数にして商を見積もると、800000÷400 →約 2000

7 垂直、平行と四角形

46・47ページ きほんのワーク

きほん1 垂直　答え ㋒
❶ ㋑、㋓、㋔
きほん2 平行、㋐、㋒、平行　答え ㋐、㋒
❷ 直線㋐と直線㋒、直線㋓と直線㋗

きほん3 等しく、2、115、115、65、65　答え 2、65

❸ ❶ 5cm　❷ 5cm

❹ ❶ 55°　❷ 125°

てびき ❶ (え)は、直線をのばして交わった角が直角になるので、垂直です。

たしかめよう!

平行な直線は、ほかの直線と等しい角度で交わります。また、平行な2本の直線のはばは、どこも等しくなっています。

48・49 ページ　きほんのワーク

きほん1 ㋒、㋓、㋔　答え ㋒、㋓、㋔

❶

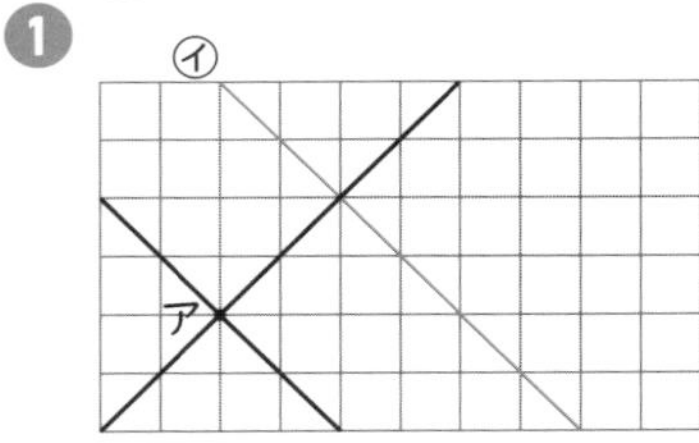

きほん2 答え

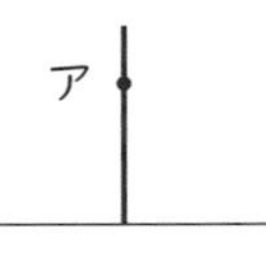

❷ ❶

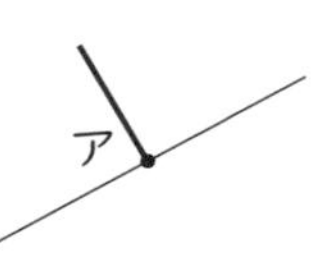

❷

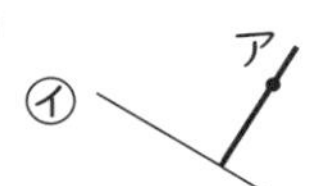

きほん3 答え

㋑

❸ ❶

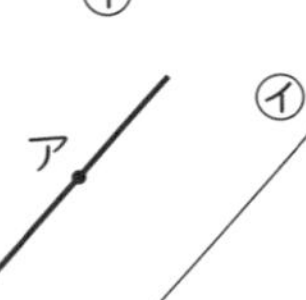

❷

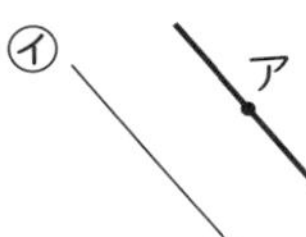

❹ (たての長さを 3cm、横の長さを 4cm にしましょう。)

たしかめよう!

垂直な直線や平行な直線のかき方を使うと、長方形や正方形をかくことができます。

50・51 ページ　きほんのワーク

きほん1 台形、平行四辺形　答え ㋐、㋔、㋓、㋕

❶ (あ) 9cm　(い) 110°

きほん2 ひし形、㋑、㋓　答え ㋑、㋓

❷ ❶ 7cm　❷ 辺エウ

❸ (あ) 130°　(い) 50°

きほん3 平行、等しく　答え

❸

たしかめよう!

❶ (あ) 平行四辺形の向かい合った辺の長さは等しくなっています。
(い) 平行四辺形の向かい合った角の大きさは等しくなっています。

❷ ❶ ひし形は、4つの辺の長さがすべて等しい四角形です。
❷ ひし形の向かい合った辺は平行になっています。
❸ ひし形の向かい合った角の大きさは等しくなっています。

52・53 ページ　きほんのワーク

きほん1 等しい、3
答え

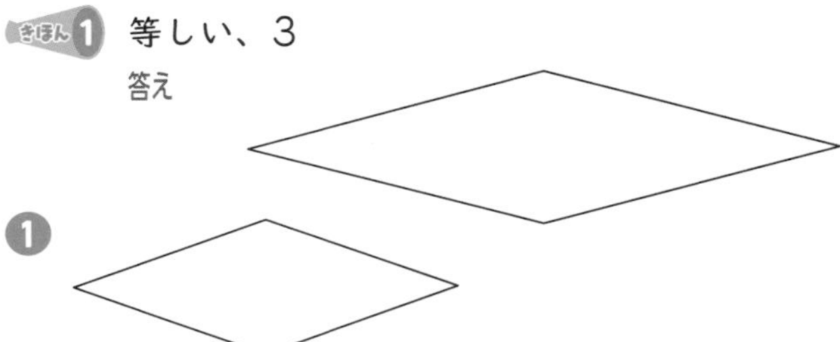

❶

きほん2 対角線、エオ　答え 2 等分

❷ ❶ ㋑、㋒　❷ ㋐、㋒、㋓
❸ ㋐、㋑、㋒、㋓

❸ ❶

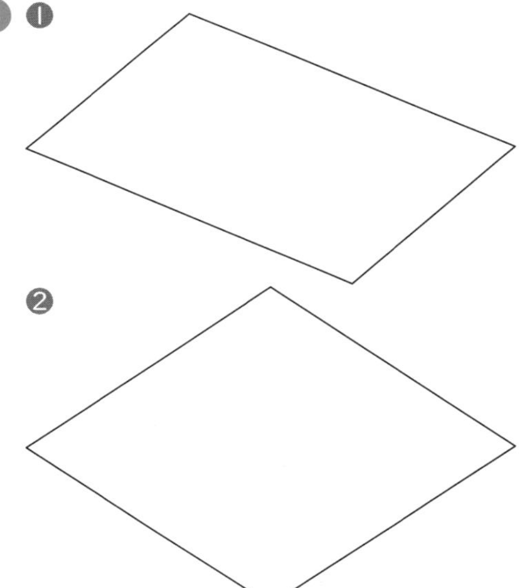

❷

❹ ❶ 直角三角形　❷ 二等辺三角形
❸ 直角三角形 または 二等辺三角形
(または、直角二等辺三角形)
❹ 二等辺三角形　❺ 直角三角形

てびき ❶ まず、頂点イを中心にして半径2cmの円をかきます。次に、辺イウをかき、頂点イを中心にして40°の角をかいて、頂点アの位置を決めます。頂点ア、ウを中心とする半径2cmの円をそれぞれかき、2つの円が交わった点が残りの頂点エです。

54ページ 練習のワーク①

1 ❶ 直角　❷ 垂直
2 Ⓐ 118°　Ⓘ 118°
　Ⓤ 62°　Ⓔ 118°
3 Ⓐ 5cm　Ⓘ 4cm
　Ⓤ 105°　Ⓔ 75°
4 右の図

てびき ❷ 一直線の角の大きさは180°だから、Ⓐとⓘの角度は180−62=118より、118°です。直線㋐、㋑は平行だから、ⓘとⓔの角度は等しくなります。

55ページ 練習のワーク②

1 （垂直）　（平行）

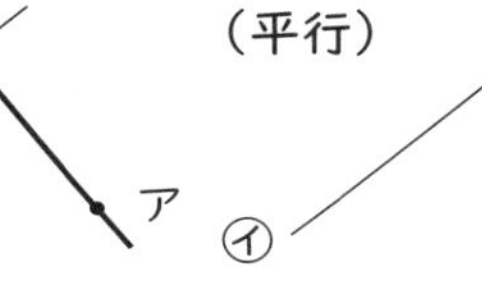

2 ❶ 辺アイ、辺エウ　❷ 辺エウ
3 Ⓐ 8cm　Ⓘ 8cm　Ⓤ 50°　Ⓔ 130°
4 ❶ ×　❷ ○　❸ ○

てびき 4 ❶ 平行四辺形の対角線は、それぞれのまん中の点で交わっていますが、長さは等しくありません。

56ページ まとめのテスト①

1 ❶ 垂直　❷ 平行　❸ 垂直
2 ❶ Ⓐ 65°　Ⓘ 115°　Ⓤ 115°　Ⓔ 115°
　❷ 6cm
3 ❶ 正方形　❷ ひし形　❸ 長方形
4 ❶　❷

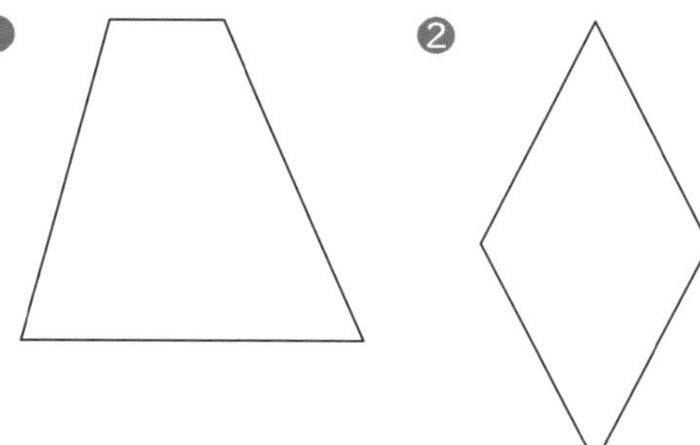

てびき 2 ❶ 平行な直線は、ほかの直線と等しい角度で交わることを使います。

57ページ まとめのテスト②

1 ❶ 平行…直線㋒　垂直…直線㋓　❷ 95°
2 台形…ⓘ、ⓔ　平行四辺形…Ⓐ、ⓚ
　ひし形…ⓤ、ⓚ
3

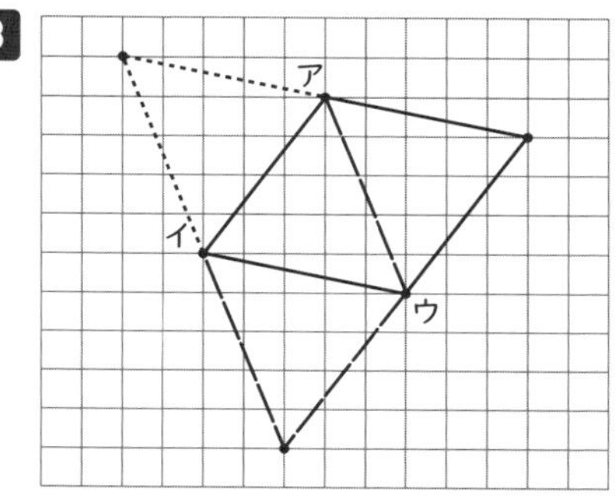

4 ❶ Ⓐ、ⓘ、ⓔ、ⓞ　❷ Ⓐ、ⓞ
　❸ Ⓐ、ⓞ　❹ Ⓐ、ⓘ

てびき 1 ❶ ある直線に等しい角度で交わる2本の直線は平行になります。直線㋐と直線㋒は直線㋔に75°で交わっているので、平行です。また、直線㋒と直角に交わっている直線㋓は、直線㋐とも直角に交わるので、直線㋐と直線㋓は垂直です。
3 平行四辺形は、「――」「……」「－－－」の3つができます。

8 式と計算

58・59ページ きほんのワーク

きほん1 120、120、230　答え 230
1 式 1000−(250+180)=570　答え 570円
2 ❶ 680　❷ 40
きほん2 200、4　答え 4
3 式 870÷(120+25)=6　答え 6セット
4 ❶ 720　❷ 7　❸ 21
きほん3 7、39　答え 39
5 式 150+90×3=420　答え 420円
6 ❶ 28　❷ 3　❸ 7
7 ❶ 46　❷ 32　❸ 22　❹ 8

てびき 2 (　)の中を先に計算します。
3 1セットの代金を、(　)を使って表し、これで持っているお金をわります。
5 かけ算を先に計算します。
6 ×、÷ → +、− の順に計算します。
7 ❶ 8×6−4÷2=48−2=46

② 8×(6−4÷2)=8×(6−2)=8×4=32
③ (8×6−4)÷2=(48−4)÷2=44÷2=22
④ 8×(6−4)÷2=8×2÷2=16÷2=8

60・61ページ きほんのワーク

きほん1 22、176、272、96、176 答え =
1 (200+50)×6=250×6=1500
200×6+50×6=1200+300=1500
2 ×、× 答え 18
きほん2 100、185 答え 185
3 ❶ 148 ❷ 186 ❸ 164
きほん3 100、700、693
73、100、400 答え 693、400
4 ❶ 891 ❷ 3465 ❸ 816
❹ 700 ❺ 720 ❻ 800
きほん4 100、100、900 答え 900
5 ❶ 2300 ❷ 700 ❸ 630

てびき 3 ❶ 48+71+29
=48+(71+29)=48+100=148
❷ 86+57+43=86+(57+43)
=86+100=186
❸ 78+64+22=64+(78+22)
=64+100=164
4 ❶ 99×9=(100−1)×9
=100×9−1×9=900−9=891
❷ 35×99=35×(100−1)
=35×100−35×1=3500−35=3465
❸ 102×8=(100+2)×8
=100×8+2×8=800+16=816
❹ 58×7+42×7=(58+42)×7
=100×7=700
❺ 24×9+56×9=(24+56)×9
=80×9=720
❻ 87×16−37×16=(87−37)×16
=50×16=800
5 ❶ 23×25×4=23×100=2300
❷ 28×25=7×4×25=7×100=700
❸ 35×18=35×2×9=70×9=630

62ページ 練習のワーク

1 ❶ 145 ❷ 520 ❸ 110
❹ 84 ❺ 492 ❻ 20
2 ❶ 式 200−40×3=80 答え 80 円
❷ 式 800÷4÷8=25 または、
800÷(8×4)=25 答え 25 円
3 ÷、+
4 ❶ 300 ❷ 3
5 ❶ 167 ❷ 800

てびき 1 ❶ 400−(300−45)
=400−255=145
❷ 360+(240−80)=360+160=520
❸ 5×(4+18)=5×22=110
❹ 4+16×5=4+80=84
❺ 500−200÷25=500−8=492
❻ (72−48)÷6×5=24÷6×5
=4×5=20
2 ❷ キャンディー1箱のねだんを1箱に入っているキャンディーの数でわって求めます。また、全部のキャンディーの数を先に求めてから計算すると、800÷(8×4)=25
4 わられる数を10倍すると、商も10倍になります。わる数を10倍すると、商は$\frac{1}{10}$になります。
5 ❶ 84+67+16=67+84+16
=67+(84+16)=67+100=167
❷ 25×32=25×(4×8)=(25×4)×8
=100×8=800

63ページ まとめのテスト

1 ❶ 6 ❷ 6 ❸ 328
❹ 162 ❺ 55 ❻ 60
2 ❶ 157 ❷ 1372 ❸ 270
❹ 7800
3 ❶ ㋒ ❷ ㋐
4 ❶ 式 230+70×4=510 答え 510 円
❷ 式 (720+180)÷3=300 または、
720÷3+180÷3=300 答え 300 円

てびき 2 ❶ 76+57+24
=57+(76+24)=57+100=157
❷ 98×14=(100−2)×14
=100×14−2×14=1400−28=1372
❸ 27×53−27×43=27×(53−43)
=27×10=270
❹ 4×78×25=4×25×78=100×78
=7800
3 ㋑を式で表すと、100×(20−4)となります。

たしかめよう!
次の順序で計算をします。
・ふつうは、左から順に計算する。
・(　)のある式は(　)の中を先に計算する。
・×や÷は、+や−より先に計算する。

⑨ 面積

64・65ページ きほんのワーク

きほん1 面積、$1\,cm^2$、5、5、5、1、6 答え ㋑

1 ㋐ $10\,cm^2$ ㋑ $11\,cm^2$

きほん2 15、25、15、25、375、
18、18、324 答え 375、324

2 ❶ 式 12×24＝288 答え $288\,cm^2$
❷ 式 30×30＝900 答え $900\,cm^2$

きほん3 5、4、20 答え 20

3 ❶ 式 10×8＝80 答え $80\,m^2$
❷ 式 7×7＝49 答え $49\,m^2$

4 ❶ 式 250×200＝50000
答え $50000\,cm^2$、$5\,m^2$
❷ 式 500×160＝80000
答え $80000\,cm^2$、$8\,m^2$

てびき 1 ㋑ $1\,cm^2$ の正方形が8こ分と、ななめに切られている部分はあわせて $1\,cm^2$ の正方形の3こ分です。

4 $1\,m^2＝100\,cm×100\,cm＝10000\,cm^2$

たしかめよう!

面積の公式を使えば、長方形や正方形の面積を計算で求めることができます。
長方形の面積＝たて×横＝横×たて
正方形の面積＝1辺×1辺

66・67ページ きほんのワーク

きほん1 9、6 答え 6

1 ❶ 式 35÷5＝7 答え 7cm
❷ 式 6×6＝36 36÷4＝9 答え 9cm

きほん2 4、6、24 答え 24

2 式 3×4＝12 答え $12\,km^2$、$12000000\,m^2$

きほん3 1a、1ha、150、400、60000
答え 60000、600、6

3 式 800×800＝640000
答え 6400a、64ha

きほん4 6、3、5、8、8、3 答え 42

4 ❶ ❷ ❸

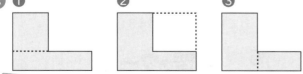

てびき 1 ❶ 横の長さを□cmとして、面積の公式にあてはめると、5×□＝35となります。あとは、□にあてはまる数を求めます。

2 $1\,km^2＝1\,km×1\,km$
$＝1000\,m×1000\,m＝1000000\,m^2$

3 $1\,a＝10\,m×10\,m＝100\,m^2$
$1\,ha＝100\,m×100\,m＝10000\,m^2＝100\,a$

4 面積は $190\,cm^2$ になります。

たしかめよう!

面積の単位
$1\,m^2＝10000\,cm^2$ $1\,a＝100\,m^2$
$1\,ha＝10000\,m^2＝100\,a$
$1\,km^2＝1000000\,m^2＝10000\,a＝100\,ha$

68ページ 練習のワーク

1 ❶ 式 16×16＝256 答え $256\,cm^2$
❷ 式 3×8＝24 答え $24\,m^2$
❸ 式 200×80＝16000 答え $16000\,cm^2$

2 式 200×200＝40000 答え 400a、4ha

3 式 36÷9＝4 答え 4cm

4 式 8×12−4×4＝80 答え $80\,m^2$

たしかめよう!

1 ❸ 面積を求めるときは、単位をそろえて計算します。

2 1辺が10mの正方形の面積が1a、
1辺が100mの正方形の面積が1haです。
1辺の長さが10倍になると、面積は100倍になるという関係があります。
$1\,a＝100\,m^2$、$1\,ha＝10000\,m^2$

69ページ まとめのテスト

1 ❶ 式 80×100＝8000 答え $8000\,cm^2$
❷ 式 25×12＝300 答え 3a
❸ 式 700×700＝490000 答え 49ha

2 ㋑

3 ❶ 式 18×22−8×10＝316 答え $316\,cm^2$
❷ 式 12×15−3×3＝171 答え $171\,m^2$

4 式 8×12＝96
96÷16＝6 答え 6cm

てびき 1 ❶ たてと横の長さの単位をそろえて、面積を求めます。

2 教科書の表紙のたての長さは約25cm、横の長さは約18cmです。
25×18＝450より、$450\,cm^2$

3 ❶ 大きい長方形の面積から小さい長方形の面積をひきます。また、長方形と正方形に分けて考えることもできます。
18×12＋10×10＝316より、$316\,cm^2$

❷ 長方形の面積から、正方形の面積をひきます。

4 たての長さを□cmとして、面積の公式にあてはめて式を書き、□にあてはまる数を求めます。
□×16=96　□=96÷16=6

⑩ 整理のしかた

70・71ページ きほんのワーク

きほん1 6、12

答え　けがの種類と場所（人）

けがの種類＼場所	校庭	教室	ろう下	体育館	合計
すりきず	6	5	0	0	11
打ぼく	4	0	0	4	8
切りきず	2	6	2	0	10
ねんざ	0	0	1	2	3
合計	12	11	3	6	32

❶ 2組　けがをした場所とクラス（人）

場所＼クラス	1	2	3	4	合計
校庭	1	6	2	3	12
教室	4	2	2	3	11
ろう下	1	0	2	0	3
体育館	2	2	0	2	6
合計	8	10	6	8	32

きほん2 答え ㋐ 3　㋑ 2　㋒ 5　㋓ 2　㋔ 1
㋕ 3　㋖ 5　㋗ 3　㋘ 8

❷ ❶ 2人　❷ 23人　❸ 3人　❹ 28人

たしかめよう!
数を数えるとき、「正」の字を書いていくと、まちがえることなく調べられます。また、もれや重なりがないよう、数えたものには印をつけておきましょう。

72ページ 練習のワーク

❶ ❶ 男子…14人
女子…15人

❷ 書き取りテストの点数（人）

男女＼点数	10点	9点	8点	7点	6点	合計
男子	3	2	5	3	1	14
女子	4	5	3	3	0	15
合計	7	7	8	6	1	29

❸ 8点

❷ 食べ物調べ（人）

		ピーマン		合計
		好き	きらい	
にんじん	好き	3	12	15
	きらい	8	9	17
合計		11	21	32

たしかめよう!
表に整理するときは、たての合計と横の合計が等しくなることをたしかめておきましょう。

73ページ まとめのテスト

1 ❶ 生まれた季節調べ（人）

季節＼学年	1年	2年	3年	4年	5年	6年	合計
春	0	1	1	3	1	1	7
夏	0	0	2	1	2	2	7
秋	0	1	0	2	1	1	5
冬	1	0	1	1	2	1	6
合計	1	2	4	7	6	5	25

❷ 春の4年

2 ❶ ㋐ 3　㋑ 2　㋒ 5　㋓ 4　㋔ 1
㋕ 5　㋖ 7　㋗ 3　㋘ 10

❷ ふみやさん

てびき **2** 伝記と科学読み物の好き(○)、きらい(×)によって、○○、○×、×○、××の4つに分類されます。それぞれが表のどこにあたるのかきちんと理かいしておきましょう。

⑪ くらべ方

74・75ページ きほんのワーク

きほん1 6、7、42、7　答え 7
❶ 式 36÷4=9　答え 9倍
きほん2 30、30、6　答え 6
❷ 式 84÷7=12　答え 12ページ
きほん3 50、100、50、50、50、
3、100、50、2、2　答え ない、3、2
❸ にんじん

てびき ❷ 絵本のページ数を□ページとすると、□×7=84です。
□にあてはまる数は84÷7で求めます。

76ページ 練習のワーク

❶ ❶ 青と黄
❷ 30cm

❷ ❶ 遊園地…4　動物園…5
❷ 動物園

てびき

❶ ❶ 割合でくらべます。

赤　39÷13＝3
青　28÷14＝2
黄　32÷16＝2

のびる割合が同じゴムひもは、青と黄です。

❷ 赤のゴムひもは3倍にのびるので、
10×3＝30 より、30cm

❷ ❶ 遊園地と動物園の1970年の入場料を1とみて図に表すと、次のようになります。

遊園地

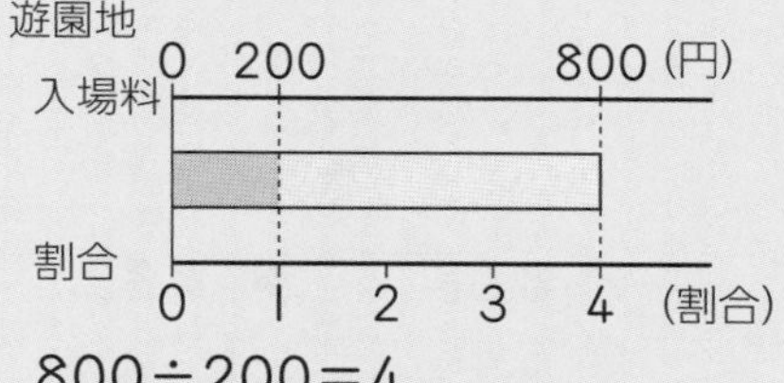

800÷200＝4

動物園

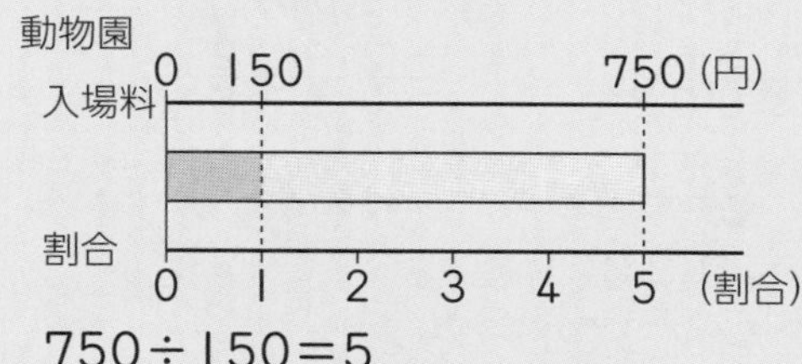

750÷150＝5

とみて図に表すと、次のようになります。

ゴムあ

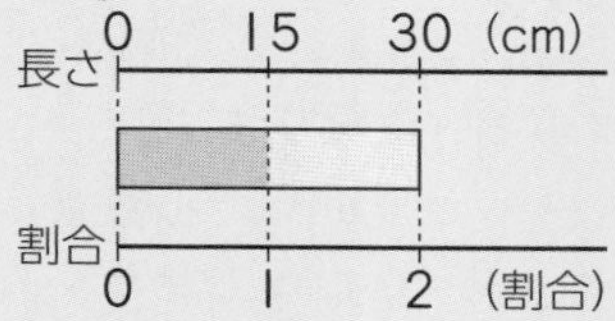

長さ 0 15 30（cm）
割合 0 1 2（割合）

30÷15＝2

ゴムい

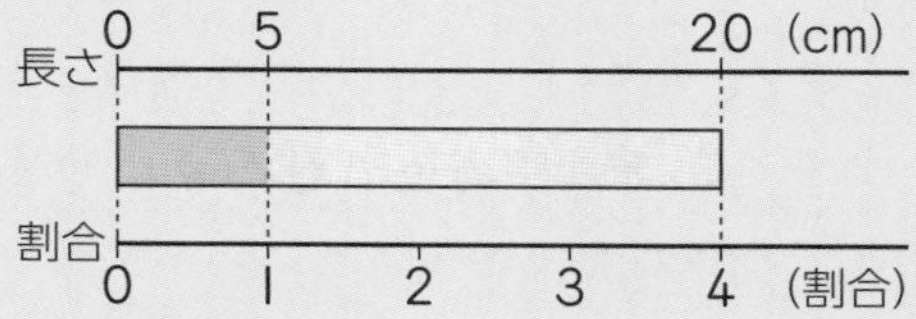

長さ 0 5 20（cm）
割合 0 1 2 3 4（割合）

20÷5＝4

77ページ　まとめのテスト

1 ❶ 式 360÷120＝3　答え 3倍
❷ 式 480÷240＝2　答え 2倍
❸ りんご

2 西スーパー

3 ゴムい

てびき

1 ❸ もとのねだんを1とみて値上がり後のねだんがどれだけにあたるかをくらべると、ねだんの上がり方が大きいのは、りんごです。

2 東スーパーと西スーパーのピーマンのもとのねだんを、それぞれ1とみて図に表すと、次のようになります。

東スーパー

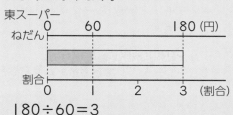

ねだん 0 60 180（円）
割合 0 1 2 3（割合）

180÷60＝3

西スーパー

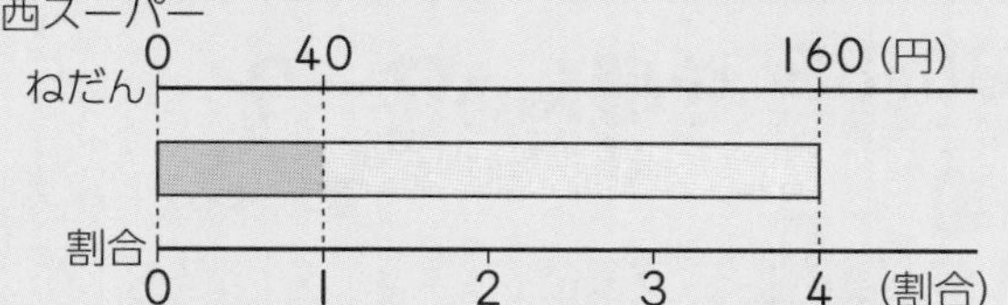

160÷40＝4

3 ゴムあとゴムいのもとの長さを、それぞれ1

⑫ 小数のしくみとたし算、ひき算

78・79ページ　きほんのワーク

きほん1 0.4、0.03、1.43　答え 1.43

❶ ❶ 0.25L　❷ 5.27L
❸ 12.06L

きほん2 0.02、0.006、0.426　答え 0.426

❷ ❶ 0.782kg　❷ 1.403km

❸ ❶ 5.074km　❷ 0.908kg

❹ あ 0.68km　い 0.694km　う 0.708km

きほん3 あ $\frac{1}{100}$　い $\frac{1}{1000}$　う 100　え 1000

答え $\frac{1}{100}$、100

❺ ❶ 0.01　❷ 0.001　❸ 0.01
❹ 10

てびき

❷ ❷ 1000m＝1km なので、
100m＝0.1km、10m＝0.01km、
1m＝0.001km です。
1403m は 1000m と 400m と 3m をあわせた長さだから、1.403km です。

80・81ページ　きほんのワーク

きほん1 6、3、7、5　答え 6、3、7、5

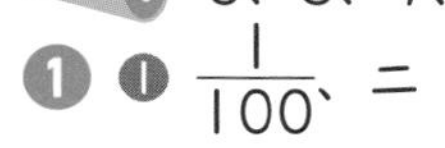

❶ ❶ $\frac{1}{100}$、＝　❷ $\frac{1}{1000}$、5
❸ 1000

❷ （数直線　0、あ、い）

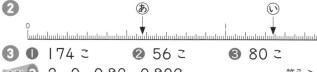

❸ ❶ 174こ　❷ 56こ　❸ 80こ

きほん2 2、0、0.82、0.809　答え >

❹ ❶ <　❷ <　❸ >　❹ >

きほん3 1、1　答え 48、0.48

⑤ 10 倍…31.9　100 倍…319　$\frac{1}{10}$…0.319

てびき　③ ❸ 0.8 は、0.80 と表されるので、0.01 を 80 こあつめた数になります。
⑤ 10 倍すると、位が 1 つ上がり、小数点は右へ 1 けたうつるので、31.9 になります。
100 倍すると、位が 2 つ上がり、小数点は右へ 2 けたうつるので、319 になります。
$\frac{1}{10}$ にすると、位が 1 つ下がり、小数点は左へ 1 けたうつるので、一の位の 3 の左に 0 を 1 つ書いて、小数点をうつします。

82・83 ページ　きほんのワーク

ふくしゅう　❶ 0.9　❷ 2.3
きほん1　2.86
35、286、321
0.8、0.06、2、1.1、0.11
3、2、1 ➡ 3、2、1　答え 3.21
① 式 0.96＋1.32＝2.28　答え 2.28 km
② ❶ 7.58　❷ 3.86　❸ 26.89
❹ 15.93　❺ 7.648　❻ 33.018
❼ 82.141
きほん2　8、0.8　8、4、3　答え 0.8、8.43
③ ❶ 9.2　❷ 37　❸ 10.28
④ ❶ 5.51　❷ 14.458　❸ 16.089

てびき　③ ❷ 筆算は、右のようになります。小数点以下の下の位の 0 はななめの線で消します。
```
  0.1 6
+３6.8 4
  3 7.0 0
```

84・85 ページ　きほんのワーク

ふくしゅう　❶ 0.7　❷ 0.6
きほん1　0.65
197、65、132
0.9、0.07、1、0.3、0.02
1、3、2 ➡ 1、3、2　答え 1.32
① 式 5.25－3.38＝1.87　答え 1.87 m
② ❶ 1.51　❷ 6.51　❸ 2.694
❹ 0.46
③ ❶ 1.91　❷ 0.36　❸ 2.75
❹ 3.072
きほん2　6、10.6、4、8.65　答え 10.6、8.65
④ ❶ 17.8　❷ 13.56

てびき　③ ❶ 筆算するとき、5.2 は 5.20とみて、右のように位をそろえて書きます。
```
  5.2 0
－3.2 9
  1.9 1
```

④ ❶ 7.8＋5.3＋4.7
＝7.8＋(5.3＋4.7)
＝7.8＋10＝17.8
❷ 3.485＋5.56＋4.515
＝5.56＋(3.485＋4.515)
＝5.56＋8＝13.56

86 ページ　練習のワーク

❶ ❶ 0.18　❷ 0.845　❸ 42.07
❹ 5.318
❷ ㋐ 0.006
㋑ 0.023
❸ ❶ 9.44　❷ 8.68　❸ 4.82
❹ 0.133　❺ 6.46
❹ ❶
```
  [1].[4]4[2]
+ 0.5[6]
  2.0 0 2
```
❷
```
   3.[4]7
－[2].9[3]2
   0.5 3 8
```

てびき　❷ 数直線のいちばん小さい 1 めもりの大きさは 0.001 です。
❸ ❺ 2.46＋3.08＋0.92
＝2.46＋(3.08＋0.92)＝2.46＋4＝6.46

87 ページ　まとめのテスト

1 ❶ 276　❷ 2　❸ 1.4
❹ 0.084
2 ❶ 5.3　❷ 2.206　❸ 22.28
❹ 1.34　❺ 1.335　❻ 19.22
❼ 15.7　❽ 9.88
3 301.24
4 式 1.35＋0.76＝2.11　答え 2.11 L
5 式 7－0.85＝6.15　答え 6.15 m

てびき　1 ❸ 10 倍すると、小数点は右へ 1 けたうつります。
2 ❼ 5.7＋2.9＋7.1＝5.7＋(2.9＋7.1)
＝5.7＋10＝15.7
❽ 2.93＋5.88＋1.07
＝5.88＋(2.93＋1.07)＝5.88＋4＝9.88

⑬ 変わり方

88・89 ページ　きほんのワーク

きほん1　1、8　答え へる(1 へる)、8
① ❶

横の長さ　(cm)	1	2	3	4	5	6
たての長さ(cm)	6	5	4	3	2	1

❷ ○＋△＝7

❸ 周りの長さが 14cm の長方形の
横の長さとたての長さ

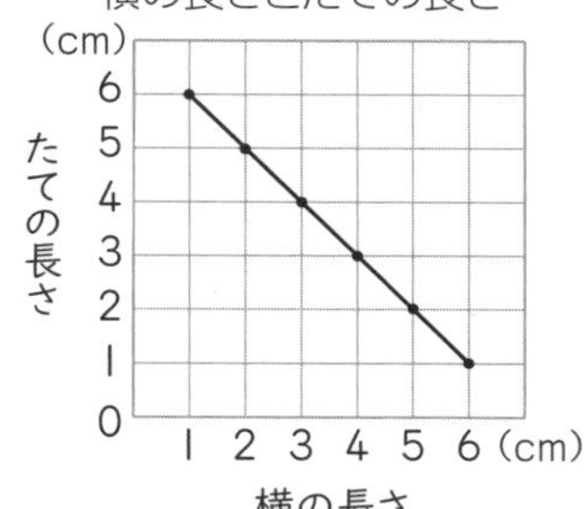

きほん2 4、4、4　4、4　4、60、30
答え ○×4＝△、60、30

❷ ❶ 60×○＝△

❷

おかしの数○(こ)	1	2	3	4
代金　△(円)	60	120	180	240

❸ 720 円　❹ 15 こ

てびき ❶❷ 表から、関係をよみとります。
❷ (1 このねだん)×(こ数)＝(代金)にあてはめます。
❸ 60×12＝720
❹ 60×○＝900 より、○＝900÷60＝15

90 ページ 練習のワーク

❶ ❶

だんの数 (だん)	1	2	3	4	5
周りの長さ(cm)	3	6	9	12	15

❷ ○×3＝△　❸ 75cm
❹ 30 だん

❷ ❶ ○＋△＝10　❷ 4 ひき

てびき ❶ 表から、だんの数に 3 をかけると、周りの長さになることがわかります。
❸ ❷の○に 25 をあてはめて、周りの長さを求めます。25×3＝75 より、75cm
❹ ❷の△に 90 をあてはめて求めます。
○×3＝90　○＝90÷3＝30 より、30 だん
❷ ❷ つるは足が 2 本、かめは足が 4 本です。表のそれぞれのつるとかめの数について、足の数の合計を調べ、表に整理します。
つるが 4 ひき、かめが 6 ぴきのとき、足の数は、2×4＋4×6＝32 より、計 32 本です。

91 ページ まとめのテスト

1 ❶

たての長さ(cm)	1	2	3	4	5	6	7
横の長さ　(cm)	4	5	6	7	8	9	10

❷ ○＋3＝△

2 ❶

たての長さ(cm)	1	2	3	4	5
面積　(cm^2)	4	8	12	16	20

❷ ○×4＝△

3 ❶ 150×○＋100＝△

❷

パンの数 (こ)	1	2	3	4	5	6	7
代金　(円)	250	400	550	700	850	1000	1150

❸ 150 円ふえる。

てびき 1 たての長さに 3cm たすと、横の長さになります。
2 ❷ 長方形の面積の公式にあてはめて考えることもできます。

⑭ そろばん

92・93 ページ きほんのワーク

きほん1 1、2、6、0、1、2　答え 601256207、5.12

❶ ❶ 16893088　❷ 3.2　❸ 68.5

❷ ❶

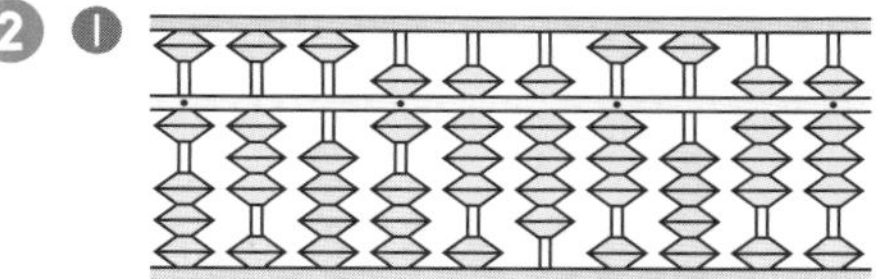

❷

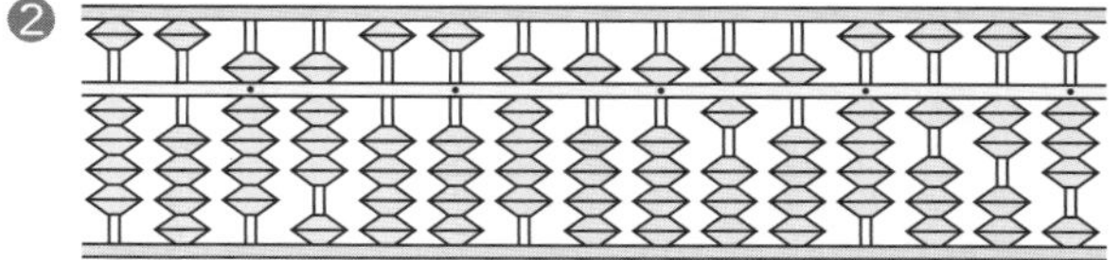

❸

❹

きほん2 答え 142、34

❸ ❶ 65　❷ 105　❸ 500
❹ 22　❺ 29　❻ 224

❹ ❶ 120 億　❷ 43 兆　❸ 0.74
❹ 4.2　❺ 0.42　❻ 3.04

⑮ 小数と整数のかけ算、わり算

94・95 ページ きほんのワーク

きほん1 0.6、6、3、1.8　答え 1.8

❶ ❶ 0.8　❷ 2.8　❸ 2.4　❹ 7.2

きほん2 16、11.2
1、1、2 ➡.　答え 11.2

❷ ❶ 53.6　❷ 43.2　❸ 47.7
❹ 5.4　❺ 58.8　❻ 115.2

きほん3 7、6、6、7 ➡.　答え 67.2

❸ ❶ 61.1　❷ 129.2　❸ 285.6

❹ 65.6　❺ 37.1　❻ 1087.2

きほん4 100、$\frac{1}{100}$　答え 2.36

4 ❶ 47.44　❷ 2.76　❸ 116.18

てびき

1 ❶ 0.2を10倍して求めた積(2×4=)8を$\frac{1}{10}$にして求めることもできます。

2
```
❶  6.7     ❷  7.2     ❸  5.3
  ×  8       ×  6       ×  9
  53.6       43.2       47.7

❹  0.9     ❺  19.6    ❻  28.8
  ×  6       ×   3      ×   4
    5.4       58.8      115.2
```

3
```
❶  4.7     ❷   1.9    ❸   8.4
  ×13        ×68        ×34
  141        152        336
  47        114        252
  61.1      129.2      285.6

❹  0.8     ❺  0.7     ❻   60.4
  ×82        ×53        ×  18
   16         21        4832
  64         35         604
  65.6       37.1      1087.2
```

4 ❶ 5.93を100倍して求めた積(593×8=)4744を$\frac{1}{100}$にすると、答えになります。
```
❶  5.93    ❷  0.46    ❸   3.14
  ×   8      ×   6      ×  37
  47.44       2.76      2198
                        942
                       116.18
```

96・97ページ　きほんのワーク

きほん1 9、2 ➡.　答え 9.2

1 ❶ 5.1　❷ 31　❸ 15

2 ❶ 16.285　❷ 5.616

きほん2 4.8、48、48、1.2　答え 1.2

3 ❶ 2.3　❷ 1.3　❸ 2.1

4 式 3.9÷3=1.3　答え 1.3dL

きほん3 .➡8、2、4、0　答え 1.8

5
```
❶   1.5     ❷   1.7     ❸   1.3
  5)7.5       4)6.8       7)9.1
    5           4           7
    25          28          21
    25          28          21
     0           0           0

❹   2.6     ❺    8.4    ❻    6.3
  3)7.8       8)67.2      4)25.2
    6           64          24
    18           32          12
    18           32          12
     0            0           0

❼    6.2    ❽    7.1    ❾    35.8
  9)55.8      6)42.6      2)71.6
    54          42          6
     18           6         11
     18           6         10
      0           0          16
                             16
                              0
```

てびき

1
```
❶  0.85    ❷  6.2     ❸  3.75
  ×   6      ×  5       ×   4
   5.10      31.0      15.00
```

2
```
❶  3.257   ❷  0.208
  ×    5      ×   27
  16.285       1456
               416
              5.616
```

98・99ページ　きほんのワーク

きほん1 1.8、0
2、1、8、0　答え 0.2

1
```
❶   0.8     ❷   0.7     ❸   0.4
  8)6.4       3)2.1       2)0.8
    64          21           8
     0           0           0
```

きほん2 7➡4、7、2、0　答え 3.4

2
```
❶     1.5    ❷     3.2    ❸     5.2
  15)22.5      28)89.6      13)67.6
     15           84           65
      75           56           26
      75           56           26
       0            0            0
```

3
```
❶     0.9    ❷      3.4   ❸      6.3
  12)10.8      47)159.8     58)365.4
     108          141          348
       0           188          174
                   188          174
                     0            0
```

きほん3 744、124、1.24　答え 1.24

4
```
❶   1.32    ❷   0.87    ❸   0.13
  4)5.28      7)6.09      5)0.65
    4           56          5
    12           49         15
    12           49         15
      8           0          0
      8
      0

❹    7.25   ❺      4.63   ❻      0.38
  3)21.75     18)83.34      52)19.76
    21           72            156
      7          113            416
      6          108            416
      15          54              0
      15          54
       0           0
```

5
```
❶   1.208   ❷      0.148
  7)8.456     64)9.472
    7            64
    14           307
    14           256
      56          512
      56          512
       0            0
```

100・101ページ　きほんのワーク

きほん1 2.8、5　答え 0.35

1
```
❶   0.66    ❷     1.35    ❸   3.75
  5)3.3       14)18.9       4)15
    30           14           12
     30           49           30
     30           42           28
      0            70           20
                   70           20
                    0            0
```

きほん2 $\frac{1}{100}$ 4、2、4 ➡ 0、3、5、5 ➡ 7

答え 2.7

❷ ❶ 1.7　❷ 1.9　❸ 2.8

きほん3 59.3、3

9、3　答え 19、2.3

❸ ❶ 3.5 あまり 0.1　❷ 0.9 あまり 0.1

❸ 4.2 あまり 2

きほん4 900、200　答え 4.5

❹ 式 270÷300＝0.9　答え 0.9 倍

てびき

❷ $\frac{1}{10}$ の位までのがい数だから、$\frac{1}{100}$ の位で四捨五入します。

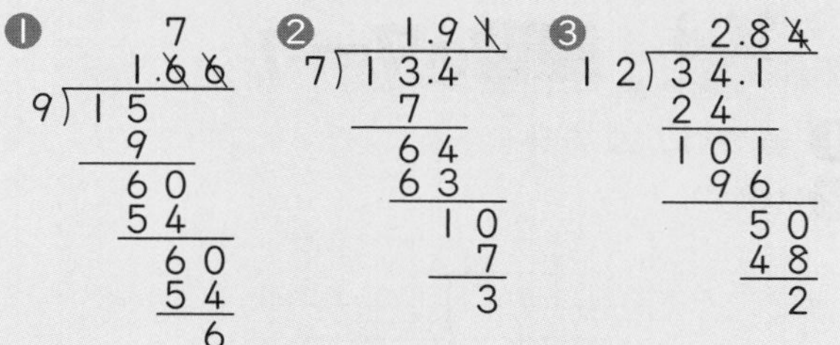

❸ ❶
```
      3.5
3)10.6
   9
   16
   15
   0.1
```
❷
```
    0.9
7)6.4
  63
  0.1
```
❸
```
       4.2
21)90.2
   84
    62
    42
    2.0
```

答えのたしかめをするとき、整数×小数を、計算のきまりを使って、小数×整数としてから計算します。

例えば、❸は 21×4.2＋2 を 4.2×21＋2 として計算すると、わられる数の 90.2 となって、商やあまりが正しいことがたしかめられます。

102ページ 練習のワーク

❶ ❶ 16.8　❷ 110.5　❸ 148.96

❹ 11.9

❷ ❶ 2.6　❷ 1.25

❸ ❶ 0.9　❷ 1.5

❹ ❶ 2.3 あまり 0.1　❷ 3.2 あまり 1.7

```
     2.3
4)9.3
  8
  13
  12
  0.1
```
```
       3.2
27)88.1
   81
    71
    54
    1.7
```

❺ 式 2.8×15＝42　答え 42cm

❻ 式 15.3÷9＝1.7　答え 1.7 倍

❶ ❶
```
  2.4
×   7
 16.8
```
❷
```
    1.7
  ×65
    85
  102
  110.5
```
❸
```
    7.84
  ×  19
   7056
   784
  148.96
```
❹
```
   5.95
 ×    2
  11.90
```

❷ ❶
```
      2.6
16)41.6
   32
    96
    96
     0
```
❷
```
     1.25
8)10
  8
  20
  16
   40
   40
    0
```

❸ ❶
```
    0.94
9)8.5
  81
   40
   36
    4
```
❷
```
      1.45
11)16
   11
    50
    44
     60
     55
      5
```

❹ 小数を整数でわるとき、あまりの小数点は、わられる数にそろえてうちます。

103ページ まとめのテスト

❶ ❶
```
  7.2
×   3
 21.6
```
❷
```
   0.7
 ×45
   35
  28
  31.5
```
❸
```
   0.36
 ×  16
   216
   36
   5.76
```
❹
```
   1.385
 ×    64
    5540
   8310
   88.640
```

❷ ❶
```
   1.2
7)8.4
  7
  14
  14
   0
```
❷
```
     4.65
18)83.7
   72
   117
   108
     90
     90
      0
```
❸
```
   1.024
5)5.12
  5
   12
   10
    20
    20
     0
```
❹
```
   0.081
8)0.648
   64
     8
     8
     0
```

❸ ❶ 式 22.5÷6＝3.75　答え 3.75g

❷ 式 3.75×15＝56.25　答え 56.25g

❹ 式 67.5÷4＝16 あまり 3.5

答え 16 本できて、3.5cm あまる。

❺ 式 28÷35＝0.8　答え 0.8 倍

てびき

❹ 商は、一の位まで求めて、あまりを出します。

❺ ○は□の何倍かを求めるときは、○÷□で計算します。

⑯ 立体

104・105ページ きほんのワーク

きほん1 直方体、立方体、6、12、8

答え ㋐ 6　㋑ 12　㋒ 8　㋓ 6　㋔ 12　㋕ 8

❶ ❶ 8つ

❷ たてが 1cm、横が 4cm の長方形が 2 つ
たてが 1cm、横が 5cm の長方形が 2 つ
たてが 5cm、横が 4cm の長方形が 2 つ

❸ 1cm の辺が 4 つ、4cm の辺が 4 つ、5cm の辺が 4 つ

きほん2 平行、垂直、平行、垂直、垂直、平行

答え 平行、垂直、平行、垂直、垂直、平行

❷ ❶ 面㋑、面㋓、面㋔、面㋕　❷ 面㋓

❸ 辺アエ、辺イウ、辺オク、辺カキ

❹ 辺アオ、辺イカ、辺ウキ

❷ ❸ きほん2 の直方体で、面㋕と垂直な辺は、辺アエ、辺イウ、辺オク、辺カキになります。

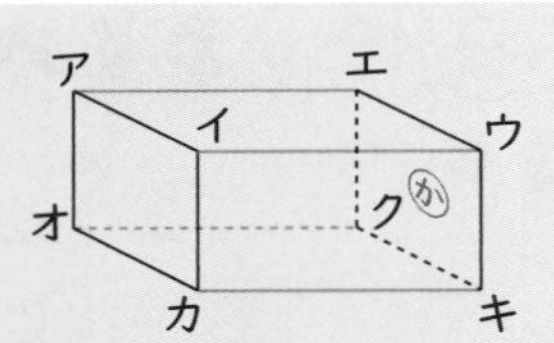

❹ きほん2 の直方体で、辺エクと平行な辺は、辺アオ、辺イカ、辺ウキになります。

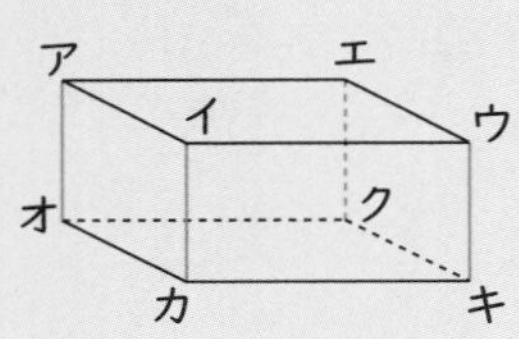

106・107ページ きほんのワーク

きほん1 展開図

答え 右の図

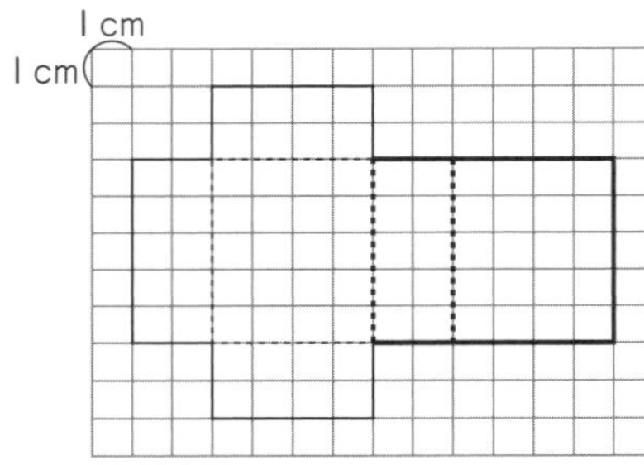

❶ (例)

1cm
1cm

❷ ❶ 点キ　❷ 辺アイ　❸ 面㋕

❹ 面㋑、面㋒、面㋓、面㋕

きほん2 見取図　答え

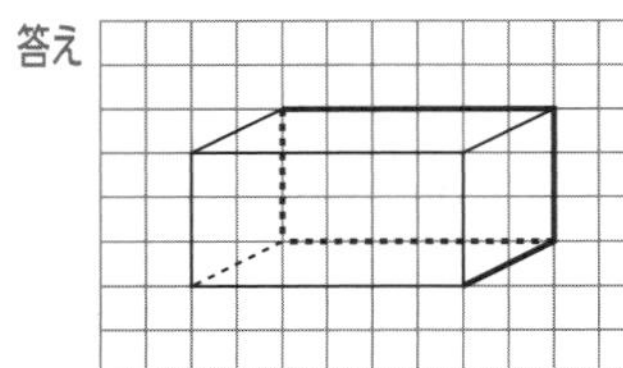

❸

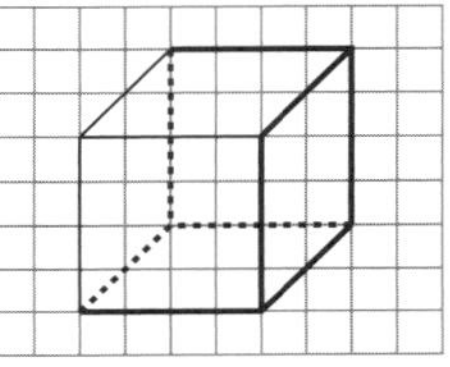

きほん3 3　答え 4、3

❹ ❶ (横 2cm　たて 4cm)

❷ (横 6cm　たて 6cm)

てびき ❷ 組み立ててできる立方体は、右の図のようになります。

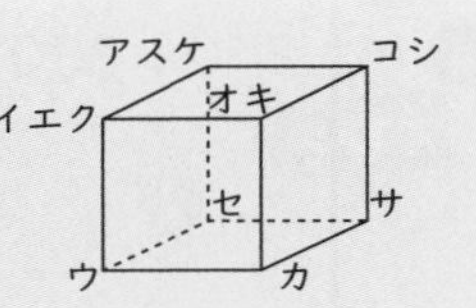

108ページ 練習のワーク

❶ 直方体、立方体

❷ (例)

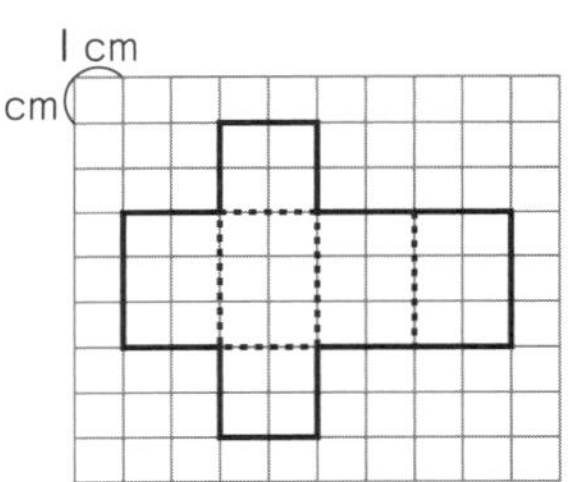

❸ たてが 5cm、横が 4cm のあつ紙、
または、横が 5cm、たてが 4cm のあつ紙

❹ ❶ (横 3cm　たて 3cm　高さ 0cm)

❷ (横 3cm　たて 3cm　高さ 5cm)

てびき ❷ 1 辺が 2cm の正方形の面が 2 つと、たてが 3cm、横が 2cm の長方形の面が 4 つあります。

109ページ まとめのテスト

1 ❶ 面…6　頂点…8　辺…12

❷ 辺アオ、辺イカ、辺ウキ、辺エク

❸ 面㋒、面㋓

❹ 辺イア、辺イカ、辺ウエ、辺ウキ

❺ 長方形、たて 4cm　横 6cm

2 ❶ 点キ

❷ 辺イア

❸ 面㋔

❹ 面㋐、面㋒、面㋓、面㋕

3 ❶

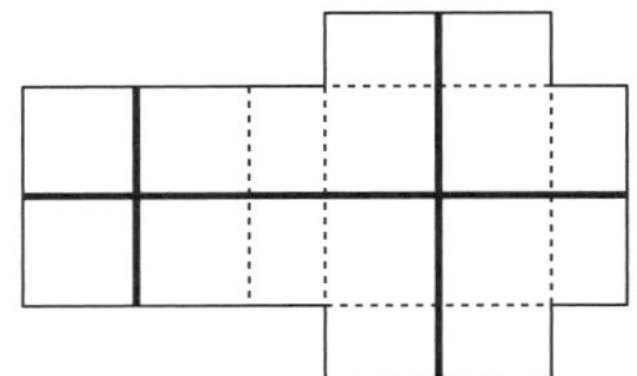

❷ 式 30×2×2+10×4+50=210

答え 210cm

てびき **2** 組み立ててできる立方体は、右の図のようになります。

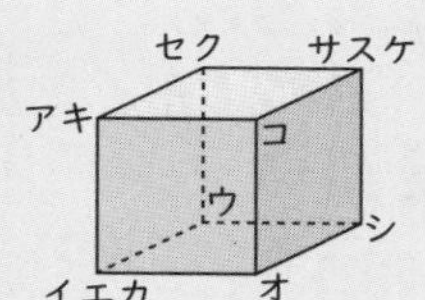

⑰ 分数の大きさとたし算、ひき算

110・111 ページ きほんのワーク

ふくしゅう ❶ 5　❷ $\frac{8}{5}$

きほん1 $\frac{5}{4}$、$1\frac{1}{4}$　答え $\frac{5}{4}$、$1\frac{1}{4}$

1 ❶ 仮分数…$\frac{12}{7}$ m　帯分数…$1\frac{5}{7}$ m

❷ 仮分数…$\frac{13}{5}$ m　帯分数…$2\frac{3}{5}$ m

2 ❶ >　❷ <　❸ <　❹ >

きほん2 $\frac{12}{5}$、2、4、$2\frac{4}{5}$　答え <

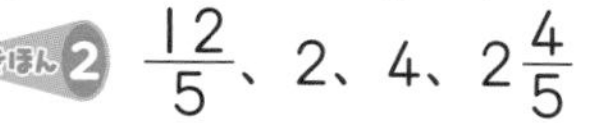

3 ❶ $\frac{7}{3}$　❷ $\frac{27}{4}$　❸ $\frac{67}{12}$

4 ❶ $1\frac{3}{5}$　❷ $7\frac{1}{2}$　❸ 4

5 ❶ $2\frac{5}{8}<\frac{25}{8}$　❷ $\frac{13}{5}<3$

❸ $4\frac{1}{6}>\frac{23}{6}$　❹ $\frac{7}{3}<2\frac{2}{3}$

たしかめよう!

5 2つの分数を仮分数か帯分数にそろえてから、大小をくらべます。

112・113 ページ きほんのワーク

きほん1 $\frac{2}{4}$、$\frac{3}{6}$　答え $\frac{2}{4}$、$\frac{3}{6}$、$\frac{4}{8}$

1 ❶ >　❷ <

きほん2 $\frac{7}{6}$、$1\frac{1}{6}$　答え $\frac{7}{6}\left(1\frac{1}{6}\right)$

2 ❶ $\frac{9}{8}\left(1\frac{1}{8}\right)$　❷ $\frac{16}{9}\left(1\frac{7}{9}\right)$　❸ 4

❹ $\frac{35}{6}\left(5\frac{5}{6}\right)$

きほん3 $4\frac{2}{5}$　答え $4\frac{2}{5}$

3 ❶ $4\frac{3}{4}\left(\frac{19}{4}\right)$　❷ $1\frac{5}{7}\left(\frac{12}{7}\right)$　❸ $6\frac{1}{6}\left(\frac{37}{6}\right)$

❹ $4\frac{4}{9}\left(\frac{40}{9}\right)$　❺ 4　❻ 3

きほん4 $1\frac{7}{8}$　答え $1\frac{7}{8}$

4 ❶ $\frac{2}{7}$　❷ $\frac{14}{9}\left(1\frac{5}{9}\right)$　❸ 2

5 ❶ $3\frac{1}{5}\left(\frac{16}{5}\right)$　❷ $3\frac{1}{7}\left(\frac{22}{7}\right)$　❸ 2

❹ $1\frac{4}{7}\left(\frac{11}{7}\right)$　❺ $\frac{5}{11}$　❻ $1\frac{5}{6}\left(\frac{11}{6}\right)$

てびき **2** ❸ $\frac{8}{7}+\frac{20}{7}=\frac{28}{7}$ で、$\frac{28}{7}=4$ と整数にできることに気をつけましょう。

114 ページ 練習のワーク

1 ❶ $1\frac{4}{7}$　❷ 6　❸ $\frac{43}{8}$　❹ $\frac{16}{9}$

2 ❶ >　❷ >　❸ <　❹ >

3 ❶ $\frac{10}{9}\left(1\frac{1}{9}\right)$　❷ $\frac{15}{4}\left(3\frac{3}{4}\right)$　❸ $5\frac{7}{8}\left(\frac{47}{8}\right)$

❹ $2\frac{1}{6}\left(\frac{13}{6}\right)$　❺ $5\frac{3}{7}\left(\frac{38}{7}\right)$　❻ 4

4 ❶ $\frac{3}{8}$　❷ $\frac{5}{4}\left(1\frac{1}{4}\right)$　❸ $2\frac{4}{9}\left(\frac{22}{9}\right)$

❹ 1　❺ $1\frac{5}{7}\left(\frac{12}{7}\right)$　❻ $1\frac{3}{10}\left(\frac{13}{10}\right)$

てびき **4** ❹ $\frac{4}{5}-\frac{4}{5}=0$ より、分数部分はなくなります。

115 ページ まとめのテスト

1 ❶ $\frac{19}{11}$、$1\frac{7}{11}$、$\frac{9}{11}$　❷ $2\frac{3}{5}$、$2\frac{3}{7}$、$2\frac{3}{8}$

2 ❶ 8、9　❷ 1、2　❸ 7、8、9

3 ❶ $\frac{25}{7}\left(3\frac{4}{7}\right)$　❷ $3\frac{4}{5}\left(\frac{19}{5}\right)$　❸ $2\frac{1}{6}\left(\frac{13}{6}\right)$

❹ 4　❺ $\frac{14}{9}\left(1\frac{5}{9}\right)$　❻ $2\frac{1}{5}\left(\frac{11}{5}\right)$

❼ $1\frac{3}{4}\left(\frac{7}{4}\right)$　❽ $1\frac{5}{6}\left(\frac{11}{6}\right)$

4 ❶ 式 $1\frac{3}{7}+\frac{6}{7}=2\frac{2}{7}$　答え $2\frac{2}{7}$ L $\left(\frac{16}{7}\text{ L}\right)$

❷ 式 $1\frac{3}{7}-\frac{6}{7}=\frac{4}{7}$　答え $\frac{4}{7}$ L

5 20、4、3

てびき **1** ❶ 仮分数になおしてくらべます。$1\frac{7}{11}=\frac{18}{11}$ です。

❷ 帯分数の整数部分が全部同じなので、分数部分だけをくらべます。分子が同じとき、分母が大きい分数が小さくなります。

5 1時間=60分で、60分を3等分した1こ分が20分だから、20分=$\frac{1}{3}$時間になります。

4年のまとめ

116 ページ まとめのテスト①

1 ❶ 二百八兆四千五十億三千五万

❷ 30000049300000

2 ❶ 9690000(969万)

❷ 9690000000000(9兆6900億)

3 ❶ 754000　❷ 2100000000

4 ❶ 17　❷ 52　❸ 14
❹ 4あまり5　❺ 4あまり12
❻ 22あまり12

5 ❶ 3800　❷ 600

6 ❶ 3　❷ 25

7 式 282÷6=47　答え 47グループ

てびき

3 がい数で表したい位の1つ下の位の数字を四捨五入します。

5 ❶ 38×4×25=38×100=3800
❷ 107×6−7×6=(107−7)×6
=100×6=600

6 ❶ 300÷(25×4)=300÷100=3
❷ 45−32÷8×5=45−4×5
=45−20=25

117ページ まとめのテスト❷

1 ❶ 3.82　❷ 11.035　❸ 3.158
❹ 3.464

2 ❶ 175.8　❷ 40.8　❸ 16.66
❹ 1.82　❺ 0.35　❻ 0.24

3 ❶ 2.8　❷ 2.4

4 ❶ $\frac{14}{5}$　❷ $3\frac{3}{8}$　❸ 8

5 ❶ $\frac{11}{6}\left(1\frac{5}{6}\right)$　❷ $2\frac{1}{5}\left(\frac{11}{5}\right)$　❸ 3
❹ 1　❺ $1\frac{5}{9}\left(\frac{14}{9}\right)$　❻ $2\frac{7}{10}\left(\frac{27}{10}\right)$

6 式 $\frac{7}{8}+\frac{5}{8}=\frac{12}{8}$　答え $\frac{12}{8}$km $\left(1\frac{4}{8}\text{km}\right)$

てびき

2
```
❶    29.3    ❷   1.7    ❸   0.476
   ×    6      ×24        ×   35
    175.8        68         2380
                34         1428
                40.8       16.660

❹    1.82    ❺     0.35    ❻      0.24
   4)7.28      12)4.2       75)18.0
     4            36           150
     32            60           300
     32            60           300
      8             0             0
      8
      0
```

3
```
❶     2.82       ❷       2.35
   7)19.8           27)63.5
     14                54
      58                95
      56                81
       20               140
       14               135
        6                 5
```

118ページ まとめのテスト❸

1 ❶ 直線㋔　❷ 直線㋒

2 ❶ 台形　❷ 正方形　❸ 正方形
❹ ひし形、正方形

3 ❶ 点シ　❷ 辺ケク　❸ 面㋓
❹ 面㋑、面㋓
❺ 辺ウエ、辺オカ、辺スイ

てびき

1 垂直や平行は、三角定規を使って、たしかめることができます。直線㋔は、のばすと直線㋐に直角に交わります。

3 問題の展開図を組み立てると、右のような直方体ができます。

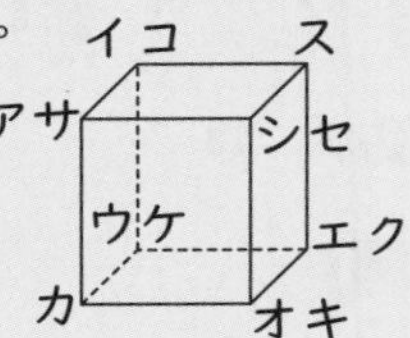

119ページ まとめのテスト❹

1 ❶ 式 60×60=3600　答え 36a
❷ 式 5.5×4=22　答え 22km²

2 ❶ 式 30×40−20×20=800　答え 800cm²
❷ 式 15×35+5×15=600　答え 600m²
❸ 式 80×120=9600
答え 9600cm²(0.96m²)

3 ❶ ❷

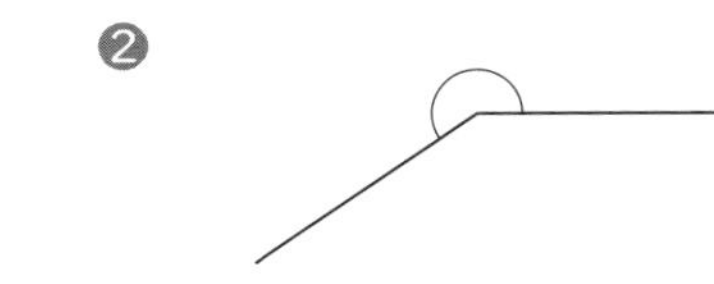

てびき

2 ❸ 単位をcmにそろえてから、面積の公式にあてはめます。
1.2m=120cm

3 ❷ 180°より大きい角をかくときは、180°より何度大きいのか、または、360°より何度小さいのかを考えます。

120ページ まとめのテスト❺

1 ❶ ㋐ 8　㋑ 6　❷ ○+△=11

2 40cm

3 ❶ 23
❷ 右のグラフ

気温調べ
(度) 30 20 10 0
4 5 6 7 8 9 10(月)

4 ㋐ 9　㋑ 28
㋒ 0　㋓ 11
㋔ 1　㋕ 2
㋖ 21　㋗ 27
㋘ 78

てびき

2 24÷6=4から、ゴムひものもとの長さを1とみたとき、いっぱいまでのばした長さは4です。10cmのゴムひもは、4倍にのびるので、10×4=40より、40cm

実力判定テスト 答えとてびき

夏休みのテスト①

1 ❶ 六十一億八千二百五十七万九百四十七
❷ 三十七兆四千三百十一億千五十二万

2 ❶ 19　❷ 17 あまり 1
❸ 12 あまり 3　❹ 60
❺ 100 あまり 5　❻ 50 あまり 7

3 ❶ 26 度、13 時　❷ 12 時から 13 時の間
❸ 9 時から 10 時の間

4 式 114÷3=38　答え 38 こ

5 ❶ 300°　❷ 145°　❸ 30°

6 ❶ 3　❷ 26 あまり 22
❸ 5 あまり 20　❹ 9

7 ❶ 350000　❷ 50

てびき
2 あまりがあるときは、わる数×商+あまりの計算をして、その答えがわられる数になっているか、たしかめます。
5 ❶ 180°より大きい角度をはかるときは、「180°と、あと何度あるか。」または「360°より何度小さいか。」を考えてはかります。
7 先に四捨五入してから計算します。

夏休みのテスト②

1 ❶ 7000000000000
❷ 1400000000000
❸ 5030004000000

2 ❶ 19 あまり 2　❷ 240
❸ 254　❹ 90 あまり 4

3 ❶ 5 度、1 月　❷ 5 月から 6 月の間

4 省略

5 ❶ 14 あまり 6　❷ 14 あまり 21
❸ 10 あまり 12　❹ 135 あまり 3

6 ❶ 120　❷ 8

7 約 30kg

てびき
4 ❶ まず、定規を使って長さ 5cm の辺をかいてから、40°と 50°の角をかきます。
6 ❶ 6000÷50
↓÷10 ↓÷10 ＜わられる数とわる数を 10 でわっても商は変わらない。
600 ÷ 5
❷ 48 万÷6 万
↓÷1 万 ↓÷1 万 ＜わられる数とわる数を 1 万でわっても商は変わらない。
48 ÷ 6
7 100×300=30000 より、約 30000g

冬休みのテスト①

1 あ 110°　い 70°　う 70°

2 150 円のりんご 4 こを 30 円の箱に入れて買うときの代金

3 式 36×50=1800　答え 1800m²

4 ❶ あ 28　い 18　う 24
え 38　お 32　か 84
❷ 両方ともある人が 14 人多い。

5 スーパーい

6 ❶ 3.72　❷ 5.9　❸ 30.98
❹ 3.21　❺ 2.172　❻ 6.641

7 ❶

買う数(こ)	1	2	3	4	5
代金（円）	120	240	360	480	600

❷ 120×○=△　❸ 1440 円

てびき
1 4 本の直線でできる四角形は、向かい合った 2 組の辺が平行だから平行四辺形です。
4 ❶ まず、表のかに 84 を書いてから、その他のあてはまる数を考えます。
❷ あの 28 と 14 をくらべます。

冬休みのテスト②

1 ❶ 3 こ　❷ 1 こ　❸ 8 こ

2 ❶ 33　❷ 86　❸ 5712
❹ 3100

3 式 20×10+(12−5)×(30−10×2)+12×10=390　答え 390cm²

4 あ 9　い 7　う 16
え 7　お 10　か 26

5 ❶ 7.5　❷ 4.007　❸ 0.582
❹ 3.983

6 ❶

1 辺の長さ (cm)	1	2	3	4	5
周りの長さ (cm)	3	6	9	12	15

❷ ○×3=△　❸ 36cm　❹ 48cm

てびき
1 ❶ 四角形アイウエ、四角形アイキオ、四角形オキウエの 3 こが長方形です。
❷ 四角形オカキクは、辺の長さがすべて等しいことから、ひし形です。
❸ 四角形アイウオ、四角形オイウエ、四角形アイキエ、四角形アキウエ、四角形アキクオ、四角形オカキウ、四角形オイキク、四角形カキエオの 8 こです。

学年末のテスト①

1 ❶ 十億の位　❷ 1億
❸ 4300000000

2 式 108÷36=3　答え 3倍

3

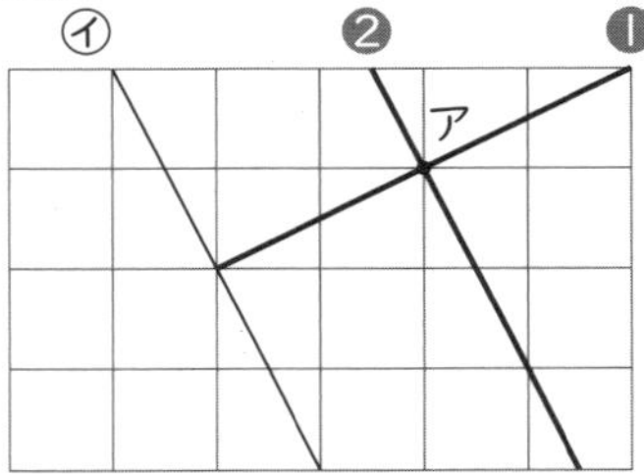

4 ❶ 7.13　❷ 1.06　❸ 5.26
❹ 5.57

5 ❶ 25.8　❷ 25.12　❸ 2501.6
❹ 1.85　❺ 2.6　❻ 0.83

6 ❶ 面㋒　❷ 辺アイ、辺カイ

7 ❶ $\frac{13}{9}\left(1\frac{4}{9}\right)$　❷ $3\frac{2}{8}\left(\frac{26}{8}\right)$
❸ $1\frac{4}{5}\left(\frac{9}{5}\right)$　❹ $2\frac{1}{8}\left(\frac{17}{8}\right)$

てびき
2 もとにする大きさの何倍かを求めるときは、わり算を使います。
4 筆算は位をそろえて書くことが大切です。

学年末のテスト②

1 ❶ 75°　❷ 60°

2 ❶ 600　❷ 100

3 省略

4 ❶ 128　❷ 496

5 式 20×10+(20−10)×20=400　答え 400m²

6 式 17.5÷3=5 あまり 2.5
答え 5ふくろできて、2.5kg あまる。

7 (例)

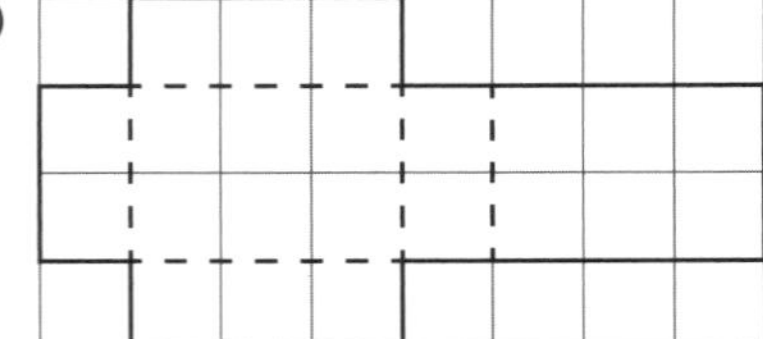

8 ❶ 2　❷ $5\frac{1}{4}\left(\frac{21}{4}\right)$
❸ $\frac{4}{8}$　❹ $1\frac{3}{7}\left(\frac{10}{7}\right)$

9 式 $\frac{11}{8}-\frac{3}{8}=1$　答え 1kg

てびき
6 商は整数で求めて、あまりをだします。あまり<わる数で、わる数×商+あまりを計算すると、3×5+2.5=17.5 となって、商やあまりが正しいことがわかります。

まるごと 文章題テスト①

1 20549

2 式 137÷6=22 あまり 5
22+1=23　答え 23こ

3 式 481÷13=37　答え 37まい

4 ❶ 式 5.4+2.28=7.68　答え 7.68L
❷ 式 5.4−2.28=3.12　答え 3.12L

5 式 128÷16=8　答え 8m

6 式 7÷14=0.5　答え 0.5倍

7 ❶ 式 47.7÷9=5.3　答え 5.3g
❷ 式 5.3×16=84.8　答え 84.8g

8 式 $2\frac{5}{7}+\frac{3}{7}=3\frac{1}{7}$　答え $3\frac{1}{7}$L$\left(\frac{22}{7}\text{L}\right)$

てびき
1 いちばん小さい数が 20459、2番目が 20495、3番目が 20549 です。
2 あまりの5人がすわるための長いすがもう1こ必要です。
5 長方形のたての長さ=面積÷横の長さ
8 $2\frac{5}{7}+\frac{3}{7}=\frac{19}{7}+\frac{3}{7}=\frac{22}{7}$ より、$\frac{22}{7}$L とすることもできます。

まるごと 文章題テスト②

1 式 276÷8=34 あまり 4
答え 34本できて、4cm あまる。

2 式 735÷36=20 あまり 15
答え 20まいになって、15まいあまる。

3 約 6000円

4 式…(670+260)÷3=310　答え…310円

5 式 300×300=90000　答え 900a、9ha

6 式 30÷24=1.25　答え 1.25倍

7 ゴムひも㋑

8 式 0.64+3.52=4.16　答え 4.16kg

9 式 5.2÷24=0.216…（6を2に切り上げ）　答え 約 0.22L

10 式 $4-\frac{2}{3}=3\frac{1}{3}$　答え $3\frac{1}{3}$km$\left(\frac{10}{3}\text{km}\right)$

てびき
3 182円→200円、29こ→30こより、200×30=6000
5 10000m²=100a=1ha
7 ゴムひも㋐…120÷40=3
ゴムひも㋑…100÷20=5
ゴムひも㋑はもとの長さの5倍のびます。
8 640g は 0.64kg です。

3 2 1 0 9 8 7 6 5 4
＊ ＊ D C B A